普通高等教育“十一五”国家级规划教材

University Physics

大学物理

（第三版）下册

罗圆圆 吴 评 原著
罗圆圆 余晓光 刘 崧 修订

高等教育出版社·北京

内容提要

本书是教育部普通高等教育“十一五”国家级规划教材，是在第二版基础上，根据教育部高等学校物理学与天文学教学指导委员会编制的《理工科类大学物理课程教学基本要求》（2010 年版），在吸取广大教师教学经验并考虑当前多数高校物理教学实际的基础上修订而成的。全书突出基本概念、基本规律，突出物理思路方法及其应用，注意联系生活实际，联系工程实际，力求物理图像清晰，着力培养学生分析问题、解决问题以及独立获取知识的能力。考虑到当前学生学习和教师教学的特点，书中新设置了二维码，让学生自主扫描获得动画、视频和演示实验等资源，从而拓展了大学物理的教学内容。本书同时配备了习题分析与解答、活页作业等资源，以备选用。

全书分上下两册。上册包括力学、相对论和电磁学；下册包括热学、振动与波动、波动光学以及量子物理等内容。

本书可作为高等学校理科非物理学类专业和工科各专业大学物理课程的教材，也可供其他读者参考使用。

图书在版编目（CIP）数据

大学物理. 下册 / 罗圆圆，吴评原著 ；罗圆圆，余晓光，刘崧修订. -- 3 版. -- 北京 ：高等教育出版社，2019.5（2022.11 重印）

ISBN 978-7-04-051717-0

Ⅰ. ①大… Ⅱ. ①罗… ②吴… ③余… ④刘… Ⅲ. ①物理学-高等学校-教材 Ⅳ. ①O4

中国版本图书馆 CIP 数据核字（2019）第 067090 号

DAXUE WULI

策划编辑 程福平　责任编辑 程福平　封面设计 李树龙　版式设计 杜微言
插图绘制 邓　超　责任校对 窦丽娜　责任印制 田　甜

出版发行	高等教育出版社	网　　址	http://www.hep.edu.cn
社　　址	北京市西城区德外大街 4 号		http://www.hep.com.cn
邮政编码	100120	网上订购	http://www.hepmall.com.cn
印　　刷	北京市鑫霸印务有限公司		http://www.hepmall.com
开　　本	787mm × 1092mm　1/16		http://www.hepmall.cn
印　　张	16. 25	版　　次	2010 年 1 月第 1 版
字　　数	340 千字		2019 年 5 月第 3 版
购书热线	010-58581118	印　　次	2022 年 11 月第 7 次印刷
咨询电话	400-810-0598	定　　价	35. 70 元

本书如有缺页、倒页、脱页等质量问题，请到所购图书销售部门联系调换

物 料 号　51717-00

大学物理

(第三版)下册

罗圆圆
吴　评　原著

罗圆圆
余晓光
刘　崧　修订

1　计算机访问http://abook.hep.com.cn/12440419，或手机扫描二维码、下载并安装Abook应用。

2　注册并登录，进入“我的课程”。

3　输入封底数字课程账号（20位密码，刮开涂层可见），或通过Abook应用扫描封底数字课程账号二维码，完成课程绑定。

4　单击“进入课程”按钮，开始本数字课程的学习。

课程绑定后一年为数字课程使用有效期。受硬件限制，部分内容无法在手机端显示，请按提示通过计算机访问学习。

如有使用问题，请发邮件至abook@hep.com.cn。

扫描二维码
下载Abook应用

物理学家简介　　阅读材料　　演示实验

http://abook.hep.com.cn/12440419

物理量的名称、符号和单位(SI)一览表

物理量名称	物理量符号	单位名称	单位符号
长度	l, L	米	m
面积	S, A	平方米	m^2
体积,容积	V	立方米	m^3
时间	t	秒	s
[平面]角	$\alpha, \beta, \gamma, \theta, \varphi$	弧度	rad
立体角	Ω	球面度	sr
角速度	ω	弧度每秒	$rad \cdot s^{-1}$
角加速度	α	弧度每二次方秒	$rad \cdot s^{-2}$
速度	v, u, c	米每秒	$m \cdot s^{-1}$
加速度	a	米每二次方秒	$m \cdot s^{-2}$
周期	T	秒	s
旋转频率	n	每秒	s^{-1}
频率	ν, f	赫[兹]	Hz(1 Hz=1 s^{-1})
角频率	ω	弧度每秒	$rad \cdot s^{-1}$
波长	λ	米	m
波数	σ	每米	m^{-1}
振幅	A	米	m
质量	m	千克(公斤)	kg
密度	ρ	千克每立方米	$kg \cdot m^{-3}$
面密度	ρ_S, ρ_A	千克每平方米	$kg \cdot m^{-2}$
线密度	ρ_l	千克每米	$kg \cdot m^{-1}$
动量 冲量	p I	千克米每秒	$kg \cdot m \cdot s^{-1}$
动量矩,角动量	L	千克二次方米每秒	$kg \cdot m^2 \cdot s^{-1}$
转动惯量	J	千克二次方米	$kg \cdot m^2$
力	F	牛顿	N

续表

物理量名称	物理量符号	单位名称	单位符号
力矩	M	牛[顿]米	$N \cdot m$
压力,压强	p	帕[斯卡]	Pa
相[位]	φ	弧度	rad
功 能[量] 动能 势能	W, A E E_k, T E_p, V	焦[耳] 电子伏	J eV
功率	P	瓦[特]	W
热力学温度	T, Θ	开[尔文]	K
摄氏温度	t, θ	摄氏度	℃
热量	Q	焦[耳]	J
热导率(导热系数)	λ, κ	瓦[特]每米开[尔文]	$W \cdot m^{-1} \cdot K^{-1}$
热容[量]	C	焦[耳]每开[尔文]	$J \cdot K^{-1}$
比热[容]	c	焦[耳]每千克开[尔文]	$J \cdot kg^{-1} \cdot K^{-1}$
摩尔质量	M	千克每摩尔	$kg \cdot mol^{-1}$
摩尔定压热容 摩尔定容热容	$C_{p,m}$ $C_{V,m}$	焦[耳]每摩[尔]开[尔文]	$J \cdot mol^{-1} \cdot K^{-1}$
内能	U	焦[耳]	J
熵	S	焦[耳]每开[尔文]	$J \cdot K^{-1}$
平均自由程	$\bar{\lambda}$	米	m
扩散系数	D	二次方米每秒	$m^2 \cdot s^{-1}$
电荷[量]	Q, q	库[仑]	C
电流	I	安[培]	A
电荷[体]密度	ρ	库[仑]每立方米	$C \cdot m^{-3}$
电荷面密度	σ	库[仑]每平方米	$C \cdot m^{-2}$
电荷线密度	λ	库[仑]每米	$C \cdot m^{-1}$
电场强度	E	伏[特]每米	$V \cdot m^{-1}$
电势 电势差,电压 电动势	V U $\mathscr{E}$	伏[特]	V
电位移	D	库[仑]每平方米	$C \cdot m^{-2}$

续表

物理量名称	物理量符号	单位名称	单位符号
电位移通量	Ψ	库[仑]	C
电容	C	法[拉]	F(1 F=1 C·V^{-1})
电容率(介电常数)	ε	法[拉]每米	F·m^{-1}
相对电容率 (相对介电常数)	ε_r	—	1
电偶极矩	p, p_e	库[仑]米	C·m
电流密度	J, S	安[培]每平方米	A·m^{-2}
磁场强度	H	安[培]每米	A·m^{-1}
磁感应强度	B	特[斯拉]	T(1 T=1 Wb·m^{-2})
磁通量	Φ	韦[伯]	Wb(1 Wb=1 V·s)
自感 互感	L M	亨[利]	H(1 H=1 Wb·A^{-1})
磁导率	μ	亨[利]每米	H·m^{-1}
相对磁导率	μ_r	—	1
磁矩	m	安[培]平方米	A·m^2
电磁能密度	w	焦[耳]每立方米	J·m^{-3}
坡印廷矢量	S	瓦[特]每平方米	W·m^{-2}
[直流]电阻	R	欧[姆]	Ω(1 Ω=1 V·A^{-1})
电阻率	ρ	欧[姆]米	Ω·m
光强	I	瓦[特]每平方米	W·m^{-2}
折射率	n	—	1
发光强度	I	坎[德拉]	cd
辐[射]出[射]度 辐[射]照度	M I	瓦[特]每平方米	W·m^{-2}
声强级	L_I	分贝①	dB
核的结合能	E_B	焦[耳]	J
半衰期	$T_{1/2}$	秒	s

① 分贝是可与 SI 单位并用的我国的法定计量单位.

目　录

第十一章

气体动理论

热学是研究物质热现象和热运动规律及其应用的学科.

在日常生活和生产实践中,常用温度来表示物体的冷热程度. 当物体的温度发生变化时,物体的许多性质也将发生变化. 例如,物体受热后,温度升高,体积膨胀;水在不同的温度下可处于固态、液态或气态;软的钢件经过淬火(加热到一定温度后放入水中或油中迅速冷却),可提高硬度;硬的钢件经过退火(加热到一定温度后缓慢降温冷却),可以变软;蒸汽机中,加热的蒸汽膨胀可以对外做功……这些与温度有关的物理性质及状态的变化,称为热现象. 研究热现象的理论称为热学.

热学从宏观和微观两方面研究热现象,由于出发点和研究方法不同,而形成了两种理论:一种是宏观理论,称为**热力学**;一种是微观理论,称为**统计物理学**. 热力学是从能量的观点出发,根据由观察和实验所总结出来的热力学定律,用严密的逻辑推理方法,研究宏观物体的热学性质. 统计物理学则是从物质的微观结构和分子动理论出发,依据分子运动所遵循的力学规律,用统计的方法研究宏观物体的热学性质. 热力学理论具有高度的可靠性,用它可以检验统计物理学理论的正确性;而统计物理学的理论则可以揭示热力学理论的微观本质. 因此,这两种理论对热现象的研究是相辅相成的.

热学的理论,曾有力地推动过产业革命,在现代工程技术中也获得了广泛的应用.

气体动理论,是统计物理学的一个重要组成部分. 由于气体动理论使用了简单的理想气体模型,使它成为统计物理学最先发展起来的部分,本书主要讨论这部分内容.

本章从气体动理论的基本概念出发,运用统计的方法研究气体宏观性质与气体分子热运动之间的关系,从而阐明气体的压强、温度、热容、内能等宏观参量的微观本质. 本章介绍气体分子热运动遵守的统计规律,气体内的输运现象和真实气体的范德瓦耳斯方程.

§ 11.1 气体动理论的基本概念

本节从物质微观结构出发,阐明气体动理论的一些基本概念.

一、宏观物体是由大量分子(或原子)组成的

自然界中常见的气体、液体、固体等宏观物体都是由大量分子(或原子)组成的. 实验证明,1 mol 任何物质的分子数均为 $N_A = 6.022\times10^{23}\ \mathrm{mol^{-1}}$,$N_A$ 称为阿伏伽德罗常量.

实验表明,组成物体的分子之间存在一定的间隙. 气体很容易被压缩,说明气体分子间存在间隙. 50 $\mathrm{cm^3}$ 的水和 50 $\mathrm{cm^3}$ 的酒精混合后总体积不是 100 $\mathrm{cm^3}$,而是 97 $\mathrm{cm^3}$,说明液体分子间存在间隙. 钢表面可以渗入碳,半导体可以掺入杂质等,说明固体分子间也有间隙. 目前,用高分辨率的电子显微镜已能观察到某些晶体横截

面内原子结构的图像，这使宏观物体由分子、原子组成以及分子之间有间隙的概念得到了最有力的证实.

二、物体内的分子在永不停息地做无规则运动

在房间里打开一瓶香水的盖子，香味便会传到整个房间，这是气体的扩散现象. 装着两种不同气体的瓶子连通后，它们会因扩散而互相掺和，直到两种气体均匀混合，不论两个瓶子的相对位置如何，结果都一样. 这说明，气体分子的扩散不是靠外力（例如重力），而是分子无规则运动的结果. 在一杯清水中滴进几滴红墨水，不多久，它就会扩散开来，均匀地分布于整杯水中. 这是液体的扩散现象. 它说明液体的分子也在做无规则的运动. 将两种不同的金属如铜块和金块挤压接触，经过较长时间，就会发现，在接触表面上会有微量的金属渗入对方，结果铜中有金，金中有铜. 这是固体内的扩散现象.

气体、液体、固体的扩散现象都说明物体内的分子在永不停息地做无规则运动（或称为无序热运动）. 布朗运动实验是证实分子做无规则运动的著名实验. 1827 年英国植物学家布朗在显微镜下观察悬浮于水中的花粉时，发现这些花粉不停地做无规则运动；颗粒越小，运动越剧烈. 液体中花粉小微粒的这种杂乱无章的运动，称为**布朗运动**. 布朗运动是由花粉小微粒在液体中受到液体分子碰撞的不平衡力的作用而引起的运动，因此，布朗运动间接证明了液体分子在做永不停息的无规则运动. 布朗运动如图 11.1 所示. 布朗运动的剧烈程度随温度的升高而增大，这反映了分子运动随温度的升高而加强.

文档：布朗简介

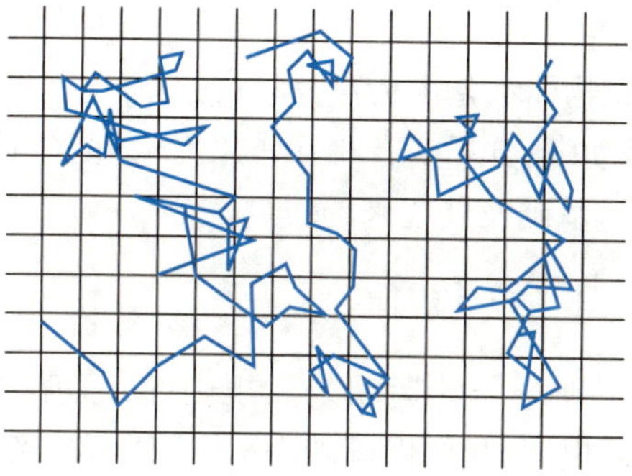

图 11.1

经验告诉我们，扩散现象是和温度有关的. 温度越高，扩散进行得越快，扩散现象越显著. 这说明，温度越高，分子的无规则运动越剧烈. 所以分子无规则运动称为**分子的热运动**. 温度反映了物质分子热运动的剧烈程度.

三、分子间存在相互作用力

拉断一根钢丝要用很大的力，这说明物体的分子间存在着相互吸引力. 在一定的温度下气体可凝聚成液体和固体的事实也说明，分子间有相互吸引力. 液体和固体是很难压缩的，这又说明，分子之间除了引力，还有斥力. 根据实验和理论的分析，分子之间的相互作用力（称为分子力），可以看成是分子间引力和分子间斥力的

合力. 引力和斥力以及它们的合力 F 随分子间距离 r 变化的关系如图 11.2 所示. 图中的原点 O 表示一个分子的中心,另一个分子中心的位置用坐标 r 表示.

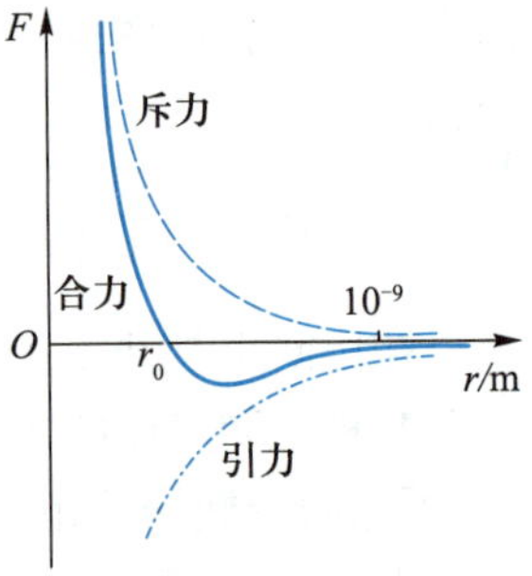

图 11.2

由图 11.2 可见,当两个分子中心间距离 $r=r_0$(约为 10^{-10} m)时,分子力 $F=0$;当 $r<r_0$ 时,斥力大于引力,分子力表现为斥力,且斥力大小随 r 的减小而急剧增加,因此,r_0 可近似看作分子的直径,称为分子的有效直径 d;当 $r>r_0$ 时,引力大于斥力,分子力表现为引力;当 $r>10^{-9}$ m 时,分子之间的作用力变得十分微弱,分子力就可忽略不计了.

分子力的作用会使分子聚集在一起,在空间形成某种规则的分布,形成有序排列. 而分子的无规则运动会破坏这种有序的排列,使分子分散开来. 物质分子在不同的温度下之所以会表现为三种不同的聚集态,正是由这两种相互对立的作用所决定的. 在较低的温度下,分子无规则运动不够剧烈,分子在相互作用力的影响下被束缚在各自的平衡位置附近做微小的振动,这时便表现为固体状态. 当温度升高时,无规则运动剧烈到某一限度时,分子力的作用已不能把分子束缚在固定的平衡位置附近做微小的振动,但还不能使分子分散远离,这样便表现为液体状态. 当温度再升高,无规则运动进一步剧烈到一定的限度时,不但各个分子不再在微小范围内振动,而且各个分子将互相分离,只有在两个分子之间距离很接近时分子间的相互作用力才显示其作用. 这时,分子互相分散远离,分子的运动近似为自由运动,这样便表现为气体状态.

综上所述,一切宏观物体都是由大量分子(或原子)组成的;所有的分子都处在永不停息的无规则热运动中;分子间有相互作用力. 这是气体动理论的三个基本概念. 统计理论就是以此为基础发展起来的.

四、微观量 宏观量 统计规律

分子热运动,虽然个别分子的运动是无规则的,但就大量分子的集体表现来看,却存在着一定的统计规律,我们以掷硬币来说明什么是统计规律.

一枚 1 元的硬币,一面印着图案,一面印着“1 元”,落地后哪面朝上,完全是偶然的,掷十次、二十次也没有什么规律,但掷成千上万次,统计一下就会发现,各面朝上的次数都很接近总数的一半,即统计概率为 1/2. 重复实验,或同时掷出成千上万枚,会得到同样的结论. 这就是一种统计规律. 然而具体的一次实验统计结果往往与多次实验的统计平均值有一个偏差,这种偏差称为涨落. 在一次实验中掷的次数越多,涨落就越小. 统计规律是对大量偶然事件整体起作用的规律,参与的偶然事件的数量越大,这种规律就越明显.

从微观上看,热现象是组成物体的微观粒子(分子、原子)热运动的结果. 宏观物体都是由大量的分子(或原子)组成的. 这些分子都在永不停息地做无规则运动,运动剧烈程度与物体的温度有关,因此这种运动称为分子热运动. 每一个分子都有它的体积、质量、速度和能量,这些描述个别分子的量称为**微观量**. 用实验直接测定这些微观量是相当困难的,有的甚至是办不到的,一般实验能观察的不是个别分子的微观量,而是大量分子的微观量的某种平均值,它表征大量分子集体的特性. 这种表征大量分子集体特性的量称为**宏观量**. 如压强、温度、体积、内能等. 就物体内单个分子来看,由于受到其他分子的复杂作用,其运动的状态瞬息万变,显得杂乱无章,具有很大的偶然性. 但在整体上,大量分子热运动却遵循确定的规律,这种规律称为**统计规律**. 描写物体的宏观量与描写分子的微观量之间,存在着必然的联系. 研究表明,物质的热现象是物质内大量分子热运动的集体表现. 正是这种特点,使分子热运动成为区别于其他运动形式的一种基本运动形式. 因此说,热学是研究分子热运动规律的学科.

复习思考题

11.1 气体动理论有哪些基本概念? 如何理解这些概念?

11.2 气体为什么能够被压缩,但又不能被无限压缩?

11.3 1 cm^3 水中有多少水分子? 1 个水分子的质量为多少?

§ 11.2 平衡态 理想气体物态方程

一、平衡态

通常,我们把热学中所研究的物体或物体系(它们都是由大量分子或原子组成),称为热力学系统,简称系统;而处于系统以外的物质,称为外界. 如果系统与外界之间既无能量交换,也无物质交换,这样的系统又称为孤立系统.

经验表明,一个孤立系统在足够长时间内,必定会趋向一个最终的宏观状态,因孤立系统不受外界影响,宏观性质不再随时间变化,这时我们就说系统达到了**平衡态**. 否则是非平衡态.

例如,有一个如图 11.3 所示的封闭容器,用隔板分成 A 和 B 两室. 起初,A 室充满气体,B 室是真空;当把隔板抽走,A 室内的气体就会向 B 室运动. 开始,A、B 内各处气体是不均匀的,并且随时间变化,经过一定时间后,整个容器中的气体将到处均匀一致,如果没有外界影响,则容器中的气体将始终保持这一状态,不再发生宏观变化. 这时容器内的气体所处的状态,就叫作平衡态.

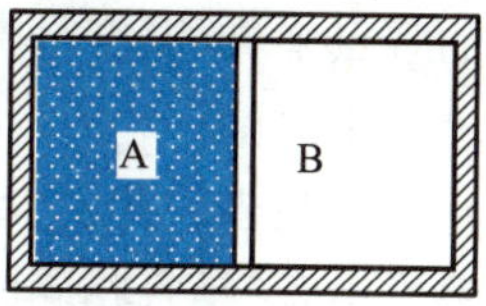

图 11.3

平衡态是一个理想化的概念,它是在一定条件下对实际情况的概括和抽象. 在许多实际问题中,可以把实际状态近似地当作平衡态来处理.

应当指出的是,平衡态是指系统的宏观性质不随时间变化. 从微观看,平衡态下,组成系统的分子仍在永不停息地做无规则热运动,只不过分子运动的平均效果不随时间变化，而这种平均效果的不变在宏观上表现为系统达到了平衡态. 因此热学中的平衡是动态平衡，通常把这种平衡叫作热动平衡. 今后若不做特殊说明，系统的状态均指平衡态.

如果有三个物体 a、b、c，a、b 两个物体分别与处于确定状态的 c 达到了热平衡，那么 a、b 两个物体再相互接触，不会有能量的传递，a、b 两个物体状态也无任何变化，表明 a、b 两物体也处于热平衡状态，这就是**热力学第零定律**.

二、状态参量

系统处于平衡态时，可以用一些确定的物理量来表征系统的宏观属性，我们把这些可以独立改变的，并足以确定系统平衡态的一组宏观物理量称为**状态参量**. 如反映气体体积的几何参量；反映压强的力学参量；描述系统化学成分的化学参量；反映电磁现象的电磁参量. 一般情况下，需用上述四类参量来描述热力学系统的平衡态. 究竟需要用哪几个参量才能单值地确定一个系统的状态？这由系统的复杂程度和所研究问题的要求来确定.

我们主要讨论气体. 对于一定量的气体（质量为 m，摩尔质量为 M）处于平衡态时，有确定的体积 V，气体内部各处的压强 p 和温度 T 也都相同，有确定的值，气体的状态可以用这三个宏观的物理量来描述. 这三者就称为气体的状态参量. 下面对它们的意义和单位作简单介绍.

体积　气体的体积是指气体分子所能到达的空间，通常是指盛装它的容器的容积. 它是从几何角度描述气体的宏观状态，属于几何参量. 应当注意，气体的体积和气体所有分子本身体积的总和是不同的. 后者一般仅占气体体积的几千分之一. 气体体积的单位，在国际单位制中是 m^3（立方米）.

文档：温度计的发明

压强　气体的压强是指气体垂直作用于器壁表面单位面积上的力，它是大量气体分子与器壁碰撞的宏观表现. 它是从力学的角度描述气体的宏观状态，属于力学参量. 在国际单位制中，气体压强的单位是 Pa（帕斯卡），即 $N \cdot m^{-2}$（牛每平方米），过去常用 atm（标准大气压）和 cmHg（厘米汞柱）等单位. 它们之间的关系是

$$1\ \text{atm} = 76\ \text{cmHg} = 1.013\ 25 \times 10^5\ \text{Pa}$$

温度　温度是反映物体冷热程度的一个物理量，属于热学参量. 从统计物理学的观点来看，温度是物体内部分子无规则热运动剧烈程度的量度，这在下一节将做进一步讨论.

经验告诉我们，冷热程度不同的物体相互接触时，最后将趋于冷热程度一致的热平衡态，具有相同的温度. 因此，可利用某些物质具有的与冷热状态有关，并且易于测量的某一特性（例如汞柱的长度）制成温度计，将温度计与待测物体接触，待它们达到热平衡后，观测其温度特性的指示（如汞柱的高度），就可测定物体的温度.

温度的数值表示法叫温标. 在物理学中，常用的温标有两种，一种是热力学温标 T，单位是 K（开尔文），这是国际单位制中采用的基本温标；另一种是摄氏温标 t，单位是℃（摄氏度），热力学温度 T 和摄氏温度 t 之间的数值关系是

$$T/\text{K} = t/^\circ\text{C} + 273.15$$

按照这一规定，标准大气压下，水的冰点是 273.15 K(0 ℃)，三相点是 273.16 K (0.01 ℃)，沸点是 373.15 K(100 ℃).

三、理想气体物态方程

热力学系统处于平衡态时，其状态参量间满足的关系式称为物态方程.

一定质量的气体处于平衡态时，它的状态参量体积 V、压强 p 和温度 T 之间有下列关系式，即物态方程为

$$\frac{pV}{T}=C \tag{11.1}$$

式中常量 C 随气体种类及气体的质量而定. 上式当 T 为常量时，给出玻意耳定律；当 p 为常量时，给出盖吕萨克定律；当 V 为常量时，给出查理定律. 实验证明，当温度不太低(与室温比较)压强不太大(与大气压比较)时，气体遵守上述三条实验定律，我们把在任何情况下绝对遵守上述三条实验定律的气体称为**理想气体**. 理想气体是气体的一个理想模型.

上式对任一平衡态(p,V,T)都成立. 式中的常量 C 可以由气体在标准状态下的 p_0、V_0、T_0 值来确定，即

$$C=\frac{p_0V_0}{T_0}$$

在标准状态下($p_0=1.013\times10^5$ Pa，$T_0=273.15$ K)，1 mol 理想气体所占体积均为 $V_m=22.4\times10^{-3}\ \mathrm{m^3\cdot mol^{-1}}$. 所以质量为 m、摩尔质量为 M 的理想气体，在标准状态下的体积 $V_0=(m/M)\cdot V_m$. 则

$$C=\frac{p_0V_0}{T_0}=\frac{mp_0}{M}\frac{V_m}{T_0}$$

用 R 表示上式的常量，$R=\frac{p_0V_m}{T_0}$，R 是与气体种类无关的常量，通常称为摩尔气体常量(也称普适气体常量).

在国际单位制中

$$R=\frac{p_0V_m}{T_0}=\frac{1.013\times10^5\times22.4\times10^{-3}}{273.15}\ \mathrm{J\cdot mol^{-1}\cdot K^{-1}}$$
$$=8.31\ \mathrm{J\cdot mol^{-1}\cdot K^{-1}}$$

于是，对于质量为 m，摩尔质量为 M 的理想气体有

$$pV=\frac{m}{M}RT \tag{11.2}$$

这就是**理想气体物态方程**. 它表达了理想气体处于平衡态时，各状态参量之间的关系. 式中 m/M 是气体的物质的量，可用 ν 表示，即

$$\nu=\frac{m}{M}$$

[例 11.1] 容器里装有氧气 0.10 kg,压强为 1.013×10^6 Pa,温度为 47 ℃,由于容器漏气,经过一段时间后,压强降为原来的 5/8,温度降到 27 ℃,若把氧气看作理想气体,问:

(1) 容器的容积有多大?

(2) 漏去的氧气质量有多少?

[解] (1) 以容器内原有的全部氧气为研究对象,根据理想气体物态方程

$$pV=\frac{m}{M}RT$$

容器的容积为

$$V=\frac{mRT}{Mp}=\frac{0.10\times8.31\times(273+47)}{32\times10^{-3}\times1.013\times10^{6}}\ \mathrm{m^3}$$

$$=8.20\times10^{-3}\ \mathrm{m^3}$$

(2) 容器漏气后,压强降为 $p'(p'=5p/8)$,温度降为 $T'(=273\ \mathrm{K}+27\ \mathrm{K}=300\ \mathrm{K})$,以容器中剩余的氧气(质量为 m')为研究对象,由理想气体物态方程,可得

$$m'=\frac{Mp'V}{RT}$$

$$=\frac{32\times10^{-3}\times5/8\times1.013\times10^{6}\times8.20\times10^{-3}}{8.31\times300}\ \mathrm{kg}$$

$$=0.067\ \mathrm{kg}$$

所以漏去的氧气质量为

$$m-m'=0.100\ \mathrm{kg}-0.067\ \mathrm{kg}=0.033\ \mathrm{kg}$$

对一定质量的理想气体来说,其状态参量 p、V、T 中只有两个是独立的. 所以给定任意两个参量的一组数值,就确定了气体所处的一个平衡态. 在以 p 为纵轴,V 为横轴的 $p-V$ 图上,任一点都对应着一个平衡态.

理想气体物态方程还可以表示成另一种形式. 设质量为 m 的气体,其总分子数为 N,每个分子的质量为 m_0,则 $m=Nm_0$. 因 1 mol 气体的分子数(阿伏伽德罗常量)为 $N_A=6.022\times10^{23}\ \mathrm{mol^{-1}}$,所以 $M=N_Am_0$ 代入(11.2)式可得

$$pV=\frac{N}{N_A}RT$$

或

$$p=\frac{N}{V}\frac{R}{N_A}T$$

用 k 表示 R/N_A,则

$$k=\frac{R}{N_A}=\frac{8.31}{6.022\times10^{23}}\ \mathrm{J\cdot K^{-1}}=1.38\times10^{-23}\ \mathrm{J\cdot K^{-1}}$$

k 称为玻耳兹曼常量. 令 $n=N/V$,n 称为分子数密度,于是有

$$p=nkT \tag{11.3}$$

(11.3)式是理想气体物态方程的另一种形式,它表示了温度、压强相同的气体,单位体积内分子数相同,即体积相同分子数也相同,与气体种类无关,这就是阿伏伽德罗定律.

[例 11.2] 试计算标准状态下,任意一种气体在 1 m^3 体积中含有的分子数.

[解] 标准状态下,$p=1.013\times10^5$ Pa,$T=273$ K,根据(11.3)式可得

$$n=\frac{p}{kT}=\frac{1.013\times10^5}{1.38\times10^{-23}\times273}\ \mathrm{m^{-3}}=2.69\times10^{25}\ \mathrm{m^{-3}}$$

这一常量常称为洛施密特常量.

上面的讨论只限于化学成分单纯的气体. 对于含有多种化学成分的混合气体,根据道尔顿分压定律,混合气体的压强等于各成分气体的分压强之和. 所谓分压强,是指每一种气体在与混合气体具有相同的温度和体积的条件下,单独产生的压强. 如果用 p 表示混合气体的压强,用 p_1、p_2、p_3、…、p_N 分别表示各种气体的分压强,则道尔顿分压定律可表示为

$$p=p_1+p_2+\cdots+p_N \tag{11.4}$$

道尔顿分压定律也只适用于理想气体.

复习思考题

11.4 什么是热力学系统的平衡态? 气体在平衡态时有何特征? 当气体处于平衡态时还有分子热运动吗?

11.5 金属杆一端与沸水接触,另一端与冰水接触,可以达到杆内各处温度不随时间变化,能否说杆处于平衡态? 为什么?

11.6 什么叫理想气体? 理想气体物态方程有哪些形式? 适用的条件是什么?

§ 11.3 理想气体的压强公式 温度公式

一、气体分子热运动的基本特征

气体很容易被压缩,标准状态下的气体凝结成液体时,体积将缩小至原先的近千分之一. 而液体可压缩性很小,可以认为分子是紧密排列的. 由此可估算出分子本身的线度约为 10^{-10} m,气体分子间距约为 10^{-9} m. 所以可把气体看作彼此有很大间距的分子集合.

由于气体分子间距很大,而分子力的作用范围又很小,因此气体分子间相互作用的力,除分子与分子、分子与器壁相互碰撞的瞬间外,是极其微小的;又由于重力的作用一般可以忽略,所以气体分子在连续两次碰撞之间,可以看作是在惯性支配下的自由运动.

根据理论计算,分子热运动的平均速率是很大的,在室温下,约几百米每秒. 由

此看来,似乎气体从一个地方迁移到另一个地方应当是很快的,但实验表明,情况并非如此. 在房间里打开一瓶香水,香味要经过几秒到几十秒的时间才能传过几米的距离. 这说明气体分子的速率虽然很大,但在前进中要与其他分子做多次碰撞,所走的路径非常曲折,如图 11.4 所示. 气体分子间的碰撞是极其频繁的,每一个分子每秒内要和其他分子碰撞约 10^{10}次. 分子间的碰撞频繁是气体分子热运动的基本特征. 对任何一个分子来说,它的运动忽而左,忽而右,忽而前,忽而后,有时速度快,有时速度慢,连续两次碰撞之间分子的自由运动路程也有时长有时短,分子运动的轨迹是不规则的曲线. 对个别分子来说,速度、能量、自由运动的路程等的大小都具有偶然性,但它的运动仍遵循力学规律. 对大量分子组成的气体来说,在平衡态下,分子在空间的分布、速率分布和能量分布等也都各自遵循一定的统计规律,气体从宏观上表现为有确定的压强、温度、体积等.

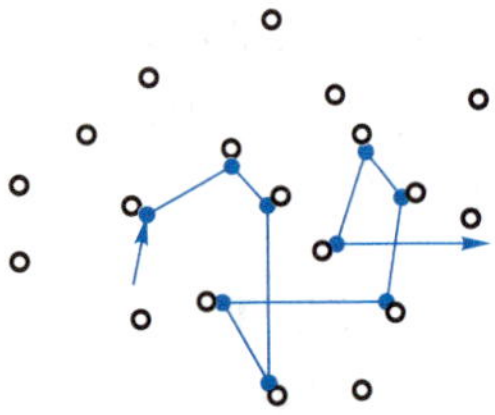

图 11.4

二、理想气体的微观模型与统计假设

为了从微观方面阐述理想气体所遵守的宏观定律,统计理论对理想气体做出了一些基本假设,其内容有如下述:

(1) 气体分子的大小与气体分子间的距离比较,可以忽略不计.

(2) 可把每个气体分子看作完全弹性的小球,它们相撞或与器壁发生碰撞时,遵守能量守恒定律和动量守恒定律.

(3) 除气体分子相互碰撞的瞬间外,分子间的相互作用力可略去不计. 一般情况下,气体分子所受的重力也可忽略不计. 气体分子在两次碰撞之间做匀速直线运动.

因此,理想气体可以看作自由、无规则运动的弹性球状小分子的集合. 这就是统计理论中关于理想气体的微观模型. 与此同时,还须对理想气体的平衡态做如下的统计假设:

根据气体处于平衡态时,分子在空间的分布是均匀的这一事实,则:

(1) 容器中任一处单位体积内的分子数不比其他处占有优势;

(2) 分子沿任一方向的运动不比沿其他方向的运动占有优势.

根据统计假设,可以想见:

(1) 沿空间各方向运动的分子的数目是相等的;

(2) 在立方体内飞向上下左右前后的分子的数目各占总分子数的 1/6;

(3) 分子速度在各个方向上的分量的各种平均值相等.

由上述统计性假设,有

$$\overline{v_x^2}=\overline{v_y^2}=\overline{v_z^2}$$

又因

$$\overline{v^2}=\overline{v_x^2}+\overline{v_y^2}+\overline{v_z^2}$$

故

$$\overline{v_x^2}=\overline{v_y^2}=\overline{v_z^2}=\frac{1}{3}\overline{v^2} \tag{11.5}$$

及

$$\overline{v_x}=\overline{v_y}=\overline{v_z}=0 \tag{11.6}$$

因为在一般情形下气体的分子数十分巨大，所以上述统计的论断是十分准确的，只有对十分稀薄的气体，才可能出现偏差.

三、理想气体的压强公式

从统计理论的观点来看，气体对器壁所作用的压强，是大量分子对器壁不断碰撞的综合结果. 气体分子对器壁的碰撞是不连续的，而且什么时间、哪个分子、碰撞在什么位置，给器壁多大冲量都是偶然的. 但是大量气体分子在总体上却表现出确定的规律，即对器壁有持续的、恒定的压力. 这和雨点打在雨伞上的情形相似. 一个个雨点打在雨伞上是断续的，大量密集的雨点打在伞上就使我们感受到一个持续向下的压力. 下面从理想气体的微观模型和统计假设出发，推导理想气体的压强公式.

设有一边长分别为 L_1、L_2、L_3 的长方体容器，见图 11.5，并设容器中有 N 个同类理想气体分子，做不规则的热运动，每个分子的质量均为 m_0，重力的影响可以不计.

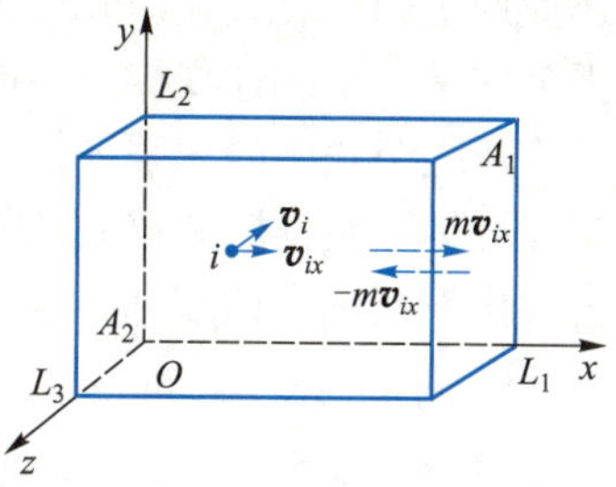

图 11.5

在平衡态下，器壁各处压强都相等. 现在计算容器壁 A_1 所受的压强. 我们考虑任一分子 i，其速度为 $\boldsymbol{v}_i(v_{ix},v_{iy},v_{iz})$，当分子 i 与容器壁 A_1 相碰时，对 x 方向的运动而言，分子 i 以速度 $\boldsymbol{v}_{ix}$ 撞击 A_1 面，然后以速度 $-\boldsymbol{v}_{ix}$ 弹回（因为是完全弹性碰撞）. 因此，每与 A_1 面碰一次，分子动量的改变为 $-2m_0\boldsymbol{v}_{ix}$. 此即 A_1 面作用于分子 i 的冲量. 分子 i 从 A_1 面弹回后飞向 A_2 面发生碰撞，又返回与 A_1 面再碰撞. 相邻两次与 A_1 面碰撞所需时间为 $2L_1/v_{ix}$，从而推知单位时间内，分子 i 与 A_1 面碰撞的次数为 $v_{ix}/2L_1$，作用在 A_1 面上的冲量总值为 $2m_0v_{ix}\cdot v_{ix}/2L_1$，$A_1$ 面所受的平均冲力 F 的大小应该等于单位时间内所有分子与 A_1 面碰撞时所作用的冲量的总和，即

$$F=\sum_{i=1}^{N}2m_0v_{ix}\frac{v_{ix}}{2L_1}=\frac{m_0}{L_1}\sum_{i=1}^{N}v_{ix}^2$$

应用压强的定义得

$$\begin{aligned}p&=\frac{F}{S}=\frac{F}{L_2L_3}=\frac{m_0}{L_1L_2L_3}\sum_{i=1}^{N}v_{ix}^2\\&=\frac{N}{L_1L_2L_3}m_0\left(\frac{v_{1x}^2+v_{2x}^2+\cdots+v_{Nx}^2}{N}\right)\\&=nm_0\overline{v_x^2}\end{aligned} \tag{11.7}$$

改写上式，将(11.5)式中 $\overline{v_x^2}=\frac{1}{3}\overline{v^2}$ 代入得

$$p=\frac{1}{3}nm_0\overline{v^2} \tag{11.8}$$

或
$$p=\frac{2}{3}n\left(\frac{1}{2}m_0\overline{v^2}\right)=\frac{2}{3}n\overline{\varepsilon_k} \tag{11.9}$$

式中$\overline{\varepsilon_k}=\frac{1}{2}m_0\overline{v^2}$，是分子平均平动动能. (11.8)式或(11.9)式就是**理想气体的压强公式**，它是气体动理论的基本方程之一. (11.9)式给出了压强这一宏观量与气体分子平动动能$\frac{1}{2}m_0\overline{v^2}$和单位体积内分子数 n 这两个微观量的统计平均值之间的关系. 它表明了宏观量与微观量的统计平均值之间的关系，压强的微观意义是大量气体分子在单位时间内施于器壁单位面积上的平均冲量，离开了大量和平均的概念，压强就失去了意义，对于单个分子来讲，谈不上压强这一物理量.

由上面的讨论可见，压强表示的是单位时间内单位面积器壁所获得的平均冲量. 在导出压强公式(11.9)的过程中，我们不仅应用了力学原理，而且更重要的是，还应用了(11.7)式和(11.5)式的统计平均的概念和求统计平均值的方法. 因此压强公式是一个统计规律，它和力学规律是有本质差别的.

压强公式中的压强 p 是一个宏观量，可以直接由实验测定，而分子的平均平动动能$\overline{\varepsilon_k}$是不能直接测定的，所以压强公式(11.9)无法用实验直接验证. 但是从这个公式出发能满意地解释或推证许多实验定律.

[例 11.3]　试推导道尔顿分压定律.

[解]　设有 N 种气体混合储存于一密闭容器中，由于其温度相同，则它们的分子平均平动动能都相等，即

$$\overline{\varepsilon_{k1}}=\overline{\varepsilon_{k2}}=\cdots=\overline{\varepsilon_{kN}}=\overline{\varepsilon_k}$$

若各种气体的分子数密度分别为 $n_1,n_2,\cdots,n_N$，则混合气体的分子数密度 $n=n_1+n_2+\cdots+n_N$ 代入(11.9)式，即得混合气体的压强为

$$\begin{aligned}p&=\frac{2}{3}n\overline{\varepsilon_k}=\frac{2}{3}(n_1+n_2+\cdots+n_N)\overline{\varepsilon_k}\\&=p_1+p_2+\cdots+p_N\end{aligned}$$

式中
$$p_1=\frac{2}{3}n_1\overline{\varepsilon_{k1}},\quad p_2=\frac{2}{3}n_2\overline{\varepsilon_{k2}},\cdots,\quad p_N=\frac{2}{3}n_N\overline{\varepsilon_{kN}}$$

分别是各种气体的分压强. 以上推导表明，混合气体的压强等于各种气体的分压强之和，这就是道尔顿分压定律.

四、温度公式

由理想气体物态方程 $p=nkT$ 和理想气体压强公式 $p=\frac{2}{3}n\overline{\varepsilon_k}$，可得

$$\overline{\varepsilon_k}=\frac{1}{2}m_0\overline{v^2}=\frac{3}{2}kT \tag{11.10}$$

(11.10)式称为**温度公式**. 此式表示了温度 T 这一宏观量和分子平均平动动能$\frac{1}{2}m_0\overline{v^2}$

这一微观量的统计平均值之间的关系. 只要气体的温度相同,不论是什么气体,其分子的平均平动动能都相等,温度公式揭示了温度这个宏观量的微观本质,即气体的温度是分子平均平动动能的量度.

温度公式是一个统计规律. 温度是大量气体分子热运动的集体表现,是对大量分子无规则热运动的统计平均结果. 说单个分子的温度是没有意义的.

五、气体分子的方均根速率

根据

$$\overline{\varepsilon_k}=\frac{1}{2}m_0\overline{v^2}\text{与}\overline{\varepsilon_k}=\frac{3}{2}kT$$

可得

$$\sqrt{\overline{v^2}}=\sqrt{\frac{3kT}{m_0}}=\sqrt{\frac{3RT}{M}} \tag{11.11}$$

式中$\sqrt{\overline{v^2}}$称为**气体分子的方均根速率**,是大量分子无规则热运动速率的一种统计平均值. 由上式可知,$\sqrt{\overline{v^2}}$与气体的热力学温度的平方根成正比,与气体的摩尔质量的平方根成反比. 对同一气体,温度越高,方均根速率越大. 因为温度相同的理想气体都具有相同的平均平动动能,因而分子的质量 m_0 较大,则$\sqrt{\overline{v^2}}$必较小.

[例 11.4] 试计算 0 ℃时氧分子的方均根速率. 氧气可视为理想气体. 其摩尔质量 $M=32\times10^{-3}\ \text{kg}\cdot\text{mol}^{-1}$.

[解] 根据公式

$$\sqrt{\overline{v^2}}=\sqrt{\frac{3RT}{M}}$$

将 $T=273\ \text{K}$ 代入计算得

$$\sqrt{\overline{v^2}}=\sqrt{\frac{3RT}{M}}=\sqrt{\frac{3\times8.31\times273}{32\times10^{-3}}}\ \text{m}\cdot\text{s}^{-1}=461\ \text{m}\cdot\text{s}^{-1}$$

复习思考题

11.7 理想气体微观模型(分子模型)主要内容是什么? 它有哪些实验依据?

11.8 理想气体平衡态的统计假设是什么?

11.9 在推导理想气体压强公式时,什么地方用到了理想气体的微观模型? 什么地方用到了平衡态条件? 什么地方用到了统计平均的概念?

11.10 理想气体压强公式和温度公式的统计意义是什么?

11.11 气体处于平衡态时,其分子的平均速度为多大? 平均动量为多大?

§11.4 能量按自由度均分原理 理想气体的内能

在讨论理想气体的压强公式和温度公式时，只考虑了分子的平动，所以可视分子为质点. 在进一步讨论分子热运动能量的统计规律时，理论和实验研究都表明，因为气体分子具有一定的大小和不同的结构，这时不能再把分子看作质点. 分子的运动不仅有平动，还有转动和振动等. 在计算分子的能量时，也要考虑到气体分子的各种运动的能量. 为此，先引入自由度的概念.

一、自由度

决定一个物体在空间的位置所需要的独立坐标的数目，称为这个物体的**自由度**.

如果一个质点可以在空间自由运动，那么它的位置需要三个独立坐标(x,y,z)来确定，则该质点有三个自由度. 如果质点被限制在一个平面上或曲面上运动，那么该质点的位置只需要两个独立坐标(x,y)来确定，它有两个自由度. 如果质点限制在一直线或曲线上运动，用一个独立坐标就可以确定它的位置，则这个质点只有一个自由度. 如果把飞机、轮船、火车都视为质点，则飞机有三个自由度，轮船有两个自由度，火车有一个自由度.

刚体的运动，既有平动，又有转动. 刚体的位置可由质心的位置、刚体转轴的取向和绕此轴线转动的角度来确定，如图 11.6 所示，质心 C 的位置由三个独立的坐标 x,y,z 确定，即质心运动有三个自由度，轴线 CA 的取向可由它与三个坐标轴的三个夹角 α,β,γ 确定. 因三个夹角满足方程 $\cos^2\alpha+\cos^2\beta+\cos^2\gamma=1$，所以只有两个夹角是独立的，即轴线有两个自由度. 绕轴线的转动只需一个角度确定位置，即有一个自由度. 所以总的说来，一个在空间自由运动的刚体，需六个独立坐标来确定位置，即有六个自由度. 一般称前三个为平动自由度，后三个为转动自由度. 但当刚体的转动受到某种限制时，刚体可以只有一个转动自由度，如门的转动.

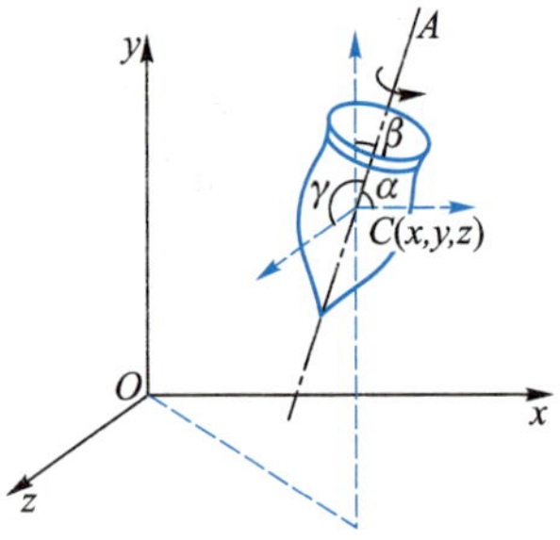

图 11.6

根据上述概念，就可以确定气体分子的自由度. 对单原子气体分子(如 He、Ne 等)，可视为质点，只有三个平动自由度而没有转动自由度. 对双原子气体分子(如 H_2、O_2 等)，常温下可看成是两个保持一定距离的质点，类似于哑铃，由于两个质点绕以其连线为轴的转动没有意义，因此它有三个平动自由度和两个转动自由度，共有五个自由度. 对于刚性多原子分子(三个原子或三个原子以上的分子，如 CO_2、H_2O 等)，有三个平动自由度和三个转动自由度，共有六个自由度. 实际上，双原子或多原子气体分子一般并不完全是刚性的，原子间的距离在原子间相互作用力的作用下，会发生变化，分子内部会发生振动，因此除了平动和转动外，当分子内的振动不能忽略时，还应考虑振动自由度.

二、能量按自由度均分原理

理想气体分子的平均平动动能为

$$\overline{\varepsilon_k}=\frac{1}{2}m_0\overline{v^2}=\frac{3}{2}kT$$

式中$\overline{v^2}=\overline{v_x^2}+\overline{v_y^2}+\overline{v_z^2}$. 根据统计假设，平衡态下，气体中大量分子沿各方向运动机会均等，因此有

$$\overline{v_x^2}=\overline{v_y^2}=\overline{v_z^2}=\frac{1}{3}\overline{v^2}$$

由此得出

$$\frac{1}{2}m_0\overline{v_x^2}=\frac{1}{2}m_0\overline{v_y^2}=\frac{1}{2}m_0\overline{v_z^2}=\frac{1}{2}kT$$

这个结果表明，气体分子的平均平动动能可以认为是平均分配在每一个平动自由度上，分子每个自由度的平均动能都是$\frac{1}{2}kT$. 能量按自由度均匀分配的这一原则不仅适用于分子的平动，也适用于分子的转动和振动；不仅适用于气体，也适用于液体和固体. 经典统计理论可以证明：**在温度为 T 的平衡态下，物质**（气体、液体、固体）**分子的每一个自由度都具有相同的平均动能，其大小都等于$\frac{1}{2}kT$**，这一结论就叫**能量按自由度均分原理**.

根据这个原理，如果气体分子共有 i 个自由度，则每个分子的平均动能为$\frac{i}{2}kT$.

需要指出的是，气体分子的实际运动形式与温度有关. 如 H_2 分子，在低温时，只有平动；在室温下，有平动和转动；在高温时，除了有平动和转动外还有振动. 考虑振动时，除考虑分子每个振动自由度的平均动能$\frac{1}{2}kT$ 外，还应考虑分子的每个振动自由度对应有平均势能$\frac{1}{2}kT$. 实验表明，在常温下，一般可不考虑振动. 视气体分子为刚性分子. 因此在后面的讨论中，理想气体每个分子的平均能量为

$$\bar{\varepsilon}=\frac{i}{2}kT \tag{11.12}$$

其中，

单原子分子　$i=3$

双原子分子　$i=5$

多原子分子　$i=6$

能量按自由度均分原理反映了平衡态下分子热运动的能量所遵循的统计规律. 对个别分子来说，在某一瞬时它的各种形式动能不一定都按自由度均分. 但对大量分子整体来说，由于分子无规则运动和不断碰撞，一个分子的能量可以传给另一个

分子,一种形式的动能可以转化为另一种形式的动能,一个自由度的能量可以转化为另一个自由度的能量,因此,在平衡态时,能量就按自由度均匀分配了.

三、理想气体的内能

气体的内能是指气体分子各种运动形式的动能(平动动能、转动动能和振动动能)以及分子与分子之间、分子内各原子之间相互作用的势能的总和. 对于理想气体,因不计分子间相互作用力,所以分子之间的势能为零. 在常温下,气体分子可视为刚性分子,分子内的振动能量可不计. 因此理想气体的内能就是指所有分子的平动动能和转动动能的总和.

因为每个分子的平均能量 $\bar{\varepsilon}=\frac{i}{2}kT$,1 mol 气体内有 N_A 个分子,所以 1 mol 理想气体的内能为

$$E_m=N_A\frac{i}{2}kT=\frac{i}{2}RT$$

质量为 m,摩尔质量为 M,即 $\nu=\frac{m}{M}$的理想气体的内能为

$$E=\nu\frac{i}{2}RT \tag{11.13}$$

由此可知,一定量的理想气体的内能完全取决于气体的热力学温度 T. "理想气体的内能只是温度的单值函数"是理想气体的另一个基本性质.

[例 11.5] 试计算温度为 0 ℃时,1 mol 的氦气、氧气和二氧化碳气体的内能. 温度升高 1 K 时,内能各增加多少?

[解] 在常温下上述气体可视为理想气体,根据理想气体的内能公式

$$E=\nu\frac{i}{2}RT$$

1 mol 理想气体的内能为

$$E_m=\frac{i}{2}RT$$

对于氦气,

$$i=3$$

$$E_m=\frac{3}{2}\times8.31\times273\ \text{J}=3.41\times10^3\ \text{J}$$

对于氧气,

$$i=5$$

$$E_m=\frac{5}{2}\times8.31\times273\ \text{J}=5.68\times10^3\ \text{J}$$

对二氧化碳气体,

$$i=6$$

$$E_m=\frac{6}{2}\times 8.31\times 273\ \text{J}=6.80\times 10^3\ \text{J}$$

根据内能公式,内能增量的计算公式为

$$\Delta E=\frac{m}{M}\frac{i}{2}R\Delta T$$

1 mol 理想气体,温度增加 $\Delta T=1$ K 时,内能增加$\frac{i}{2}R$,则

对于氦气,

$$\Delta E_m=\frac{3}{2}\times 8.31\times 1\ \text{J}=12.5\ \text{J}$$

对于氧气,

$$\Delta E_m=\frac{5}{2}\times 8.31\times 1\ \text{J}=20.8\ \text{J}$$

对于二氧化碳气体,

$$\Delta E_m=\frac{6}{2}\times 8.31\times 1\ \text{J}=24.9\ \text{J}$$

复习思考题

11.12 什么是自由度?单原子分子和双原子分子各有几个自由度?它们是否随温度变化?

11.13 能量按自由度均分原理中的能量指的是动能还是动能和势能的总和,与每一个振动自由度对应的平均能量是多少?为什么?

11.14 什么是内能?怎样计算理想气体的内能?单原子分子理想气体和双原子分子理想气体的内能有何不同?一定量理想气体的内能是由哪些因素决定的?

11.15 试说明下列各式的物理意义.

(1) $\frac{1}{2}kT$;　(2) $\frac{3}{2}kT$;　(3) $\frac{i}{2}kT$;

(4) $\frac{i}{2}RT$;　(5) $\frac{m}{M}\frac{i}{2}RT$;　(6) $\frac{m}{M}\frac{i}{2}R\Delta T$.

§ 11.5 麦克斯韦速率分布定律

当气体处于平衡态时,尽管各个分子以不同的速率沿各个方向做无规则运动,且由于频繁碰撞,分子的速度方向也在不断地改变,但是理论和实验都证明对大量气体分子而言,气体分子的速率分布遵循确定的统计规律. 这就是麦克斯韦速率分布定律. 下面介绍速率分布函数的概念.

一、速率分布函数

为了描述平衡态下气体分子速率的分布情况,可以把速率由零至无穷大分成许多速率间隔相等的速率区间. 设气体总分子数为 N,处在速率区间 $v \sim v+\Delta v$ 内的分子数为 ΔN,则 $\Delta N/N$ 表示处在这一速率区间内的分子数占总分子数的百分比. 表 11.1 给出了 0 ℃时氧气分子速率分布的情况.

表 11.1 0 ℃时氧气分子的速率分布

速率区间($v \sim v+\Delta v$)/($\mathrm{m \cdot s^{-1}}$)	分子数百分比($\Delta N/N$)/%
<100	1.4
100~200	8.1
200~300	16.5
300~400	21.4
400~500	20.6
500~600	15.1
600~700	9.2
700~800	4.8
800~900	2.0
>900	0.9

当 Δv 足够小时,用 $\mathrm{d}v$ 表示,相应的 ΔN 则用 $\mathrm{d}N$ 表示. 百分比 $\mathrm{d}N/N$ 的大小与速率间隔 $\mathrm{d}v$ 的大小成正比,因此可表示为

$$\frac{\mathrm{d}N}{N}=f(v)\,\mathrm{d}v$$

$$f(v)=\frac{\mathrm{d}N}{N\mathrm{d}v} \tag{11.14}$$

式中函数 $f(v)$ 就称为**速率分布函数**. 其物理意义是:速率在 $v \sim v+\mathrm{d}v$ 的单位速率区间的分子数占分子总数的百分比. 因为 $f(v)\,\mathrm{d}v$ 代表处在 $v \sim v+\mathrm{d}v$ 内分子数占总分子数的百分比,所以处在任一有限速率范围 $v_1 \sim v_2$ 内的分子数 ΔN 占总分子数 N 的百分比为

$$\frac{\Delta N}{N}=\int_{v_1}^{v_2} f(v)\,\mathrm{d}v \tag{11.15}$$

由于全部分子肯定分布在 $v=0$ 到 $v=\infty$ 的范围内,所以有

$$\int_0^{\infty} f(v)\,\mathrm{d}v=1 \tag{11.16}$$

这一关系式是由速率分布函数本身的物理意义所决定的. 它是速率分布函数 $f(v)$ 所必须满足的条件,称为 $f(v)$ 的归一化条件.

二、麦克斯韦速率分布定律

麦克斯韦早在 1859 年，从理论上导出了理想气体在平衡态下分子的速率分布函数为

$$f(v)=4\pi\left(\frac{m_0}{2\pi kT}\right)^{3/2}v^2\mathrm{e}^{\frac{-m_0v^2}{2kT}} \tag{11.17}$$

式中 m_0 为气体每个分子的质量，T 为热力学温度，k 为玻耳兹曼常量. 上式给出的分布函数称为麦克斯韦速率分布函数. 在平衡态下，气体中分子速率在 v 到 $v+\mathrm{d}v$ 区间内的分子数 $\mathrm{d}N$ 占总分子数 N 的百分比为

$$\frac{\mathrm{d}N}{N}=f(v)\,\mathrm{d}v=4\pi\left(\frac{m_0}{2\pi kT}\right)^{3/2}v^2\mathrm{e}^{\frac{-m_0v^2}{2kT}}\mathrm{d}v \tag{11.18}$$

这一规律称为**麦克斯韦速率分布定律**. 以 v 为横轴，以 $f(v)$ 为纵轴，画出的曲线称为麦克斯韦速率分布曲线，如图 11.7(a) 所示. 这条曲线与后来实验给出的速率分布曲线相符合. 这条曲线说明，气体分子的速率可以取 0～∞ 之间的一切数值，速率很大和速率很小的分子所占总分子数的百分比都很小，具有中等速率的分子所占的百分比却很大. 与 $f(v)$ 极大值对应的速率称为**最概然速率**，通常用 v_{p} 表示. 它的物理意义是，如果把整个速率范围分成许多相等的小区间，则分布在 v_{p} 所在的区间内的分子所占的百分比最大.

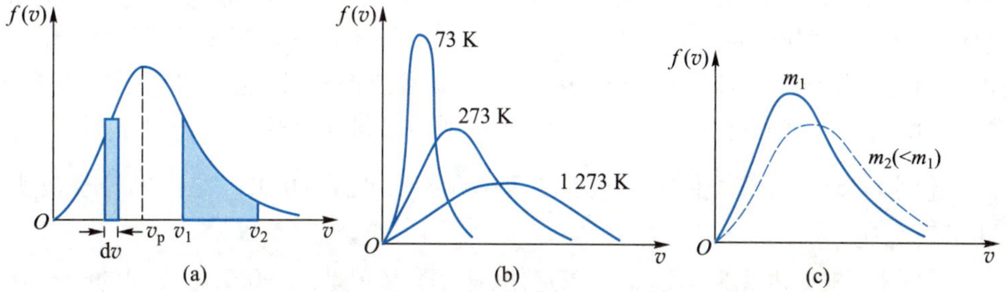

图 11.7

三、分子速率的三种统计平均值

利用速率分布函数 $f(v)$，可以求出**气体分子的平均速率** $\bar{v}$，方均根速率 $\sqrt{\overline{v^2}}$ 和最概然速率 v_{p}. 计算方法和结论如下：

根据

$$\bar{v}=\frac{\int_0^{\infty}v\mathrm{d}N}{N}=\int_0^{\infty}vf(v)\,\mathrm{d}v$$

应用 § 11.5 后面的附注中所列出的定积分公式可求得

$$\bar{v}=\sqrt{\frac{8RT}{\pi M}} \tag{11.19}$$

根据

$$\overline{v^2}=\frac{\int_0^\infty v^2\mathrm{d}N}{N}=\int_0^\infty v^2f(v)\,\mathrm{d}v$$

可求得

$$\sqrt{\overline{v^2}}=\sqrt{\frac{3RT}{M}}$$

利用求 $f(v)$ 的极值条件

$$\frac{\mathrm{d}f(v)}{\mathrm{d}v}=0$$

可求得

$$v_{\mathrm{p}}=\sqrt{\frac{2RT}{M}} \tag{11.20}$$

以上各式中，M 是气体的摩尔质量，R 是普适气体常量.

气体分子的上述三种速率 v_{p}、$\bar{v}$ 和 $\sqrt{\overline{v^2}}$ 都与 $\sqrt{T}$ 成正比，与 $\sqrt{M}$ 成反比. 即温度越高，三者都越大；而分子质量越大，则三者都越小. 三者关系为 $v_{\mathrm{p}}<\bar{v}<\sqrt{\overline{v^2}}$. 在室温下，它们的数量级一般为几百米每秒. 对同种气体，温度越高，v_{p} 越大，但由于速率分布曲线下的总面积恒等于 1，所以温度升高时，曲线变得较平坦，如图 11.7(b) 所示. 图 11.7(c) 表示了同一温度下，不同种类气体的分子速率分布曲线. 分子质量小的气体，v_{p} 大，速率分布曲线较平坦. 这三种速率对于不同的问题有各自的应用. 例如，在讨论气体分子的速率分布时，要用到最概然速率；在讨论气体分子的碰撞问题时要用到平均速率；在讨论气体的能量时，则要用到方均根速率.

[例 11.6] 计算气体分子热运动速率介于 v_{p} 与 $v_{\mathrm{p}}+0.01v_{\mathrm{p}}$ 之间的分子数所占的百分比.

[解] 根据麦克斯韦速率分布定律，速率介于 v_{p} 与 $v_{\mathrm{p}}+0.01v_{\mathrm{p}}$ 之间的分子数所占的百分比，在 Δv 较小时，可近似地表示为

$$\frac{\Delta N}{N}=4\pi\left(\frac{m_0}{2\pi kT}\right)^{3/2}v^2\mathrm{e}^{\frac{-m_0v^2}{2kT}}\Delta v$$

依题意，$v=v_{\mathrm{p}}$，$\Delta v=0.01v_{\mathrm{p}}$，且 $v_{\mathrm{p}}=\sqrt{2kT/m}$，代入上式

$$\frac{\Delta N}{N}=\frac{4}{\sqrt{\pi}}\left(\frac{1}{v_{\mathrm{p}}}\right)^3v_{\mathrm{p}}^2\mathrm{e}^{-1}(0.01v_{\mathrm{p}})=0.83\%$$

四、气体分子速率的实验测定

气体分子速率的分布可以在实验中直接测定. 我国物理学家葛正权曾在 1934 年测定了分子速率，其实验装置如图 11.8 所示. 金属银在小炉 O 中熔化并蒸发，银原子束通过炉上小孔逸出，再通过狭缝 S_1 和 S_2 进入抽真空区域，圆筒 C 可绕中心轴 A 旋转，转速约为 $100\ \mathrm{r\cdot s^{-1}}$. 通过狭缝 S_3 进入圆筒的分子束将投射并黏附在弯

曲状玻璃板 G 上，取下玻璃板，用自动记录的测微光度计测定玻璃板上变黑的程度，就可以确定到达玻璃板任一部分的分子数.

测定分子速率的实验是在圆筒旋转的情况下进行的. 此时，分子仅能在狭缝 S_3 穿过分子束的短暂时间间隔内进入圆筒，如图 11.8 所示，圆筒以顺时针方向旋转，则当这些分子穿越圆筒直径时，玻璃板 G 向右移动，因此，这些分子撞击玻璃板的部位是在圆筒静止时的撞击点 B 的左方，而且分子速率越小，其撞击点越偏左. 由此可知，玻璃板变黑的程度就是分子束的“速率谱”的一般量度. 实验结果与麦克斯韦的理论预测相符合.

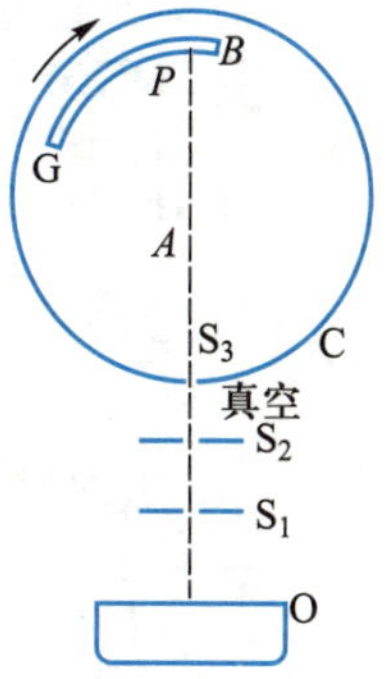

图 11.8

[例 11.7]　如图 11.8 所示，设圆筒直径为 $D=10$ cm，转速 $\omega=100\ \mathrm{r\cdot s^{-1}}$，求撞击点在 B 点左方 $L=12$ mm 处的分子的原始速率.

[解]　设从狭缝 S_3 处进入圆筒的分子速率为 v，该分子穿越直径撞击玻璃板时，该撞击点 P 恰好转至 B 点原先的位置上，它穿越直径的时间为

$$\Delta t=\frac{D}{v}$$

P 点在 Δt 时间内的角位移

$$\Delta\theta=\omega\Delta t$$

BP 弧的长度为

$$L=\frac{D}{2}\Delta\theta$$

所以

$$L=\frac{D}{2}\Delta\theta=\frac{D}{2}\omega\Delta t=\frac{1}{2}\ \frac{\omega D^2}{v}$$

式中 D,ω 一定，v 越小则 L 越大，即撞击点越偏左.

已知 $L=12\ \mathrm{mm}=12\times10^{-3}\ \mathrm{m}$，$\omega=100\ \mathrm{r\cdot s^{-1}}=200\pi\ \mathrm{rad\cdot s^{-1}}$，$D=0.10$ m，代入求得

$$v=\frac{\omega D^2}{2L}=\frac{200\pi\times(0.10)^2}{2\times12\times10^{-3}}\ \mathrm{m\cdot s^{-1}}=262\ \mathrm{m\cdot s^{-1}}$$

附注：几个定积分公式

$$\int_0^{\infty}\mathrm{e}^{-\alpha x^2}\mathrm{d}x=\frac{1}{2}\sqrt{\frac{\pi}{\alpha}}$$

$$\int_0^{\infty}x^{2n}\mathrm{e}^{-\alpha x^2}\mathrm{d}x=\frac{1\cdot3\cdot5\cdot\cdots\cdot(2n-1)}{2^{n+1}\alpha^n}\sqrt{\frac{\pi}{\alpha}}$$

$$\int_0^{\infty}x\mathrm{e}^{-\alpha x^2}\mathrm{d}x=\frac{1}{2}\ \frac{1}{\alpha}$$

$$\int_0^{\infty}x^{2n+1}\mathrm{e}^{-\alpha x^2}\mathrm{d}x=\frac{1}{2}\ \frac{n!}{\alpha^{n+1}}$$

复习思考题

11.16 速率分布函数的物理意义是什么？试说明下列各量的物理意义：

(1) $f(v)\mathrm{d}v$；　(2) $Nf(v)\mathrm{d}v$；　(3) $\int_{v_1}^{v_2} f(v)\mathrm{d}v$；

(4) $\dfrac{\int_{v_1}^{v_2} vf(v)\mathrm{d}v}{\int_{v_1}^{v_2} f(v)\mathrm{d}v}$；　(5) $\int_0^{\infty} vf(v)\mathrm{d}v$；　(6) $\int_0^{\infty} \frac{1}{2}m_0v^2 f(v)\mathrm{d}v$.

11.17 两容器分别盛有氢气和氧气，如果压强、体积、温度都相同，则它们的分子速率分布是否相同？

11.18 气体分子的最概然速率、平均速率和方均根速率各是怎样定义的？它们的大小各由哪些因素决定？

§ 11.6 玻耳兹曼分布律

麦克斯韦速率分布是理想气体处在平衡态下，在没有外力场作用时，分子按速率的分布规律. 气体分子在空间各处的密度是均匀的. 如果处在外力场中，气体分子会如何分布呢？下面先讨论重力场中气体分子按高度的分布.

一、重力场中气体分子按高度的分布

在重力场中的大气分子受到两种作用. 分子热运动使得它们在空间趋于均匀分布，而重力的作用则使它们趋于向地面降落. 大气分子在重力作用和热运动两个因素同时影响下，在空间将形成一种非均匀的稳定分布，气体的分子数密度和大气压强都将随高度而减小.

在大气中截取一竖直柱体如图 11.9 所示. 假定高度 $h=0$ 处的地面大气压强为 p_0，高度 h 改变 $\mathrm{d}h$，大气压强 p 改变 $\mathrm{d}p$，并假定温度 T 恒定. 根据流体静力学原理

$$\mathrm{d}p=-\rho g\mathrm{d}h$$

因为 $\rho=nm_0$，$p=nkT$，则

$$\mathrm{d}p=-\frac{pm_0g}{kT}\mathrm{d}h$$

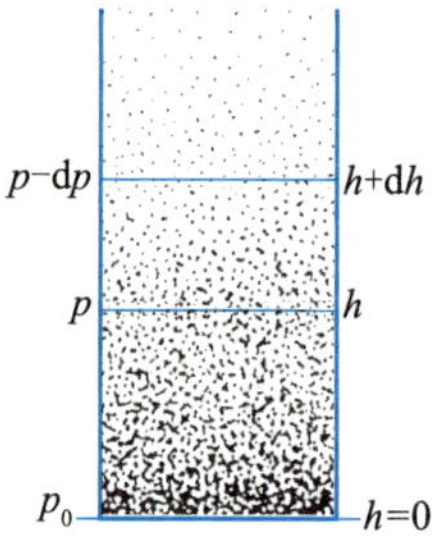

图 11.9

所以

$$\int_{p_0}^{p}\frac{\mathrm{d}p}{p}=-\int_0^h \frac{m_0g}{kT}\mathrm{d}h$$

其解为

$$p=p_0\mathrm{e}^{-m_0gh/kT}=p_0\mathrm{e}^{-Mgh/RT} \tag{11.21}$$

(11.21)式就称为等温气压公式. 它表明空气压强随高度增加而呈指数衰减. 气压公式可用来估算地面上高空某处的大气压强,也可以根据测得的大气压强来估算测量点的高度. 由于气体压强 p 与气体分子数密度 n 成正比,即 $p=nkT$,故有

$$n=n_0\mathrm{e}^{-m_0gh/kT}=n_0\mathrm{e}^{-Mgh/RT} \tag{11.22}$$

式中 n_0、n 分别为高度 $h=0$ 和 h 处的气体分子数密度.

[例 11.8] 飞机从地面起飞后,压力计指示从 1.01×10^5 Pa 变为 8.08×10^4 Pa,假定大气温度都为 27 ℃,试估算其所处高度.

[解] 由等温气压公式

$$p=p_0\mathrm{e}^{-Mgh/RT}$$

可估算飞机所处高度

$$\begin{aligned}h&=\frac{RT}{Mg}\ln\frac{p_0}{p}\\&=\left(\frac{8.31\times300}{29\times10^{-3}\times9.8}\ln\frac{1.01\times10^5}{8.08\times10^4}\right)\ \mathrm{m}\\&=2.0\ \mathrm{km}\end{aligned}$$

二、玻耳兹曼分布律

考虑到分子的重力势能 $\varepsilon_\mathrm{p}=mgh$. 则(11.22)式可表示为

$$n=n_0\mathrm{e}^{-\varepsilon_\mathrm{p}/kT} \tag{11.23}$$

如果分子处于其他保守力场中,则可把 ε_p 看成与该保守力场相应的势能. 这样上式的应用范围就可推广到任何形式的保守力场中去了.

显然,位于空间某一小区域 $x\sim x+\mathrm{d}x$, $y\sim y+\mathrm{d}y$, $z\sim z+\mathrm{d}z$ 中的分子数 $\mathrm{d}N$,利用(11.23)式可表示为

$$\mathrm{d}N=n\mathrm{d}V=n_0\mathrm{e}^{-\varepsilon_\mathrm{p}/kT}\mathrm{d}x\mathrm{d}y\mathrm{d}z \tag{11.24}$$

式中 ε_p 是位于(x,y,z)处分子的势能. 它表明对于相同的体积元 $\mathrm{d}x\mathrm{d}y\mathrm{d}z$ 来说,势能大的区域分子数少,势能小的区域分子数多. 或者说分子处于高势能状态的概率小,处于低势能状态的概率大. 在势场中的分子总是优先占据势能较低的状态. (11.23)式及(11.24)式称为玻耳兹曼分布律.

如果气体分子处于保守力场中,分子不仅有动能 ε_k,而且还有势能 ε_p,则分子的总能量为 $\varepsilon=\varepsilon_\mathrm{k}+\varepsilon_\mathrm{p}$. 玻耳兹曼把麦克斯韦速率分布推广到保守力场中,以分子总能量 ε 代替分子的动能 ε_k,从理论上导出,理想气体在平衡态下,处在速度区间 $v_x\sim v_x+\mathrm{d}v_x$、$v_y\sim v_y+\mathrm{d}v_y$、$v_z\sim v_z+\mathrm{d}v_z$ 和位置坐标区间 $x\sim x+\mathrm{d}x$、$y\sim y+\mathrm{d}y$、$z\sim z+\mathrm{d}z$ 内的分子数为

$$\mathrm{d}N=n_0\left(\frac{m_0}{2\pi kT}\right)^{3/2}\mathrm{e}^{-\varepsilon/kT}\mathrm{d}v_x\mathrm{d}v_y\mathrm{d}v_z\mathrm{d}x\mathrm{d}y\mathrm{d}z \tag{11.25}$$

式中 n_0 表示在势能为零处,单位体积内具有各种速率分子的总数;m_0 为分子质量. (11.25)式称为麦克斯韦-玻耳兹曼分子按能量分布律,简称为玻耳兹曼分布律,或

麦-玻分布,这是一个普遍的规律. 它对任何物质的微粒(气体、液体、固体分子等)在任何保守力场(如重力场、电场)中运动的情形都成立. 它在固体物理、激光物理等近代物理学中有着广泛的应用.

(11.25)式表明,在一定的速度区间与坐标区间 $d\Omega=dv_xdv_ydv_zdxdydz$ 内的分子数 dN 与 $d\Omega$ 的比值 $dN/d\Omega$ 取决于因子 $e^{-\varepsilon/kT}$,这个因子称为玻耳兹曼因子,由玻耳兹曼因子可知,能量分别为 ε_1 与 $\varepsilon_2(\varepsilon_2>\varepsilon_1)$ 的分子数相对值 $dN/d\Omega$ 之比为 $e^{(\varepsilon_2-\varepsilon_1)/kT}$,可见,温度越高,这一比值越小,即能量较大的分子数相对值越大,也就是说,当温度逐渐升高时,越来越多的分子占据着高能量的状态,只有在无限接近绝对零度($T\to0$)时,分子才全部落入最低的能量状态.

复习思考题

11.19 上升到多高处,大气压强减为地面处的75%? 设空气的温度为0 ℃.

§ 11.7 气体分子的平均自由程

室温下,气体分子运动的平均速率达几百米每秒,按照这个速率运动,香水瓶盖一打开,远处的人一下子就应能闻到香水味. 但经验告诉我们,香味要经过几秒或几十秒的时间才能传过几米的距离. 这说明气体的扩散过程是比较缓慢的. 克劳修斯指出,气体分子的速率虽然很大,但在前进中要与其他分子做很多次的碰撞,所走的路程非常曲折,如图 11.4 所示,由此可以说明为什么分子平均速率很大但扩散过程却比较缓慢.

气体分子间的无规则碰撞对气体平衡态的性质起着十分重要的作用. 气体分子的能量均分就是靠碰撞来实现的. 正是由于分子间的无规则碰撞引起了分子速度的不断改变. 所以在平衡态下,分子才按速率有一稳定的分布. 分子间的碰撞在气体由非平衡态到达平衡态的过程中起着关键作用. 为描述分子的碰撞频繁程度,下面介绍分子平均碰撞频率和平均自由程的概念.

一、分子的平均碰撞频率

一个分子在单位时间内和其他分子碰撞的平均次数称为分子的平均碰撞频率,常用 $\overline{Z}$ 表示. 为了简化问题,在讨论分子的碰撞时,设想有一个分子 A 以平均相对速率 $\overline{u}$ 运动,其余分子都看做是不动的. 若分子的有效直径为 d,我们以分子 A 的路径为中心轴线,以 d 为半径作一曲折的圆筒,如图 11.10 所示. 当分子 A 沿它的路径运动时,凡是质心处在此圆筒内的分子都将与 A 相碰,质心在圆筒外的分子都不能与 A 相碰. 单位时间内分子 A 通过路程为 $\overline{u}$. 相应圆筒的体积为 $\pi d^2\overline{u}$. 若分子数密度为 n,则此圆筒内的分子数为

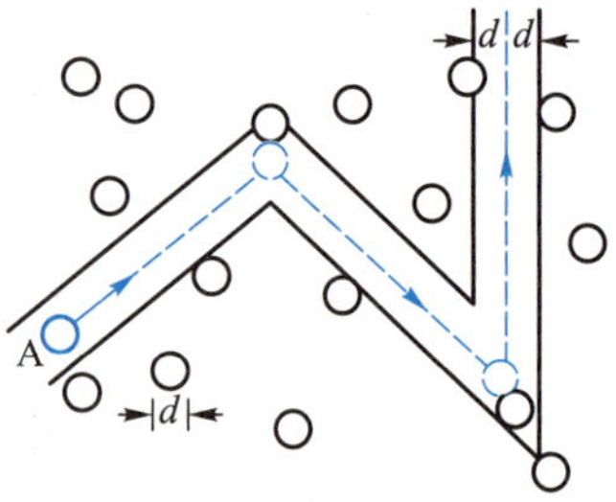

图 11.10

$\pi d^2\bar{u}n$. 所以,分子 A 在单位时间内与其他分子的平均碰撞次数为

$$\bar{Z}=\pi d^2 n\,\bar{u}$$

上述结果是在假设只有分子 A 运动,而其他分子固定不动的情况下推导的. 实际上,一切分子都在以各种不同的速率运动,并服从麦克斯韦速率分布. 麦克斯韦从理论上证明,平均相对速率 $\bar{u}$ 和分子平均速率 $\bar{v}$ 之间的关系是 $\bar{u}=\sqrt{2}\,\bar{v}$. 代入前式得分子的平均碰撞频率为

$$\bar{Z}=\sqrt{2}\,\pi d^2 n\,\bar{v} \tag{11.26}$$

此式表明,分子的平均碰撞频率 $\bar{Z}$ 与单位体积内的分子数 n、分子的平均速率 $\bar{v}$ 成正比,也与分子有效直径 d 的平方成正比.

二、分子的平均自由程

分子在连续两次碰撞之间自由运动的平均路程称为分子的平均自由程,常用 $\bar{\lambda}$ 表示.

1 s 内分子运动经过的平均路程在数值上等于分子的平均速率 $\bar{v}$,而 1 s 内分子的平均碰撞次数为 $\bar{Z}$,根据平均自由程的定义,应有

$$\bar{\lambda}=\frac{\bar{v}}{\bar{Z}} \tag{11.27}$$

将(11.26)式代入上式,得

$$\bar{\lambda}=\frac{1}{\sqrt{2}\,\pi d^2 n} \tag{11.28}$$

此式表明,分子的平均自由程只与分子数密度 n 和分子有效直径 d 有关. 对于某一给定的气体,分子的平均自由程只与其分子数密度 n 有关,而与分子的平均速率 $\bar{v}$ 无关. 分子数密度 n 越大,每个分子碰撞的机会越多. 因为 $p=nkT$,所以

$$\bar{\lambda}=\frac{kT}{\sqrt{2}\,\pi d^2 p} \tag{11.29}$$

由此可见,当温度 T 一定时,$\bar{\lambda}$ 与 p 成反比.

[例 11.9] 计算标准状态下,氢气分子的平均自由程,平均碰撞频率和分子数密度,已知氢分子的有效直径为 2×10^{-10} m.

[解] 由式 $p=nkT$ 可得标准状态下氢气的分子数密度为

$$n=\frac{p}{kT}=\frac{1.013\times10^5}{1.38\times10^{-23}\times273}\ \mathrm{m^{-3}}=2.69\times10^{25}\ \mathrm{m^{-3}}$$

分子的平均自由程为

$$\begin{aligned}\bar{\lambda}&=\frac{1}{\sqrt{2}\,\pi d^2 n}\\&=\frac{1}{1.41\times3.14\times(2\times10^{-10})^2\times2.69\times20^{25}}\ \mathrm{m}\\&=2.10\times10^{-7}\ \mathrm{m}\quad(\text{约为分子直径的 1 000 倍})\end{aligned}$$

氢分子的平均速率为

$$\bar{v}=\sqrt{\frac{8RT}{\pi M}}=\sqrt{\frac{8\times 8.31\times 273}{3.14\times 2\times 10^{-3}}}\ \mathrm{m\cdot s^{-1}}$$
$$=1.70\times 10^{3}\ \mathrm{m\cdot s^{-1}}$$

氢分子的平均碰撞频率为

$$\bar{Z}=\frac{\bar{v}}{\bar{\lambda}}=\frac{1.70\times 10^{3}}{2.10\times 10^{-7}}\ \mathrm{s^{-1}}=8.10\times 10^{9}\ \mathrm{s^{-1}}$$

可见,在标准状态下,1 s 内,一个氢分子的平均碰撞次数约为 81 亿次.

复习思考题

11.20 什么是平均自由程?平均自由程与气体的状态以及气体本身的性质有何关系?

11.21 容器内盛有一定量的气体,保持体积不变,使气体的温度升高,则分子的平均碰撞频率和平均自由程各怎样变化?

*§ 11.8 气体内的输运现象

前面我们主要讨论的是平衡态下气体的性质. 当气体处于非平衡态时,例如气体内部的流速、温度或密度不相同时,由于气体分子不断地碰撞和相互掺和,就会有动量、能量和质量交换,使气体趋于平衡态. 这种现象称为气体内的输运现象.

气体内的输运现象有三种:扩散现象、黏性现象和热传导现象. 实际上,三种输运现象可能同时存在. 为研究方便,我们仅就单独存在一种输运现象的情况,分别简述这三种输运现象的宏观规律及其微观本质.

一、扩散现象

如果容器中各部分的气体种类不同或同一种气体在容器中各部分的密度不同,经过一段时间后,容器中各部分气体的成分以及气体的密度都将趋向均匀一致,这种现象叫作扩散现象.

我们讨论在温度和压强均匀的情况下,仅由气体中各处密度不同而引起的单纯扩散现象. 设有一容器用隔板分成两部分,各装入同温、同压且相对分子质量也相等的两种气体(例如 CO 和 N_2,它们的相对分子质量都是 28),如图 11.11 所示. 抽去隔板后,由于整个容器内 CO 和 N_2 两种气体的密度都不均匀,就各自进行着单纯的扩散.

设气体(CO)的密度 ρ 沿 x 轴而改变,则 $\mathrm{d}\rho/\mathrm{d}x$ 表示气体中密度沿 x 轴方向的空间变化率,称为密度梯度. 若选一垂直于 x 轴的界面 ΔS,则实验表明,在单位时间内,通过界面 ΔS 的质量净输运 $\Delta m/\Delta t$ 与该处的密度梯度 $\mathrm{d}\rho/\mathrm{d}x$ 成正比,也与界面

图 11.11

面积 ΔS 成正比,即

$$\frac{\Delta m}{\Delta t}=-D\frac{\mathrm{d}\rho}{\mathrm{d}x}\Delta S \tag{11.30}$$

式中 D 称为扩散系数,单位为 $\mathrm{m^2 \cdot s^{-1}}$. 负号表示质量的输运方向和密度梯度的方向相反,即由密度大向密度小的方向进行.

从统计理论看,由于分子热运动,相邻两层气体相互交换分子. 就混合气体中某一种气体而言,由于密度不均匀,密度大的一方输出的分子数较输入的分子数多. 结果就有一些分子输运到密度较小的地方,宏观上表现为质量的输运,这就是扩散现象. 由此可见,气体扩散的微观本质是气体分子的定向输运.

由统计理论可导出气体的扩散系数为

$$D=\frac{1}{3}\bar{v}\bar{\lambda} \tag{11.31}$$

注意到

$$\bar{v}=\sqrt{\frac{8RT}{\pi M}},\qquad \bar{\lambda}=\frac{kT}{\sqrt{2}\,\pi d^2 p}$$

可见,D 与 $T^{3/2}$ 成正比,而与 p 成反比,这说明温度越高压强越低,则扩散进行得越快.

二、黏性现象

层流流动的气体,如果各层流速不同,则在相邻两个气层之间的接触面上将形成一对等值反向的力(黏性力),这对力阻碍气层间的相对运动,使流速较慢的气层加速,而使流速较快的气层减速,这种现象称为黏性现象(也称内摩擦现象).

设气体沿 y 轴方向流动,其流速 u 沿 x 轴变化,$\mathrm{d}u/\mathrm{d}x$ 表示气体中流速沿 x 轴方向的空间变化率,即流速梯度. 设 ΔS 为垂直于 x 轴的两气层的界面面积. 实验表明,作用在界面 ΔS 处的黏性力的大小与该处的气体的流速梯度成正比,同时也与界面面积 ΔS 成正比,即

$$F_{\mathrm{f}}=\pm\eta\frac{\mathrm{d}u}{\mathrm{d}x}\Delta S \tag{11.32}$$

式中比例系数 η 称为黏度或黏性系数,单位为 $\mathrm{Pa\cdot s}$. 若 F_{f} 作用于流速慢的气层,公式取正号;若 F_{f} 作用于流速快的气层,公式取负号.

从统计理论看,气体内各层流速不同,分子的定向运动动量不相同. 由于分子热运动,结果就有定向动量的输运,这就在宏观上表现为有黏性力存在. 由统计理

论可导出黏度为

$$\eta=\frac{1}{3}\rho\,\bar{v}\bar{\lambda} \tag{11.33}$$

式中 ρ 为气体的密度.

三、热传导现象

当气体内各处温度不均匀时,就会有热量从温度较高处传到温度较低处,这种现象称为热传导现象.

设气体温度 T 沿 x 轴变化,$\mathrm{d}T/\mathrm{d}x$ 表示气体中温度沿 x 轴方向的空间变化率,称为温度梯度. 设 ΔS 为垂直于 x 轴的界面面积. 实验表明,在单位时间内,从温度较高一侧,通过这一界面 ΔS,向温度较低的一侧所传递的热量 ΔQ,与这一界面 ΔS 所在处的温度梯度成正比,同时也与界面面积 ΔS 成正比,即

$$\frac{\Delta Q}{\Delta t}=-\kappa\frac{\mathrm{d}T}{\mathrm{d}x}\Delta S \tag{11.34}$$

式中比例系数 κ 称为气体的热导率,或导热系数,其单位为 $\mathrm{W\cdot m^{-1}\cdot K^{-1}}$. 式中负号代表热量传递的方向从温度较高处传到温度较低处,与温度梯度的方向相反.

从统计理论看,气体内各处温度不同,分子的平均热运动的能量就不同,由于分子热运动,结果就有热运动的能量输运,这就在宏观上形成热量的传递. 由统计理论可导出气体的热导率为

$$\kappa=\frac{1}{3}\frac{C_{V,\mathrm{m}}}{M}\rho\,\bar{v}\bar{\lambda} \tag{11.35}$$

式中 M 为气体的摩尔质量,$C_{V,\mathrm{m}}$ 为摩尔定容热容.

由扩散系数 D、黏度 η 及热导率 κ 的理论公式可知,由这些系数的实验测量值可以求得气体分子的平均自由程 $\bar{\lambda}$,从而估算出分子的有效直径 d. 实验结果证明由各种方法求得的分子有效直径是一致的,这就证明了统计理论是符合实际的. 表 11.2 给出了一些气体的 η、κ 和 D 的测量值.

表 11.2 一些气体的 η、κ 和 D 的测量值

	$\eta/(10^5\ \mathrm{Pa\cdot s})$ (273 K 时)	$\kappa/(10^2\ \mathrm{W\cdot m^{-1}\cdot K^{-1}})$ (273 K 时)	$D/(10^5\ \mathrm{m^2\cdot s^{-1}})$ (273 K 时)
Ne	2.97	4.60	4.52
Ar	2.10	1.63	1.57
H_2	0.84	16.8	12.8
N_2	1.66	2.37	1.78
O_2	1.89	2.42	1.81
CO_2	1.39	1.49	0.97
CH_4	1.03	3.04	2.06
Xe	2.10	0.52	0.58

复习思考题

11.22 产生气体内的输运现象的条件是什么？原因是什么？

11.23 三种气体内的输运现象的宏观规律的共同特点是什么？三个梯度和三个输运系数的物理意义是什么？

* § 11.9 真实气体的范德瓦耳斯方程

理想气体是真实气体的理想化的模型. 在常温常压下,它能较好地反映真实气体的性质. 但在高压低温情况下,理想气体物态方程给出的结果与实际情况有很大的偏离. 这表明,在这种情况下,理想气体分子模型不再适用,应该对它进行修正. 修正的方案很多,其中物理意义最明显、最直接的是范德瓦耳斯的修正. 该方案把气体分子看作有相互吸引力的刚性球,将理想气体的压强加以修正,从而导出了范德瓦耳斯方程. 该方程与真实气体的性质符合得较好. 下面对此做简要的介绍.

一、分子体积所引起的修正

根据理想气体模型,1 mol 理想气体物态方程 $pV_m=RT$ 中的 V_m,应该理解为每个分子可以自由活动的空间的体积. 当考虑到分子本身的体积时,每个分子自由活动的空间应减少,减少的量应是反映气体分子所占体积的修正量 b. 因此 1 mol 理想气体压强

$$p=\frac{RT}{V_m} \tag{11.36}$$

应修正为

$$p=\frac{RT}{V_m-b} \tag{11.37}$$

修正量 b 的数值可用实验测定,对一给定的气体,b 有一确定的值. 理论上估算出的 b 值,约等于 1 mol 气体分子体积总和的 4 倍.

二、分子间引力所引起的修正

在容器中的气体内部,认定某一分子 β,如图 11.12 所示,以分子 β 为中心,选取分子间引力作用等于零的距离 r 为半径,作一个球,对分子 β 有引力作用的其他分子,都分布在这个球内. 由于这球内的其他分子对分子 β 是对称分布的,因此它们对分子 β 作用的引力相互抵消. 其结果使分子 β 好像不受引力的作用一样. 靠近器壁的分子 α,如图 11.12 所示,则与分子 β 不同,由于对分子 α 有引力作用的球内其他气

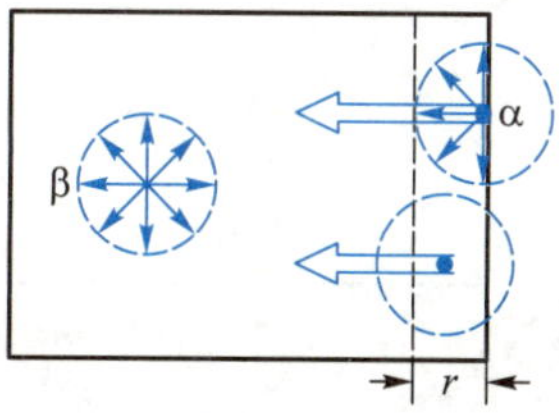

图 11.12

体分子分布不对称，平均来说，分子 α 受到一个指向气体内部的合力，因而削弱了分子碰撞器壁时的动量，减小了它对器壁碰撞的冲力，于是器壁受到的压强要比(11.37)式算出的压强小，其差值 Δp 称为气体的内压强. 这样考虑气体分子的引力后，(11.37)式修正为

$$p=\frac{RT}{V_{\mathrm{m}}-b}-\Delta p \tag{11.38}$$

内压强的大小可以这样估算，因为内压强 Δp 是内壁碰撞表面层单位面积上的气体分子所受的内部分子的引力，这力一方面与被吸引的表面层内的分子数密度 n 成正比，另一方面也应与施加吸引力的气体内部的分子数密度成正比，所以 Δp 与 n^2 成正比，而 n 与体积 V 成反比，所以有

$$\Delta p \propto \frac{1}{V_{\mathrm{m}}^2}$$

或

$$\Delta p=\frac{a}{V_{\mathrm{m}}^2} \tag{11.39}$$

式中比例系数 a 的数值由气体的性质决定，一般由实验确定. 将(11.39)式代入(11.38)式便得

$$\left(p+\frac{a}{V_{\mathrm{m}}^2}\right)(V_{\mathrm{m}}-b)=RT \tag{11.40}$$

(11.40)式便是在范德瓦耳斯模型下的 1 mol 真实气体的物态方程，称为**范德瓦耳斯方程**. 如果气体的质量为 m，摩尔质量为 M，则它的体积为

$$V=\frac{m}{M}V_{\mathrm{m}}$$

物态方程为

$$\left(p+\frac{m^2}{M^2}\frac{a}{V^2}\right)\left(V-\frac{m}{M}b\right)=\frac{m}{M}RT \tag{11.41}$$

(11.41)式为**范德瓦耳斯方程的一般形式**. 表 11.3 给出了一些真实气体的修正系数 a、b 的值. 在高压低温情况下，范德瓦耳斯方程比理想气体物态方程更能反映真实气体的情况.

表 11.3　部分气体的修正系数值

气体	$a/(\mathrm{Pa}\cdot\mathrm{m^6}\cdot\mathrm{mol^{-2}})$	$b/(10^{-5}\ \mathrm{m^3}\cdot\mathrm{mol^{-1}})$
He	3.445×10^{-3}	2.370
H_2	2.476×10^{-2}	2.661
O_2	1.378×10^{-1}	3.183
NH_3	4.224×10^{-1}	3.707

习题

11.1 选择题

(1) 对于一定量的理想气体，以下哪个说法是正确的？ [ ]

(A) 如果体积减小，气体分子在单位时间内作用于器壁单位面积的总冲量一定增大；

(B) 如果压强增大，气体分子在单位时间内作用于器壁单位面积的总冲量一定增大；

(C) 如果温度不变，气体分子在单位时间内作用于器壁单位面积的总冲量一定不变；

(D) 如果密度不变，气体分子在单位时间内作用于器壁单位面积的总冲量一定不变.

(2) 有两个容器，一个盛氢气，另一个盛氧气，如果这两种气体分子的方均根速率相等，那么由此可以得出什么结论？ [ ]

(A) 氧气的温度比氢气的高；

(B) 氢气的温度比氧气的高；

(C) 两种气体的温度相同；

(D) 两种气体的压强相同.

(3) 如果氢气和氦气温度相同，物质的量也相同，则 [ ]

(A) 这两种气体的平均动能相同；

(B) 这两种气体的平均平动动能相同；

(C) 这两种气体的内能相等；

(D) 这两种气体的势能相等.

(4) 质量为 m、摩尔质量为 M 的理想气体，经历了一个等压过程，温度增量为 ΔT，则内能增量 ΔE 为 [ ]

(A) $\dfrac{m}{M}C_{p,\mathrm{m}}\Delta T$；　　(B) $\dfrac{m}{M}C_{V,\mathrm{m}}\Delta T$；

(C) $\dfrac{m}{M}R\Delta T$；　　(D) $\dfrac{m}{M}(C_{p,\mathrm{m}}+R)\Delta T$.

(5) 在压强不变的条件下，气体分子的平均碰撞频率 $\overline{Z}$ 与温度 T 的关系为 [ ]

(A) 与 T 无关；　　(B) 与 $\sqrt{T}$ 成正比；

(C) 与 $\sqrt{T}$ 成反比；　　(D) 与 T 成反比.

(6) 一定量的理想气体，当其体积变为原来的 3 倍，而分子的平均平动动能变为原来的 6 倍时，则压强变为原来的 [ ]

(A) 9 倍；　　(B) 2 倍；

(C) 3 倍；　　(D) 4 倍.

(7) 一定量的理想气体可以 [ ]

(A) 保持压强和温度不变同时减小体积；

(B) 保持体积和温度不变同时增大压强；

(C) 保持体积不变同时增大压强降低温度；

(D) 保持温度不变同时增大体积降低压强.

(8) 设某理想气体体积为 V,压强为 p,温度为 T,单个分子质量为 m_0,玻耳兹曼常量为 k,则该气体的分子总数可表示为 [ ]

(A) $\dfrac{pV}{kT}$;　　(B) $\dfrac{pV}{km_0}$;

(C) $\dfrac{pT}{m_0V}$;　　(D) $\dfrac{pT}{kV}$.

(9) 当双原子气体的分子结构为非刚性时,分子的平均能量为 [ ]

(A) $7kT/2$;　　(B) $6kT/2$;

(C) $5kT/2$;　　(D) $3kT/2$.

(10) 两瓶不同种类的理想气体,它们的分子的平均平动动能相同,但单位体积内的分子数不同,两气体的 [ ]

(A) 内能一定相同；　　(B) 分子平均动能一定相同；

(C) 压强一定相同；　　(D) 温度一定相同.

(11) 两容器分别盛有两种不同的双原子理想气体,若它们的压强和体积相同,则两气体 [ ]

(A) 内能一定相同；

(B) 内能不等,因为它们的温度可能不同；

(C) 内能不等,因为它们的质量可能不同；

(D) 内能不等,因为它们的分子数可能不同.

(12) 一定量的理想气体,若保持压强不变,当温度增加时,其分子的平均碰撞频率$\overline{Z}$和平均自由程 $\overline{\lambda}$ 的变化情况是 [ ]

(A) $\overline{Z}$增加,$\overline{\lambda}$ 减少；　　(B) $\overline{Z}$减少,$\overline{\lambda}$ 增加；

(C) $\overline{\lambda}$,$\overline{Z}$均增加；　　(D) $\overline{Z}$,$\overline{\lambda}$ 均减少.

11.2 填空题

(1) 氧气的热力学温度提高一倍,氧分子全部离解为氧原子. 则氧原子的方均根速率是氧分子的方均根速率的________倍.

(2) 某理想气体处于平衡态时,其速率分布函数为 $f(v)$,则处在速率区间$[v_1, v_2]$内的气体分子的平均速率的计算式为 $\bar{v}$=________.

(3) 根据能量按自由度均分原理,气体处于平衡态时,分子每个自由度的平均动能为________.

(4) 1 mol 单原子理想气体在 1.013×10^5 Pa 下从 0 ℃上升到 100 ℃时,内能的增量为________J.

(5) 一容器储有气体,其平均自由程为 $\overline{\lambda}$,若热力学温度降到原来的一半,但体积不变,分子有效直径不变,此时平均自由程为________.

(6) 一定量的理想气体,在保持温度 T 不变的情况下,使压强由 p_1 增大到 p_2,则单位体积内分子数的增量为________.

(7) 一个具有活塞的圆柱形容器中储有一定量的理想气体,压强为 p,温度为 T,若将活塞压缩并加热气体,使气体的体积减小一半,同时温度升高到 $2T$,则气体压强增量为________,分子平均平动动能增量为________.

(8) 将密闭在一容器内的某种理想气体的温度升高为原来的两倍,则分子的平均动能和压强均变为原来的________倍.

(9) 温度为 127 ℃的 1 mol 氧气具有的分子平动总动能为________,分子转动总动能为________.

(10) 已知某理想气体分子在温度为 T_1 时的方均根速率等于温度为 T_2 时的最概然速率,则 $T_2/T_1=$________.

11.3 一氧气瓶的容积为 32 L,其氧气压强是 1.313×10^7 Pa. 按规定瓶内氧气压强降到 1.01×10^6 Pa 时就得充气,以免混入其他气体而必须洗瓶,今有一车间每天需用 1.01×10^5 Pa 氧气 400 L,问一瓶氧气能用几天?

11.4 求氢气在标准状态下的分子数密度、质量密度和分子的质量.

11.5 氢气分子的质量为 3.32×10^{-27} kg,如果每秒内有 1.0×10^{23} 个氢分子,以与墙面法线成 45°角的方向、$1.0\times10^5\ \mathrm{cm\cdot s^{-1}}$ 的速率撞击在面积为 $2.0\ \mathrm{cm^2}$ 的墙面上,试求这些氢气分子作用在墙面上的压强.

11.6 质量为 10 kg 的氮气,当压强为 1.01×10^5 Pa、体积为 $7.7\ \mathrm{m^3}$ 时,其分子的平均平动动能是多少?分子的方均根速率是多大?

11.7 储有氧气的容器以速率 $v=100\ \mathrm{m\cdot s^{-1}}$ 运动,假设该容器突然停止,全部定向运动的动能都变为气体分子热运动的动能,问容器中氧气的温度将会上升多少?

11.8 两瓶不同种类的气体,它们的温度和压强相同,但体积不同. 问它们单位体积中的分子数是否相同?单位体积中的气体质量是否相同?单位体积中的分子总平动动能是否相同?为什么?

***11.9** 假定 N 个分子的速率分布曲线如图所示.

(1) 由 N 和 v_0 求 a;

(2) 求速率在 $1.5v_0$ 到 $2.0v_0$ 之间的分子数;

(3) 求分子的平均速率.

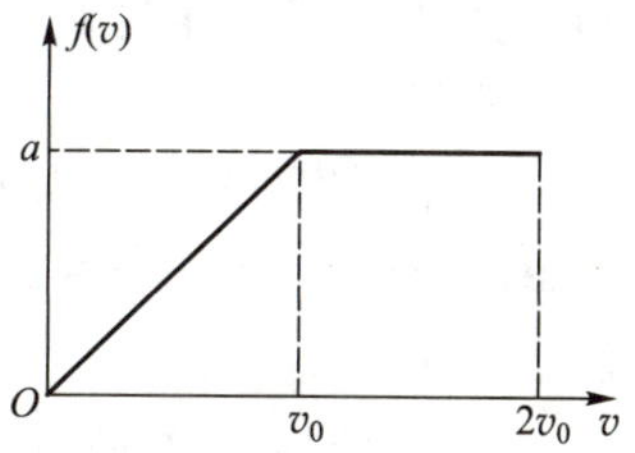

题 11.9 图

11.10 试利用麦克斯韦速率分布函数,推求气体分子的最概然速率 v_p.

11.11 一容器内储有 1 mol 氧气,其压强为 1.01×10^5 Pa,温度为 27 ℃,求:

(1) 单位体积中的分子数 n;

(2) 单个氧气分子质量 m_0;

(3) 气体密度 ρ;

(4) 分子间的平均距离 l;

(5) 氧气分子的平均平动动能 $\overline{\varepsilon_k}$;

(6) 最概然速率 v_p;

(7) 平均速率 $\bar{v}$;

(8) 方均根速率 $\sqrt{\overline{v^2}}$;

(9) 氧气的内能.

11.12 设地球大气是等温的,温度为 5.0 ℃,海平面上的气压为 $p_0 = 750$ mmHg,今测得某山顶的气压 $p = 590$ mmHg,求山高. 已知空气的平均相对分子量为 28.97. (1 mmHg = 133.322 4 Pa.)

11.13 氮气分子的有效直径为 3.8×10^{-10} m,求它在标准状态下的平均自由程及平均碰撞频率.

11.14 真空管的真空度为 1.0×10^{-5} mmHg,求 27 ℃时单位体积内的分子数,分子的平均自由程. 设分子的有效直径为 3.0×10^{-10} m. (1 mmHg = 133.322 4 Pa.)

***11.15** 氮气在标准状态下的扩散系数为 $1.9\times10^{-5}\ \mathrm{m^2\cdot s^{-1}}$,求氮气分子的平均自由程和有效直径.

第 11 章习题参考答案

***11.16** 在标准状态下,氦气(He)的黏度为 $\eta = 1.89\times10^{-5}$ Pa · s,求氦气分子的平均自由程和氦原子的半径.

***11.17** 氮气在 0 ℃时的热导率为 $2.37\times10^{-2}\ \mathrm{W\cdot m^{-1}\cdot K^{-1}}$,摩尔定容热容 $C_{V,m}$ 为 $20.9\ \mathrm{J\cdot mol^{-1}\cdot K^{-1}}$,求氮气分子的有效直径.

科学家介绍

玻 耳 兹 曼

玻耳兹曼(Ludwig Boltzmann,1844—1906),德国物理学家. 1844 年 2 月 20 日生于奥地利首都维也纳. 他从小勤奋好学,在维也纳大学毕业后,曾获得牛津大学理学博士学位. 1867 年他到维也纳物理研究所当斯特藩的助手和学生. 1869 年起先后在格拉茨大学、维也纳大学、慕尼黑大学和莱比锡大学任教,并被伦敦、巴黎、柏林、彼德堡等科学院吸收为会员. 他在气体动理论、热力学和统计物理方面都取得了很大的成就.

玻耳兹曼与克劳修斯及麦克斯韦同是分子运动论的主要奠基者. 1868—1871 年,玻耳兹曼由麦克斯韦速率分布定律引进了玻耳兹曼因子 $e^{-\varepsilon/kT}$,据此他又得到了能量均分定理.

为了说明非平衡的输运过程的规律,他在 1872 年确定了非平稳态的分布函数 $f(r,v,t)$,从分子的运动和碰撞两个原因出发,建立了一个关于 f 的既含有积分又含有微分的方程式,称为玻耳兹曼积分微分方程. 玻耳兹曼还利用分布函数 f,引进了一个 H 函数. 他证明了当 f 变化时,H 随时间单调地减小,平衡态时 H 达到最小值,即总有

$$\frac{dH}{dt} \leqslant 0$$

此式称为玻耳兹曼H定理. 它第一次用统计物理学的微观理论证明了宏观过程的不可逆性. H 达到最小值 $\left(\frac{dH}{dt}=0\right)$ 时的分布就是热平衡态时的麦克斯韦–玻耳兹曼分布.

1865年,克劳修斯用宏观的热力学方法建立了关于不可逆过程的定律,即熵增加原理. 它指出孤立系统的熵总是增加的.

1877年玻耳兹曼把熵 S 和热力学概率 W 联系起来,得出

$$S \propto \ln W$$

1900年普朗克引进了比例常量 k,写出公式

$$S = k\ln W$$

此式就是著名的玻耳兹曼熵公式. 式中 k 就叫玻耳兹曼常量. 他还导出 H 和熵 S 的关系式为 $S=-kH$,H 的减少和 S 的增大相当,即 H 相当于负熵. H定理和熵增加原理是相当的.

玻耳兹曼墓碑

玻耳兹曼在发展统计物理学理论取得成就的同时,也曾受到一些知名学者的非难和攻击,但他仍能坚持自己的统计理论,并于1895年和1898年先后出版了两册《气体理论讲义》. 1906年9月5日,玻耳兹曼在意大利的一所海滨旅馆自杀身亡. 为了纪念玻耳兹曼的卓越贡献,人们在维也纳中央墓地修建了玻耳兹曼的墓碑(见右图),上面没有墓志铭,只有一个公式

$$S = k\log W$$

这表达了人们对玻耳兹曼的深深怀念和敬意.

第十二章

热力学基础

热力学是从能量的观点出发,在观察和实验的基础上,使用严密的逻辑推理方法,研究物质热运动的宏观现象及其有关规律,分析研究在物质状态变化过程中有关热、功转化关系和转化条件. 热力学不考虑物质的微观结构和微观变化过程.

本章研究热力学过程的规律,包括热力学第一和第二定律,热力学第一定律实际上是包括热现象在内的能量守恒与转化定律,热力学第二定律则是关于热力学过程方向性的规律.

§12.1 热力学第一定律

一、准静态过程

系统与外界有能量交换时,其状态就会发生变化. 系统从一个状态变化到另一个状态的过程,称为热力学过程. 如果一个热力学过程所经历的所有中间状态都无限接近平衡态,这个过程就称为**准静态过程**,或称**平衡过程**. 准静态过程是一种理想过程. 在实际过程中,由于状态变化必然会破坏系统的平衡态,原来的平衡态被破坏后,需要经过一段时间才能达到新的平衡态. 如果过程进行得相当快,新的平衡尚未建立就开始了下一步的变化,则在过程进行中,系统一直处于非平衡态,直至过程结束才达到新的平衡态,这种过程称为非静态过程. 如果过程进行得足够缓慢,使得过程中的每一步系统都非常接近平衡态,则这过程就可近似地看成准静态过程. 准静态过程是实际过程的抽象和理想化. 许多进行足够慢的实际过程就可看成是准静态过程.

系统所处的平衡态可用 $p-V$ 图上一点来表示,系统所经历的一个准静态过程可用 $p-V$ 图上一条曲线来表示,该曲线称为过程曲线. 而非静态过程不能用 $p-V$ 图上的曲线来表示.

二、功 热量 内能

文档:焦耳简介

在热学中研究系统的状态变化,一般不考虑系统整体的机械运动,而着眼于系统热运动的宏观状态及其变化规律.

实验证明,热力学系统热运动的状态的变化总是通过外界对系统做功,或向系统传递热量,或两者兼有来完成的. 例如,一杯水可以通过外界对它加热,用传递热量的方法,使它的温度升高;也可以用搅拌做功的方法使它升高到同样的温度,做功和传递热量两种方式虽然不同,但都可以导致系统相同的状态变化. 做功和传递热量是等效的. 在国际单位制中,功和热量的单位都是 J(焦耳).

实验证明,在系统状态发生变化时,只要始、末状态相同,不论做功还是传递热量,也不论做功和传递热量的具体方法如何,外界与系统交换的能量都是相同的. 这说明系统始、末状态的能量差有确定值. 也就是说系统处在一定状态时应具有一定的能量,这能量就称为系统的内能. 内能由系统的状态唯一确定,并随状态变化而变化. 因此,内能是状态的单值函数. 从统计理论的观点看,**系统的内能**是系统中所有分子热运动的能量和分子间相互作用的势能的总和. 对于一定质量的气体,在平衡态下,只要确定其状态参量 p、V、T(其中两个是独立的),它的内能就确定了. 对于理想气体,内能只是温度的单值函数,由气体动理论推知,理想气体的内能可用下面的理论公式计算:

$$E=\nu \frac{i}{2}RT \tag{12.1}$$

做功和传递热量都能改变系统的内能,但两者在本质上存在差别,做功是通过宏观位移来实现的,做功改变内能,是有规则的运动与无规则运动两种不同运动形式能量的转化;而传递热量则是通过分子间的碰撞来实现的,传递热量改变内能是无规则运动能量由一个系统传给另一个系统,是同种运动形式能量的传递.

三、热力学第一定律

一般情况下,当系统状态发生变化时,做功和传递热量往往是同时存在的. 如果系统从外界吸收热量为 Q,系统对外做功为 A,而系统从内能 E_1 的初态改变到 E_2 的末态,实验证明 Q、A 与 E_2-E_1(或 ΔE)有下列关系:

$$Q=\Delta E+A \tag{12.2}$$

(12.2)式称为**热力学第一定律**. 热力学第一定律指出:**系统从外界吸收的热量,一部分使系统的内能增加,一部分用于系统对外做功**. 显然,热力学第一定律是包括热现象在内的能量守恒与转化定律.

文档:热力学第一定律的建立

使用(12.2)式的符号规定为:系统从外界吸热时,Q 为正,向外界放热时,Q 为负;系统对外做功时,A 为正,外界对系统做功时,A 为负;系统内能增加时,ΔE 为正,系统内能减少时,ΔE 为负. 热量、内能和功的单位均为 J(焦耳).

对于系统状态的微小变化过程,热力学第一定律可表示为

$$\mathrm{d}Q=\mathrm{d}E+\mathrm{d}A \tag{12.3}$$

由于内能 E 是状态的单值函数,所以上式中的 $\mathrm{d}E$ 代表内能函数在相差无限小的两状态的微小增量(即微分). 但是功和热量都与过程有关而不是状态的函数,所以上式中的 $\mathrm{d}A$ 和 $\mathrm{d}Q$ 都不是某一函数的全微分,而只是代表在无限小过程中的一个无限小量.

热力学第一定律是 19 世纪 40 年代在焦耳确定了热功当量以后才建立起来的. 在这以前,有人企图设计一种无需向它提供任何能量而能不断对外做功的机器,这种机器称为第一类永动机. 虽经多次尝试,终归失败. 热力学第一定律指出,第一类永动机是不可能制成的,这是因为,要让系统对外做功,就必须向它提供热量或消耗系统的内能. 因此,热力学第一定律也可表述为:**第一类永动机是不可能制成的**.

四、准静态过程中功的计算

在图 12.1(a)所示的气缸中,气体的压强为 p,活塞的面积为 S,当活塞发生微小位移 $\mathrm{d}l$ 时,气体对外界所做的功为

$$dA = Fdl = pSdl = pdV \tag{12.4}$$

式中 dV 是气体体积的微小增量. 当气体膨胀时, $dV>0$, 则 $dA>0$, 称系统对外做正功; 在气体压缩时, $dV<0$, 则 $dA<0$, 称系统对外做负功.

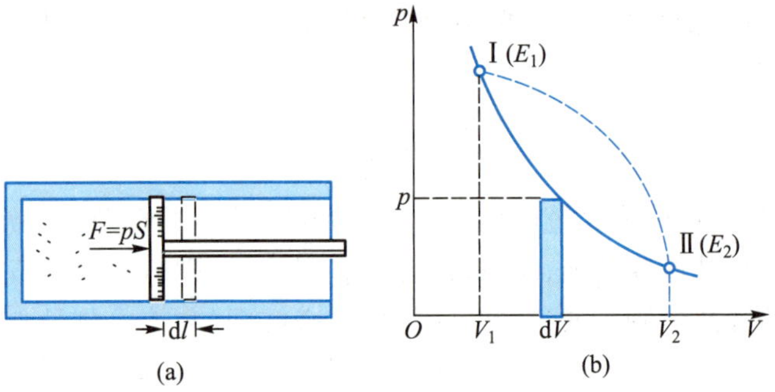

图 12.1

在气体由体积 V_1 膨胀到体积 V_2 的准静态过程中, 气体对外界所做的总功为

$$A = \int_{V_1}^{V_2} pdV \tag{12.5}$$

气体在任一准静态过程中所做的功都可以在 $p-V$ 图上用一条过程曲线下的面积来表示, 该曲线如图 12.1(b)实线所示, 元功 dA 可以用过程曲线下 dV 段的小面积来表示, 从状态 I 到状态 II 气体做的总功则为该段过程曲线下的总面积. 但要注意, 膨胀过程功为正值, 压缩过程功为负值. 从图 12.1(b)中可以看出, 如果用虚线来表示气体从状态 I 到状态 II 经历的另一过程, 则此过程气体所做的功比实线代表的过程所做的功大. 由此可以得出一个重要结论: 系统由一个状态变化到另一个状态时, 所做的功不仅取决于系统的始、末状态, 而且与系统所经历的过程有关. 根据热力学第一定律还知道系统吸收的热量也是与经历的过程有关, 因此功和热量都不是系统的状态函数.

复习思考题

12.1 什么叫内能? 它与机械能有何异同?

12.2 能否说"系统含有热量"? 能否说"系统含有功"?

12.3 如何理解内能是系统状态的单值函数, 而功和热量则与系统状态变化的过程有关?

§ 12.2 热力学第一定律在等值过程中的应用

热力学第一定律, 确定了系统在状态变化过程中被传递的热量、功和内能之间的转化关系. 作为热力学第一定律的应用, 下面讨论理想气体的几个等值(等体、等压、等温)准静态过程.

一、等体过程

等体过程就是系统的体积始终保持不变的过程. 即 V=常量, $\mathrm{d}V=0$. 等体过程方程为

$$\frac{p}{T}=\text{常量} \tag{12.6}$$

设有一气缸,装有理想气体,活塞固定不动. 把气缸连续地与一系列有微小温度差的恒温热源相接触,气体的温度逐渐上升,压强增大,但气体的体积始终保持不变,这就是气体的等体过程,如图 12.2(a)所示.

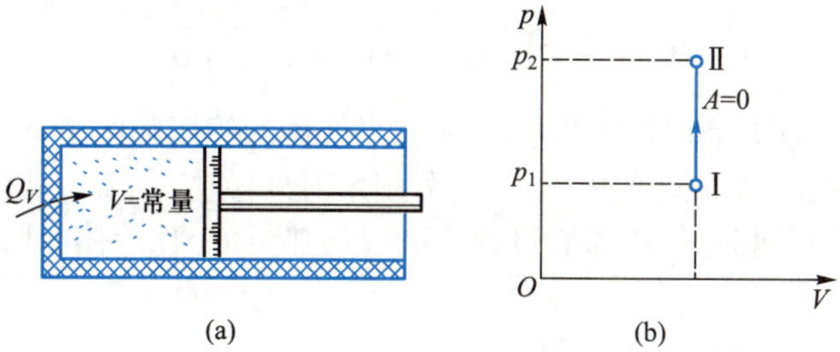

图 12.2

等体过程在 $p-V$ 图上是一条与 p 平行的线段,称等体线,如图 12.2(b)实线所示. 在等体过程中, $\mathrm{d}V=0$,因此 $\mathrm{d}A=p\mathrm{d}V=0$, $A=\int_{V_1}^{V_2}p\mathrm{d}V=0$,即系统对外不做功.

根据热力学第一定律 $Q=\Delta E+A$,故对理想气体而言

$$Q_V=\Delta E=\nu\frac{i}{2}R\Delta T \tag{12.7}$$

下标 V 表示体积不变. 由上式可见,温度升高时,理想气体在等体过程中外界传给气体的热量,全部用来增加气体的内能,而系统没有对外做功. 反之若温度降低,则理想气体的内能减小,内能所减少的值等于它对外传递的热量.

二、等压过程

等压过程是系统的压强始终保持不变的过程. 其特征是 p=常量, $\mathrm{d}p=0$. 等压过程方程为

$$\frac{V}{T}=\text{常量} \tag{12.8}$$

设一气缸内装有理想气体,将温度相差微小而依次升高的一系列恒温热源同气缸相接触,对气缸内的气体准静态地传热,同时缓慢地移动活塞,以保持气体压强始终不变,这就是等压过程,如图 12.3(a)所示. 等压过程在 $p-V$ 图上是一与 V 轴平行的线段,称等压线,如图 12.3(b)实线所示.

在等压过程中, p=常量,因此

$$A=\int_{V_1}^{V_2}p\mathrm{d}V=p(V_2-V_1)=\nu R(T_2-T_1) \tag{12.9}$$

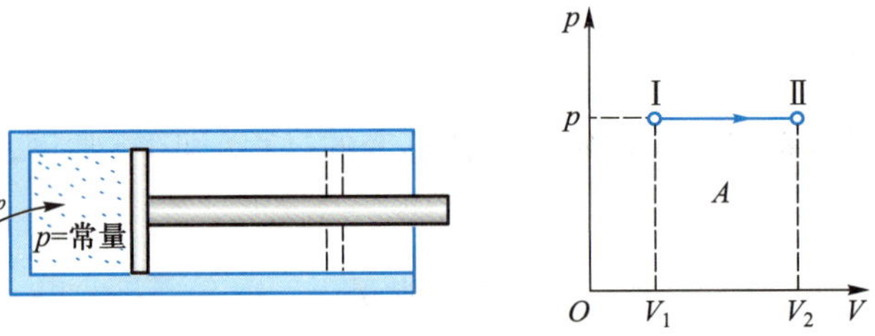

(a) (b)

图 12.3

根据热学第一定律 $Q=\Delta E+A$,

$$Q_p=\nu\frac{i}{2}R\Delta T+p(V_2-V_1)=\nu\frac{i+2}{2}R\Delta T \tag{12.10}$$

Q_p 下标 p 表示等压过程. 由上式可见,在理想气体的等压膨胀中,外界传给气体的热量,一部分用来增加气体的内能,一部分用来对外做功. (12.7)式和(12.10)式表明,温度的增量相同时,等压膨胀过程所吸收的热量 Q_p 比等体膨胀过程所吸收的热量 Q_V 大.

[例 12.1] 压强为 1.013×10^5 Pa,体积为 0.008 2 m^3 的氮气,从初始温度 300 K 加热到 400 K,如(1) 体积不变;(2) 压强不变. 问各需吸收多少热量? 哪个过程吸热多? 为什么? 试在同一个 $p-V$ 图上画出上述两过程的过程曲线.

[解] 在 $p-V$ 图上画出(1)、(2)两过程曲线,如图 12.4 实线所示.

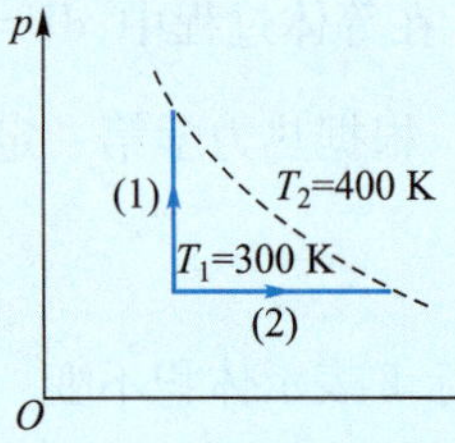

图 12.4

氮气为双原子气体,自由度 $i=5$,已知

$$p_1=1.013\times10^5\ \text{Pa}$$

$$V_1=0.008\ 2\ \text{m}^3$$

$$T_1=300\ \text{K},T_2=400\ \text{K}$$

根据理想气体物态方程有

$$p_1V_1=\nu RT_1$$

(1) 体积不变

$$Q_V=\nu\frac{i}{2}R(T_2-T_1)=\frac{i}{2}\frac{p_1V_1}{T_1}(T_2-T_1)$$

$$=\frac{5}{2}\times\frac{1.013\times10^5\times0.008\ 2}{300}\times(400-300)\ \text{J}$$

$$=692\ \text{J}$$

(2) 压强不变

$$Q_p=\nu\frac{i+2}{2}R(T_2-T_1)=\frac{i+2}{2}\frac{p_1V_1}{T_1}(T_2-T_1)=969\ \text{J}$$

等压过程比等体过程吸热多. 根据热力学第一定律 $Q=\Delta E+A$,上述两过程内能增加 ΔE 相同,而等压过程要对外做功,所以等压过程吸热更多.

三、等温过程

如果在整个过程中，系统的温度始终保持不变，则称为等温过程. 其特征是 $T=$常量，$\mathrm{d}T=0$. 等温过程方程为

$$pV=\text{常量} \tag{12.11}$$

设有一气缸内装有理想气体，气缸的底部是导热的且与一恒温热源相接触，而它的器壁是绝热的，如图 12.5(a)所示. 当活塞上的外界压强缓慢降低时，缸内气体缓慢地膨胀，对外做功. 气体内能就应随之缓慢减少，气体的温度也将随之微微降低，从而低于恒温热源. 此时恒温热源就有微量的热量传给气体，使气体的温度维持原值不变，所以这一过程是一个等温过程. 等温过程在 $p-V$ 图上对应一条双曲线，称为等温线. 如图 12.5(b)实线所示.

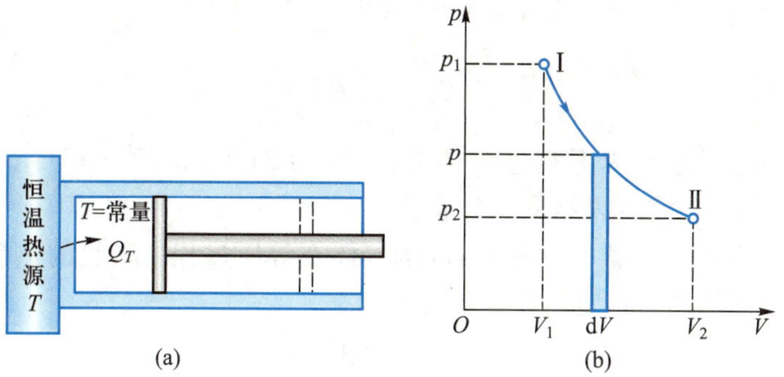

图 12.5

因为理想气体的内能只与其温度有关，在等温过程中温度不变，$\Delta T=0$，所以内能也不变，$\Delta E=0$. 根据热力学第一定律 $Q=\Delta E+A$，和理想气体物态方程 $pV=\nu RT$，有

$$Q_T=A=\int_{V_1}^{V_2} p\mathrm{d}V=\int_{V_1}^{V_2} \nu RT\frac{\mathrm{d}V}{V}=\nu RT\ln\frac{V_2}{V_1} \tag{12.12}$$

Q_T 下标 T 表示温度不变. 由上式可见，等温膨胀过程中理想气体从外界吸收的热量全部转换为对外所做的功. 在等温压缩时，外界对理想气体所做的功，全部转换为传给恒温热源的热量.

四、热容

我们知道，质量为 m 的物体，当温度发生微小变化，由 T 变到 $T+\Delta T$ 时，从外界吸收的热量为

$$Q=mc\Delta T$$

式中 c 是物体的比热容，它表示单位质量的物体在温度升高(或降低)1 K 时所吸收(或放出)的热量. mc 叫作这物体的**热容**，用大写字母 C 来表示，其定义式为

$$C=\lim_{\Delta T\to 0}\frac{\Delta Q}{\Delta T}=\frac{\mathrm{d}Q}{\mathrm{d}T} \tag{12.13}$$

在一般情况下，物体的热容与过程有关. 1 mol 物质的热容 Mc 称为该物质的**摩尔热容**，用 C_{m} 表示，其大小为 1 mol 的物质，温度升高(或降低)1 K 时所吸收(或放出)

的热量. 摩尔热容的单位为 $J\cdot mol^{-1}\cdot K^{-1}$. 同一种气体在不同的过程中有不同量值的热容,最常用的是等体过程和等压过程中的热容.

气体的摩尔定容热容 设有 1 mol 气体,在等体过程中吸收热量$(dQ)_V$,温度升高 dT,则气体的**摩尔定容热容**定义为

$$C_{V,m}=\frac{(dQ)_V}{dT}$$

因等体过程中$(dQ)_V=dE$,所以

$$C_{V,m}=\frac{(dQ)_V}{dT}=\frac{dE}{dT}$$

因 1 mol 理想气体的内能为

$$E=\frac{i}{2}RT$$

所以

$$C_{V,m}=\frac{i}{2}R \tag{12.14}$$

式中 i 是分子的自由度,R 是普适气体常量,$R=8.31\ J\cdot mol^{-1}\cdot K^{-1}$. (12.14)式表明,理想气体的摩尔定容热容是一个常量.

气体的摩尔定压热容 设有 1 mol 的气体在等压过程中吸收的热量$(dQ)_p$,温度升高 dT,则气体的**摩尔定压热容**定义为

$$C_{p,m}=\frac{(dQ)_p}{dT}$$

因等压过程中

$$(dQ)_p=dE+pdV=dE+RdT$$

所以

$$C_{p,m}=C_{V,m}+R=\frac{i+2}{2}R \tag{12.15}$$

此式称为**迈耶公式**. 它表明理想气体的摩尔定压热容比摩尔定容热容大一常量 R,也就是说,1 mol 的理想气体温度升高 1 K 时,在等压过程中,吸收的热量要比等体过程中吸收的热量多一个 R 的数值(单位:J),多吸收的热量用于气体膨胀对外做功.

比热比 $C_{p,m}$与 $C_{V,m}$的比值,常用 γ 表示,称为比热比或泊松系数.

$$\gamma=\frac{C_{p,m}}{C_{V,m}}=\frac{i+2}{i} \tag{12.16}$$

对单原子分子理想气体 $i=3,\gamma=5/3=1.67$;

对双原子分子理想气体 $i=5,\gamma=7/5=1.40$;

对多原子分子理想气体 $i=6,\gamma=8/6=1.33$.

因为空气的主要成分 O_2 和 N_2 都是双原子分子气体,所以通常可把空气的比热比近似地取为 $\gamma=1.40$.

复习思考题

12.4 1 mol 理想气体,经过下述过程后,温度升高 ΔT,试写出以下各过程中气体内能的变化、吸收的热量和气体对外界所做的功的表达式(均用 ΔT 表示).

（1）等体过程；（2）等压过程；（3）等温过程.

§ 12.3 绝热过程

一、绝热过程

如果系统在整个过程中始终不和外界交换热量，则这种过程称为绝热过程，其特征是 $dQ=0, Q=0$.

用良好的绝热材料所隔绝的系统或者由于过程进行比较快，来不及与外界有显著的热量交换的过程，可近似地看成绝热过程. 例如气体在杜瓦瓶（保温瓶）内进行的过程；蒸汽机、内燃机气缸内的气体急速压缩和膨胀的过程；声波引起空气的压缩、膨胀的过程等都可近似地看作绝热过程. 如果气缸是完全绝热的，气体膨胀或压缩过程进行无限缓慢，则此过程就是准静态的绝热过程. 在绝热过程中，气体的三个状态参量 p、V、T 都在变化. 我们可以用热力学第一定律和理想气体物态方程导出理想气体准静态绝热过程方程. 对理想气体物态方程

$$pV=\frac{m}{M}RT$$

取微分

$$p\mathrm{d}V+V\mathrm{d}p=\frac{m}{M}R\mathrm{d}T$$

将 $R=C_{p,\mathrm{m}}-C_{V,\mathrm{m}}$ 代入上式

$$p\mathrm{d}V+V\mathrm{d}p=\frac{m}{M}(C_{p,\mathrm{m}}-C_{V,\mathrm{m}})\mathrm{d}T$$

绝热过程的功为

$$\mathrm{d}A=p\mathrm{d}V=-\mathrm{d}E=-\frac{m}{M}C_{V,\mathrm{m}}\mathrm{d}T$$

由上两式，并考虑 $\gamma=C_{p,\mathrm{m}}/C_{V,\mathrm{m}}$ 有

$$\frac{\mathrm{d}p}{p}+\gamma\frac{\mathrm{d}V}{V}=0$$

积分得

$$\ln p+\gamma\ln V=\text{常量}$$

$$\ln(pV^{\gamma})=\text{常量}$$

所以

$$pV^{\gamma}=\text{常量} \tag{12.17}$$

应用理想气体物态方程 $pV/T=$常量及上式，还可得

$$V^{\gamma-1}T=\text{常量} \tag{12.18}$$

$$p^{\gamma-1}T^{-\gamma}=\text{常量} \tag{12.19}$$

以上三式称为**理想气体的绝热过程方程**.

在绝热过程中，因 $Q=0$，根据热力学第一定律

$$Q=\Delta E+A$$

理想气体在准静态绝热过程中所做的功为

$$A=-\Delta E=-\frac{m}{M}C_{V,\mathrm{m}}\Delta T \tag{12.20}$$

由此可见，在绝热过程中，系统内能的改变完全是外界对它做功的结果，系统对外做正功时，内能减少；外界对系统做正功时，系统的内能增加.

设气体经绝热过程由状态 1 变化到状态 2，它对外做的功为

$$A=\frac{m}{M}C_{V,\mathrm{m}}(T_1-T_2) \tag{12.21}$$

从上式可以看出，气体绝热膨胀时 $A>0, T_1>T_2$；气体绝热压缩时 $A<0, T_1<T_2$. 气体绝热压缩时温度升高，绝热膨胀时温度降低，这两个结论常在许多实际问题中遇到. 例如，用打气筒向轮胎打气时，气筒就会发热，内燃机气缸中气体急速压缩时气体温度急剧升高，可使其中的可燃气体燃烧，压缩空气从喷嘴中急速喷出时，气体绝热膨胀，使气体变冷，甚至液化.

理想气体绝热过程做功的表达式也可以用状态参量 p、V 来表示. 由理想气体物态方程有

$$\frac{m}{M}T_1=\frac{p_1V_1}{R} \quad 和 \quad \frac{m}{M}T_2=\frac{p_2V_2}{R}$$

将它们代入(12.21)式中，得

$$A=\frac{C_{V,\mathrm{m}}}{R}(p_1V_1-p_2V_2)$$

利用迈耶公式

$$R=C_{p,\mathrm{m}}-C_{V,\mathrm{m}} \quad 和 \quad \gamma=\frac{C_{p,\mathrm{m}}}{C_{V,\mathrm{m}}}$$

上式也可写成

$$A=\frac{p_1V_1-p_2V_2}{\gamma-1} \tag{12.22}$$

(12.22)式也可以用积分式 $A=\int_{V_1}^{V_2}p\mathrm{d}V$ 和绝热过程方程 $p_1V_1^{\gamma}=p_2V_2^{\gamma}$ 直接得出，读者可以自己计算.

二、绝热线与等温线比较

绝热过程方程 $pV^{\gamma}=$常量，在 $p-V$ 图上的曲线称为绝热线，如图 12.6 实线所示. 在此图中还画出了同一气体的等温线(用虚线表示). 绝热线和等温线相交于 A 点. 比较起来，绝热线比等温线更陡. 证明如下：

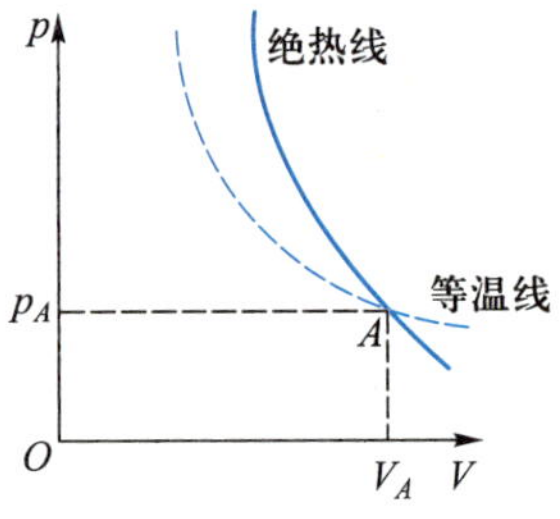

图 12.6

绝热过程中 $pV^{\gamma}=$常量，对两边微分得

$$\gamma pV^{\gamma-1}\mathrm{d}V+V^{\gamma}\mathrm{d}p=0$$

点 A 处绝热线的斜率为

$$\left(\frac{\mathrm{d}p}{\mathrm{d}V}\right)_Q=-\gamma\frac{p_A}{V_A}$$

等温过程中 $pV=$常量，对两边微分得

$$p\mathrm{d}V+V\mathrm{d}p=0$$

点 A 处等温线的斜率为

$$\left(\frac{\mathrm{d}p}{\mathrm{d}V}\right)_T=-\frac{p_A}{V_A}$$

因

$$\gamma=\frac{C_{p,\mathrm{m}}}{C_{V,\mathrm{m}}}>1$$

故斜率

$$\left|\left(\frac{\mathrm{d}p}{\mathrm{d}V}\right)_Q\right|>\left|\left(\frac{\mathrm{d}p}{\mathrm{d}V}\right)_T\right|$$

所以,在 $p-V$ 图上,绝热线比等温线更陡.

根据理想气体物态方程 $p=nkT$ 可做如下讨论:

等温膨胀过程,n 减小,所以 p 减小,但温度 T 不变;

绝热膨胀过程,n 减少,但因内能减小故 T 减小,所以当气体膨胀相同体积时,绝热过程比等温过程 p 减少更多,由此也可理解在 $p-V$ 图上绝热线比等温线更陡.

[例 12.2] 温度为 300 K 的 8×10^{-3} kg 的氧气,由体积 $0.41\times10^{-3}\ \mathrm{m}^3$ 膨胀到 $4.1\times10^{-3}\ \mathrm{m}^3$. 如果是(1)等温膨胀;(2)绝热膨胀,问气体做功各为多少?哪一过程做功多?为什么?试在同一个 $p-V$ 图上画出上述两过程的过程曲线.

[解] 氧气自由度 $i=5$,$\gamma=\frac{i+2}{i}=1.4$,摩尔质量 $M=32\times10^{-3}\ \mathrm{kg\cdot mol^{-1}}$,$m=8\times10^{-3}$ kg,$T_1=300$ K,$V_1=0.41\times10^{-3}\ \mathrm{m}^3$,$V_2=4.1\times10^{-3}\ \mathrm{m}^3$.

(1) 等温膨胀

气体对外做功

$$A_T=\frac{m}{M}RT_1\ln\frac{V_2}{V_1}=\frac{8\times10^{-3}}{32\times10^{-3}}\times8.31\times300\times\ln\frac{4.1\times10^{-3}}{0.41\times10^{-3}}\ \mathrm{J}=1.44\times10^3\ \mathrm{J}$$

(2) 绝热膨胀

由

$$V_1^{\gamma-1}T_1=V_2^{\gamma-1}T_2$$

$$T_2=\left(\frac{V_1}{V_2}\right)^{\gamma-1}T_1=\left(\frac{0.41}{4.1}\right)^{1.4-1}\times300\ \mathrm{K}=119\ \mathrm{K}$$

气体对外做功

$$A_Q=-\Delta E=-\frac{m}{M}\frac{i}{2}R(T_2-T_1)$$

$$=-\frac{8\times10^{-3}}{32\times10^{-3}}\times\frac{5}{2}\times8.31\times(119-300)\ \mathrm{J}=940\ \mathrm{J}$$

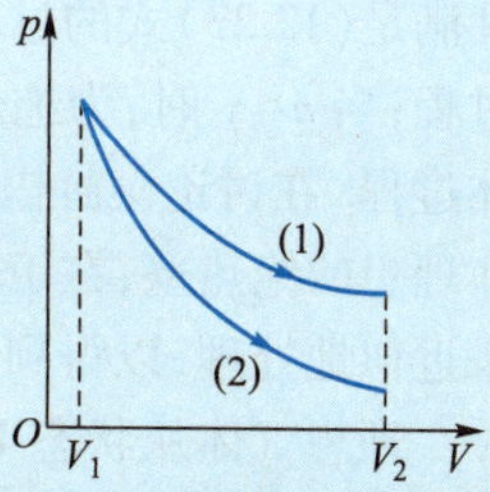

图 12.7

等温过程对外做功比绝热过程对外做功多. 因为等温过程吸热对外做功,而绝热过程是减少内能对外做功. 从图 12.7 的 $p-V$ 图上可见,等温过程曲线下的面积更大,即等温过程对外做功更多.

［**例 12.3**］　3.2×10^{-3} kg 的氧气，压强 1.013×10^{5} Pa，体积 1×10^{-3} m^3. 将该气体等压加热，直到体积增大一倍，然后再等体加热，使压强增大一倍，最后绝热膨胀，使其温度降到初态时的温度为止，求：

(1) 整个过程氧气内能的增量；

(2) 整个过程氧气对外做的功；

(3) 整个过程氧气吸收的热量.

［**解**］　根据题意，在 $p-V$ 图上画出整个过程曲线，如图 12.8 所示.

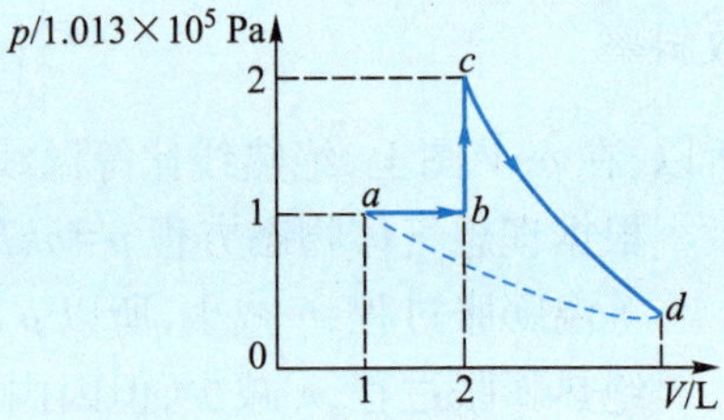

图 12.8

整个过程，始末温度相同，$\Delta T=0$，所以氧气内能增量是

$$\Delta E=\frac{m}{M}C_{V,\mathrm{m}}\Delta T=0$$

由热力学第一定律 $Q=\Delta E+A$，$\Delta E=0$，可知整个过程 $A=Q$，$Q_{cd}=0$.

$$\begin{aligned}Q&=Q_{ab}+Q_{bc}+Q_{cd}=Q_{ab}+Q_{bc}\\&=\frac{m}{M}C_{p,\mathrm{m}}(T_b-T_a)+\frac{m}{M}C_{V,\mathrm{m}}(T_c-T_b)\\&=\frac{i+2}{2}p_aV_a+ip_aV_a\\&=\left(\frac{5+2}{2}+5\right)\times1.013\times10^{5}\times(1\times10^{-3})\ \mathrm{J}\\&=8.6\times10^{2}\ \mathrm{J}\end{aligned}$$

所以氧气对外做功为 8.6×10^{2} J，氧气吸热为 8.6×10^{2} J.

三、多方过程

多方过程是理想气体的状态变化时较一般的准静态过程，上面讨论过的等体过程、等压过程、等温过程和绝热过程都可视为多方过程的某种特殊情况. 多方过程的过程方程为

$$pV^{n}=常量 \tag{12.23}$$

凡满足(12.23)式的过程就称为多方过程，其中 n 称为多方指数. 当 $n=1$ 时，为等温过程；当 $n=\gamma$ 时，为绝热过程；当 $n=0$ 时，为等压过程；当$n=\infty$ 时. 得 $V=$常量，为等体过程. 在讨论气缸内气体的膨胀或压缩过程时，由于气缸壁既非良好的导热壁又非理想的绝热壁，在工程技术中往往可用多方指数在 1 和 γ 之间的多方过程方程来近似地处理，以得到与实际符合较好的结果.

理想气体从状态 $1(p_1,V_1)$ 经多方过程而变为状态 $2(p_2,V_2)$ 的过程中，可计算出气体做功为

$$A=\int_{V_1}^{V_2} p\mathrm{d}V=\frac{p_1V_1-p_2V_2}{n-1} \tag{12.24}$$

下面将理想气体热力学过程中的有关公式列于表 12.1 中,以供参考.

表 12.1 理想气体热力学过程相关公式

过程	特征	过程方程	吸收热量 Q	对外做功 A	内能增量 ΔE
等体	V=常量	$\frac{p}{T}$=常量	$\frac{m}{M}C_{V,\mathrm{m}}\Delta T$	0	$\frac{m}{M}C_{V,\mathrm{m}}\Delta T$
等压	p=常量	$\frac{V}{T}$=常量	$\frac{m}{M}C_{p,\mathrm{m}}\Delta T$	$p\Delta V$ 或$\frac{m}{M}R\Delta T$	$\frac{m}{M}C_{V,\mathrm{m}}\Delta T$
等温	T=常量	pV=常量	$\frac{m}{M}RT\ln\frac{V_2}{V_1}$ 或$\frac{m}{M}RT\ln\frac{p_1}{p_2}$	$A=Q$	0
绝热	$Q=0$	pV^{γ}=常量 $V^{\gamma-1}T$=常量 $p^{\gamma-1}T^{-\gamma}$=常量	0	$-\frac{m}{M}C_{V,\mathrm{m}}\Delta T$ 或 $\frac{p_1V_1-p_2V_2}{\gamma-1}$	$\frac{m}{M}C_{V,\mathrm{m}}\Delta T$
多方		pV^{n}=常量	$Q=\Delta E+A$	$\frac{p_1V_1-p_2V_2}{n-1}$	$\frac{m}{M}C_{V,\mathrm{m}}\Delta T$

复习思考题

12.5 为什么说绝热过程曲线比等温过程曲线更陡,如何证明?

12.6 试说明摩尔热容的值为什么可以有无穷多个?什么情况下其值为零?什么情况下其值为无穷大?什么情况下是正值?什么情况下是负值?

12.7 试分别在 $p-V$ 图,$p-T$ 图和 $T-V$ 图上画出下列过程曲线:

(1) 等体;(2) 等压;(3) 等温;(4) 绝热.

§ 12.4 循环过程 卡诺循环

一、循环过程

热力学理论的形成和发展是与热机的研究分不开的. 热力学对各种过程研究的主要目的之一,就是探索如何提高热机的效率. 所谓热机,就是通过某种工作物质(如气体)不断地把吸收的热量转化为机械功的装置,如蒸汽机、内燃机、汽轮机等.

热机的任务就是要持续不断地进行热功转化. 但这一任务靠单一的过程是无法完成的. 例如,前面说过,气体等温膨胀过程,可以把吸收的热量全部转化为机械功,但膨胀一结束,做功也就停止了. 要实现持续不断地热功转化,就必须使工作物质经历一系列变化过程后能恢复到初始状态. 物质系统经历一系列变化过程回到初始状态,这样周而复始的变化过程称为循环过程(简称为循环). 热机就是实现这种循环的机器.

文档:蒸汽机的发明与应用

下面以蒸汽机为例说明一般循环的过程. 如图 12.9 所示,一定量的水先从锅炉中吸收热量 Q_1 变成高温高压的蒸汽,然后进入气缸,在气缸中蒸汽膨胀对外做功 A_1,做功后,蒸汽的温度和压强大大降低,并被排入冷凝器,在冷凝器里蒸汽向冷却水放出热量 Q_2 变成水,最后由泵对这冷却水做功 A_2,将它压回锅炉中,工作物质又回到了原来的状态,从而完成了整个循环. 完成一个循环时系统内能没有改变,即 $\Delta E=0$,这是循环过程的重要特征. 如果循环过程是准静态过程,就可在 $p-V$ 图上用一条相应的闭合曲线来表示,如图 12.10 所示. 曲线上的箭头表示循环进行的方向. 如果循环是顺时针,称为正循环;反之称为逆循环. 图 12.10 所示 $abcda$ 循环为一正循环. 在过程 abc 中系统对外界做正功 A_1,其数值等于 abc 下到 V 轴之间的面积;在过程 cda 中,外界对系统做正功 A_2,即系统对外界做负功为 $-A_2$. 其数值等于 cda 下到 V 轴之间的面积. 整个循环过程系统对外界所做的净功为 $A=A_1-A_2$,其数值就等于 $abcda$ 循环过程曲线所包围的面积. 因为系统最后回到初始状态. 所以内能不变. 根据热力学第一定律可知,在整个循环过程中系统从高温热源吸收热量的总和 Q_1 必然大于向低温热源放出的热量总和 Q_2,其净吸热 $Q=Q_1-Q_2=A$. 由此可见系统经历一正循环过程,即从某些高温热源吸收热量,部分用来对外做功,部分在某些低温热源处放出,而系统回到原来状态. 利用正循环可以不断地把热转化为功. 正循环中的能量转化情况正是反映了热机中的热功转化的基本过程. 因此正循环也称热机循环. 在逆循环中,外界对系统做正功 A,系统从低温热源吸取热量 Q_2 而向高温热源放出热量 Q_1,并且 $Q_1=Q_2+A$. 这是制冷机的工作过程,因此逆循环也称制冷循环.

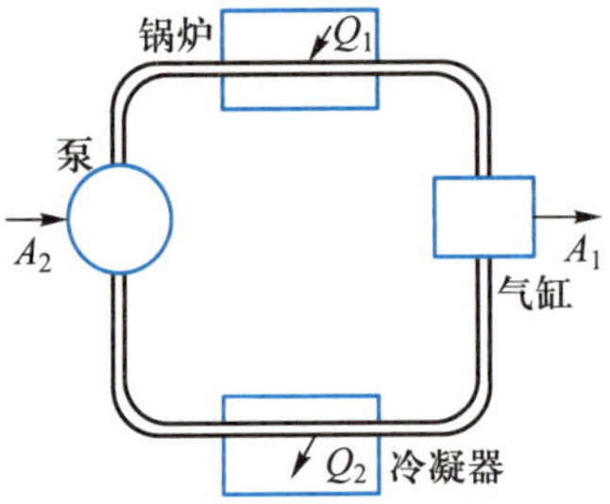

图 12.9

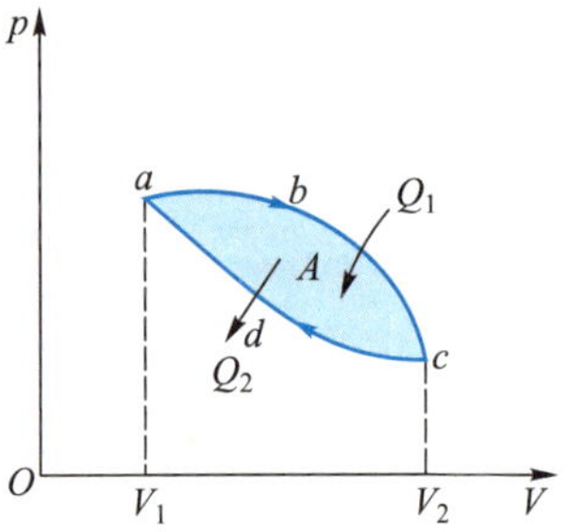

图 12.10

二、循环效率

在热机循环中系统对外所做的功 A 与它从高温热源吸收的热量 Q_1 的比值称

为**热机的效率**或循环的效率

$$\eta=\frac{A}{Q_1}=\frac{Q_1-Q_2}{Q_1}=1-\frac{Q_2}{Q_1} \tag{12.25}$$

当工作物质吸收的热量 Q_1 相同时，则对外做功 A 越多的热机效率越高.

逆循环反映制冷机的工作过程. 在逆循环中，设外界对工作物质做功为 A，工作物质由外界低温热源(冷库)所吸收的热量为 Q_2，向高温热源放出热量 $Q_1=Q_2+A$，则制冷机的效率可以用制冷系数 w 表示：

$$w=\frac{Q_2}{A}=\frac{Q_2}{Q_1-Q_2} \tag{12.26}$$

当外界对工作物质做功 A 相同时，则从冷库吸收的热量 Q_2 越多的热机制冷系数越高，即制冷效果越好.

[**例 12.4**] 1 mol 单原子理想气体经历如图 12.11 所示的循环过程，其中 ab 为等温线，求循环效率.

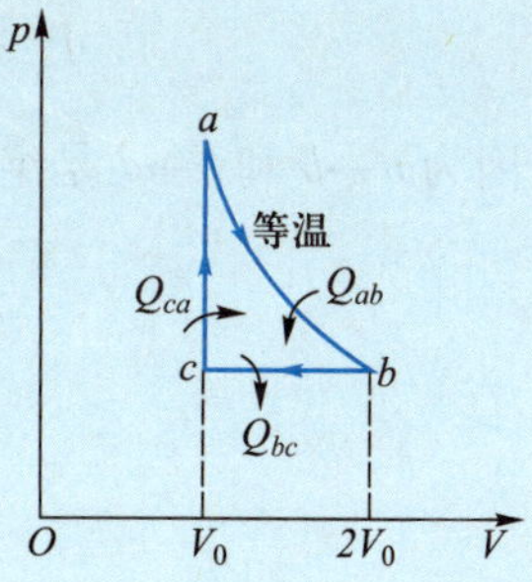

图 12.11

[**解**] 单原子理想气体，自由度 $i=3$，由 $a\to b$ 等温过程

吸热 $$Q_{ab}=\frac{m}{M}RT_a\ln\frac{V_b}{V_a}=2RT_c\ln 2$$

由 $b\to c$ 等压压缩过程

$$\frac{V_b}{T_b}=\frac{V_c}{T_c}$$

所以 $$T_b=\frac{V_b}{V_c}T_c=\frac{2V_0}{V_0}T_c=2T_c$$

$$Q_{bc}=\frac{m}{M}C_{p,\mathrm{m}}(T_c-T_b)=-\frac{5}{2}RT_c$$

由 $c\to a$ 等体过程

$$T_a=T_b=2T_c$$

吸热 $$Q_{ca}=\frac{m}{M}C_{V,\mathrm{m}}(T_a-T_c)=\frac{3}{2}RT_c$$

所以循环的效率为

$$\eta=1-\frac{Q_2}{Q_1}=1-\frac{|Q_{bc}|}{Q_{ca}+Q_{ab}}=1-\frac{\frac{5}{2}RT_c}{\frac{3}{2}RT_c+2RT_c\ln 2}$$

$$=1-\frac{5}{3+4\ln 2}=0.134=13.4\%$$

[**例 12.5**] 计算奥托循环内燃机的效率. 这种内燃机的工作物质是汽油和空气的混合气体，其循环由四个过程组成. 当混合气体进入气缸后，由初状态 $a(V_1$，

T_1)经过绝热压缩达到状态 $b(V_2, T_2)$;这时点火燃烧,由于燃烧非常迅速而气体还来不及膨胀,故可视为是在等体条件下进行的,这一过程中气体的温度和压强迅速上升,达到状态 $c(V_3, T_3)$;接着气体绝热膨胀对外做功,达到状态 $d(V_4, T_4)$;最后经等体放热回到初状态,完成一个循环.

[解] 这个循环的 $p-V$ 图如图 12.12 所示. 因为吸热和放热只在两个等体过程中进行,所以

$$Q_1 = \frac{m}{M} C_{V,m}(T_3 - T_2)$$

$$Q_2 = \frac{m}{M} C_{V,m}(T_4 - T_1)$$

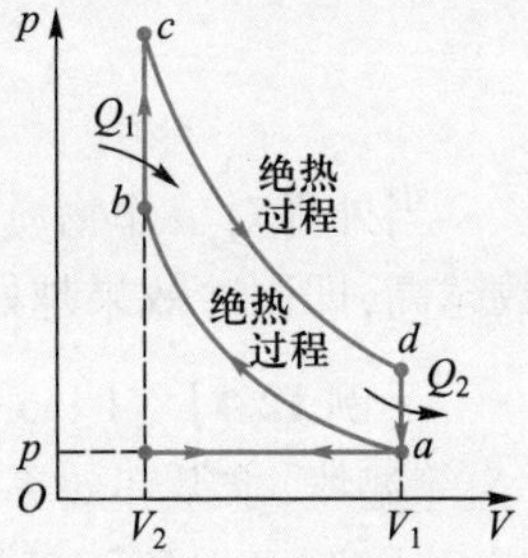

图 12.12

热机效率为

$$\eta = 1 - \frac{Q_2}{Q_1} = 1 - \frac{T_4 - T_1}{T_3 - T_2}$$

因为 $a \to b$ 和 $c \to d$ 是绝热过程,所以

$$\frac{T_2}{T_1} = \left(\frac{V_1}{V_2}\right)^{\gamma-1}$$

$$\frac{T_3}{T_4} = \left(\frac{V_1}{V_2}\right)^{\gamma-1}$$

由此得

$$\frac{T_2}{T_1} = \frac{T_3}{T_4} = \frac{T_3 - T_2}{T_4 - T_1} = \left(\frac{V_1}{V_2}\right)^{\gamma-1}$$

最后得

$$\eta = 1 - \frac{1}{(V_1/V_2)^{\gamma-1}} = 1 - \frac{1}{\delta^{\gamma-1}}$$

式中 $\delta = V_1/V_2$ 称为绝热压缩比,可以看出,奥托循环(也称等体加热循环)的效率完全由绝热压缩比 δ 所决定,δ 越大则效率越高. δ 的大小与热机的工作条件有关,在奥托循环内燃机(也称汽油机)中,绝热压缩比 δ 一般为 5~7,所以热机的效率一般为 47%~55%.

*[**例 12.6**] 1 mol 刚性双原子理想气体经历为如图 12.13 所示的一个循环过程,试计算该循环过程的效率.

[解] 由图 12.13 可知,ab 直线的方程为

$$p = 3p_1 - \frac{p_1}{V_1} V$$

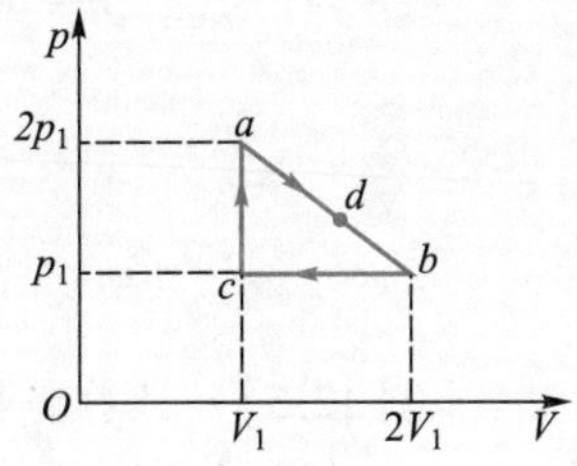

图 12.13

ab 过程不是多方过程,其中一部分吸收热量,另一部分放出热量,其转化点 d 可通过热力学第一定律和理

想气体物态方程求得

$$dA = p dV = \left(3p_1 - \frac{p_1}{V_1}V\right) dV$$

$$dE = C_{V,m} dT = \frac{i}{2} R dT = \frac{i}{2} d(pV) = \frac{i}{2}\left(3p_1 - \frac{2p_1}{V_1}V\right) dV$$

$$dQ = dE + dA = \left(\frac{3i+6}{2} - \frac{2i+2}{2V_1}V\right) p_1 dV$$

令 $dQ=0$，并考虑刚性双原子分子气体 $i=5$，求得转化点 d 的体积

$$V_d = \frac{3i+6}{2i+2} V_1 = \frac{7}{4} V_1$$

因此 ab 过程从高温热源吸热为

$$Q_{ad} = \int dQ = \int_{V_1}^{V_d} \left(\frac{3i+6}{2} - \frac{2i+2}{2V_1}V\right) p_1 dV = \frac{27}{16} p_1 V_1$$

ca 等体过程吸热为

$$Q_V = \frac{i}{2} R(T_a - T_c) = \frac{i}{2}(p_a V_a - p_c V_c) = \frac{i}{2} p_1 V_1 = \frac{5}{2} p_1 V_1$$

bc 等压压缩过程放热；db 过程放热. 循环过程从高温热源吸热

$$Q_1 = Q_V + Q_{ad} = \frac{67}{16} p_1 V_1$$

循环过程对外所做的净功 A 等于 $p-V$ 图循环曲线所包围的面积. 由图 12.13 可得

$$A = \frac{1}{2} p_1 V_1$$

循环的效率为

$$\eta = \frac{A}{Q_1} = \frac{8}{67} = 11.94\%$$

三、卡诺循环及其效率

19 世纪初，一般热机的效率只有 3%~5%，即 95% 以上的热量都未得到利用. 为了提高热机的效率，人们进行了大量的研究工作. 1824 年，法国青年工程师卡诺研究了一种理想的热机循环（称卡诺循环），并从理论上证明了它的效率最高，从而为提高热机效率指明了方向. 卡诺的研究成果，为热力学第二定律的建立起了奠基性的作用.

文档：卡诺简介

卡诺循环是在两个恒定的热源（一个高温热源，一个低温热源）之间工作的循环过程. 现在来研究以理想气体为工作物质由准静态过程组成的卡诺循环. 在整个循环中，工作物质只与两个热源交换热量，当工作物质脱离两热源时所进行的过程，必然是绝热的准静态过程. 总之，**卡诺循环**是由两个等温过程和两个绝热过程组成的. 如图 12.14(a) 所示，$abcda$ 循环是以一定量的理想气体为工作物质的卡诺

循环. 曲线 ab 和 cd 表示温度为 T_1 和 T_2 的两条等温线,曲线 bc 和 da 是两条绝热线.

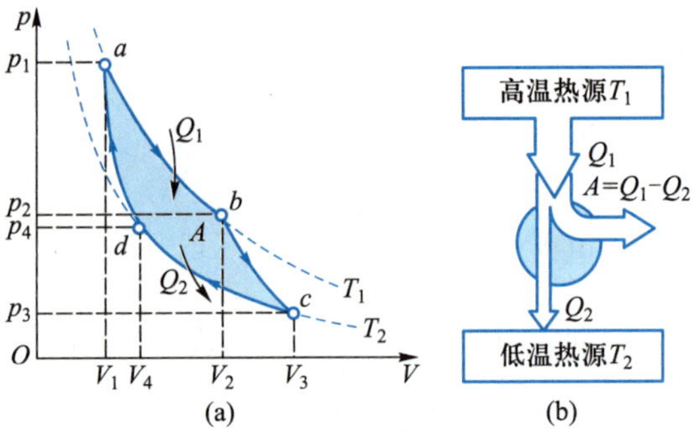

图 12.14

在 $a\to b$ 等温膨胀过程中,气体从温度为 T_1 的高温热源吸收的热量为

$$Q_1=\frac{m}{M}RT_1\ln\frac{V_2}{V_1}$$

在 $c\to d$ 等温压缩过程中,气体向低温热源 T_2 放出的热量为

$$Q_2=\frac{m}{M}RT_2\ln\frac{V_3}{V_4}$$

对 $b\to c$ 和 $d\to a$ 两个绝热过程,应用绝热过程方程有

$$T_1V_2^{\gamma-1}=T_2V_3^{\gamma-1}$$

$$T_1V_1^{\gamma-1}=T_2V_4^{\gamma-1}$$

对比两式知

$$\frac{V_2}{V_1}=\frac{V_3}{V_4}$$

由此可得卡诺循环的效率为

$$\eta=1-\frac{Q_2}{Q_1}=1-\frac{\frac{m}{M}RT_2\ln\frac{V_2}{V_1}}{\frac{m}{M}RT_1\ln\frac{V_3}{V_4}}=1-\frac{T_2}{T_1}$$

即

$$\eta_{卡}=1-\frac{T_2}{T_1} \tag{12.27}$$

由此可见,**卡诺循环的效率只与高、低温热源的温度有关**. 高温热源与低温热源温度之比 T_1/T_2 越大,卡诺循环的效率越高.

在卡诺循环中气体从高温热源吸收热量 Q_1,其中一部分热量 Q_2 由气体传给低温物体,同时气体对外做净功 $A=Q_1-Q_2$,工作示意图如图 12.14(b)所示.

上面讨论的是卡诺正循环,即卡诺热机循环. 下面再看卡诺逆循环,即卡诺制冷机循环,循环过程如图 12.15(a)所示. 在卡诺逆循环中,外界对气体做功为 A,气体从低温热源吸取热量 Q_2，气体向高温热源放出热量 $Q_1=A+Q_2$，工作示意图如图 12.15(b)所示.

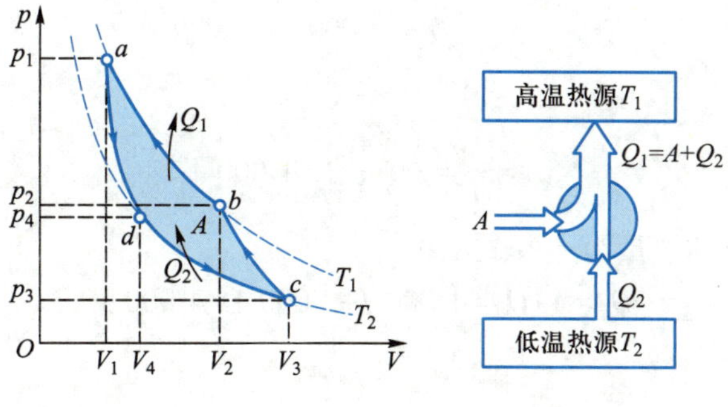

(a) (b)

图 12.15

作与卡诺正循环类似的推导，可以得到卡诺逆循环的制冷系数为

$$w_{卡}=\frac{Q_2}{A}=\frac{Q_2}{Q_1-Q_2}=\frac{T_2}{T_1-T_2} \tag{12.28}$$

在一般的制冷机中，高温热源的温度 T_1 通常是大气温度. 由上式可见，制冷温度 T_2 越低，制冷系数越小，即制冷效果越差.

常见的制冷机有冰箱、冷藏库、空调等，制冷机向高温热源所放出的热量是可以利用的，例如把它当作提供热量的热源，即“热泵”，在近代工程上已广泛使用.

文档：卡诺的热机理论

[例 12.7] 一卡诺热机在温度为 27 ℃及 127 ℃两个热源之间工作.

(1) 若在正循环中该机从高温热源吸收热量 3 000 J，问该机向低温热源放出热量多少？对外做功多少？

(2) 若使该机反向运转而做制冷机工作，当从低温热源吸热 3 000 J 时，将向高温热源放出多少热量？外界做功多少？

[解] (1) 卡诺机的效率为

$$\eta=1-\frac{T_2}{T_1}=1-\frac{273+27}{273+127}=25\%$$

由热机效率定义

$$\eta=\frac{A}{Q_1}$$

依题意 $$Q_1=3\ 000\ \text{J}$$

对外做功为

$$A=\eta Q_1=0.25\times 3\ 000\ \text{J}=750\ \text{J}$$

向低温热源放热为

$$Q_2=Q_1-A=3\ 000\ \text{J}-750\ \text{J}=2\ 250\ \text{J}$$

(2) 逆循环时，制冷系数为

$$w=\frac{Q_2}{A}=\frac{Q_2}{Q_1-Q_2}=\frac{T_2}{T_1-T_2}=\frac{300}{400-300}=3$$

依题意

$$Q_2=3\ 000\ \text{J}$$

外界做功为

$$A=\frac{Q_2}{w}=\frac{3\ 000}{3}\ \text{J}=1\ 000\ \text{J}$$

向高温热源放出的热量为

$$Q_1=A+Q_2=1\ 000\ \text{J}+3\ 000\ \text{J}=4\ 000\ \text{J}$$

复习思考题

12.8 什么是循环过程？什么是卡诺循环？

12.9 有人说，因为在循环过程中，工作物质对外界所做净功的值等于 $p-V$ 图中闭合曲线包围的面积，所以闭合曲线的面积越大，循环的效率就越高，对吗？

§ 12.5 热力学第二定律

文档：开尔文简介

热力学第二定律是关于热力学过程进行的方向性的规律，是独立于热力学第零定律和热力学第一定律的自然界的另一基本定律.

开尔文表述 热力学第二定律是在研究如何提高热机效率的过程中建立起来的. 我们知道，在热机循环中，工作物质从高温热源吸收的热量 Q_1，一部分转化为对外所做的机械功 A，同时向低温热源放出其余的部分热量 Q_2，热机的效率为 $\eta=A/Q_1=1-Q_2/Q_1$. 热机的效率不可能大于 100%，否则就会违反热力学第一定律. 从热机效率的表达式可以看出，Q_2 越小，效率越高. 那么热机的效率能不能等于 100%呢？也就是说，能否制成一种理想热机，它在循环过程中吸收的热量全部转化为功而不放出热量. 这样的热机是不违反热力学第一定律的. 大量的研究与实践都说明，在任何情况下，热机都不可能只有一个热源. 热机要不断地把吸取的热量转化为有用的功，就不可避免地将一部分热量传给低温热源. 由此，开尔文于 1851 年提出了有名的论断：**不可能从单一热源吸取热量，使之完全转化为有用的功而不产生其他影响**. 这就是热力学第二定律的开尔文表述.

注意表述中的“单一热源”和“不产生其他影响”两个条件. “单一热源”是指温度均匀并且恒定的热源. 若热源不是单一热源，则工作物质就可以由热源中温度较高的部分吸热而往热源中温度较低的另一部分放热，这样实际上就相当于两个热源的情况了. “其他影响”是指除了由单一热源吸热，把所吸取的热用来做功以外的任何其他变化. 当有其他影响产生时，把由单一热源吸取的热量全部用来对外做功是可能的. 例如，理想气体的等温膨胀过程，理想气体和单一热源接触等温膨胀时，内能不变，吸取的热量全部用来对外做功. 但这时却产生了其他影响，即理想气体的体积膨胀了.

从一个热源吸热并将热全部转化为功的热机，叫作第二类永动机. 如果这种热机能够制成，那么就可以利用海洋做热源，使它从海水吸热而做功，有人计算过，海水的温度只要降低 0.01 K，吸取的热量所做的功，就可供全世界工厂的机器开动 1 000 年. 第二类永动机虽不违反热力学第一定律，但违反了热力学第二定律. 因此热力学第二定律的开尔文表述还可表述为：第二类永动机是不可能造成的. 也就是说，效率 $\eta=100\%$ 的热机是不可能造成的.

克劳修斯表述 热力学第二定律还有另外的表述. 在制冷机循环中，外界对机器做功 A，使工作物质从低温热源吸取热量 Q_2，向高温热源放热 $Q_1=Q_2+A$，而工作物质经历一个循环又回复到原来的状态. 制冷机的目的是使热量从低温物体传到高温物体，制冷系数为 $w=Q_2/A$. 显然从低温物体吸取一定的热量 Q_2，若外界做的功 A 越少，则制冷机的效能就越高. 由此可见，在外界做功的条件下，热量可从低温物体传向高温物体，达到制冷的目的. 能不能不需要外界做功，热量就会自动地从低温物体传向高温物体呢？克劳修斯在 1850 年提出了有名的论断：**热量不可能自动地从低温物体传到高温物体**. 这就是热力学第二定律的克劳修斯表述. 注意表述中的“自动”两个字. 利用制冷机，热量可以从低温物体传向高温物体，但同时外界必须做功，这就不是自动地了.

文档：克劳修斯简介

文档：热力学第二定律的建立

两种表述的等价性 开尔文表述和克劳修斯表述，是热力学第二定律的两种基本表述. 开尔文表述是阐明了热功转化的规律；克劳修斯表述是阐明了热传导的规律. 从表面上看，两种表述似乎毫不相关，但是可以证明，两种表述是完全等价的. 现在用反证法证明，即若开尔文表述不成立，则克劳修斯表述也不成立；反之若克劳修斯表述不成立，则开尔文表述也不成立.

假设开尔文表述不成立，即热量能够完全转化为有用的功而不产生其他影响，即单一热源的热机是可能的. 于是可按图 12.16 设计，用此热机从高温热源吸取热量 Q_1-Q_2 并对外做功 A，用以开动一个实际可能的制冷机，使其从低温热源吸收热量 Q_2 向高温热源放出热量 $Q_1=Q_2+A$. 因为 $Q_1-Q_2=A$，两台机器联合的结果是，有热量 Q_2 从低温热源传到了高温热源而未发生其他影响. 这就说明，若开尔文表述不成立则克劳修斯表述也不成立.

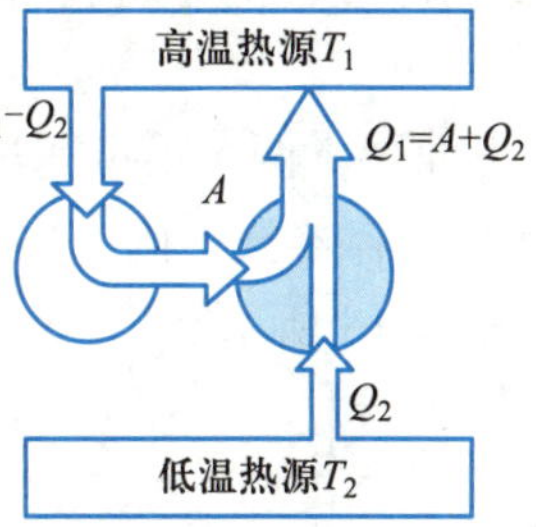

图 12.16

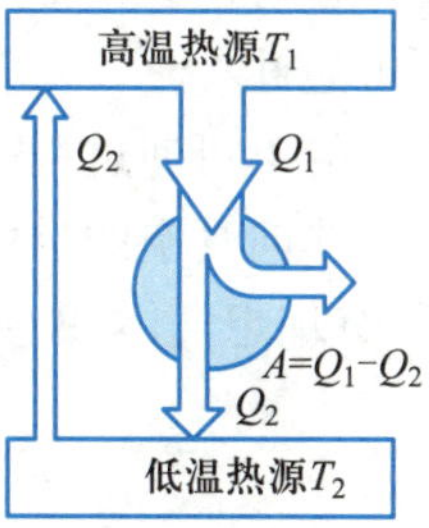

图 12.17

假设克劳修斯表述不成立，设热量 Q_2 可以自动地从低温热源传向高温热源，则可按图 12.17 设计，再从高温热源吸收热量 Q_1，开动一个实际可能的热机，使之向低温热源放出热量 Q_2，并对外做功 $A=Q_1-Q_2$，两台机器联合的结果是，从单一热源吸取热量 Q_1-Q_2，并完全变为有用的功 A，而未产生其他影响，于是得到了单一热源的热机，这就证明了如果克劳修斯表述不成立，则开尔文表述也不成立. 因此证明了两种表述是等价的.

复习思考题

12.10 把热力学第二定律开尔文表述说成是"不可能从单一热源吸收热量，使之完全变为有用的功"，把克劳修斯表述说成是"热量不可能由低温物体传到高温物体"，可以吗？为什么？

12.11 证明热力学第二定律开尔文表述和克劳修斯表述的等价性.

§ 12.6 可逆与不可逆过程 卡诺定理

一、可逆与不可逆过程

热力学第二定律开尔文表述和克劳修斯表述的等价性，说明了热功转化的方向性与热传导的方向性存在着深刻的内在联系. 为了进一步理解热力学第二定律的意义和热力学过程的方向性的问题，下面介绍可逆过程和不可逆过程的概念.

如果一个过程可以逆向进行，使系统和外界都恢复到原来的状态而不引起任何其他变化，则这一过程称为**可逆过程**，否则为不可逆过程.

一单摆，如果不受到空气阻力及其他摩擦力的作用，当它离开某一位置后，经过一个周期，又回到原来的位置，而周围的一切都无变化，因此这一单摆的摆动是一可逆过程. 可逆过程是理想的过程. 实际过程不可避免摩擦力和耗散效应，所以一切实际过程都是不可逆过程.

热力学第二定律的开尔文表述，实际上说明了热功转化的过程是不可逆过程；克劳修斯表述则说明热传导过程是不可逆过程. 两种表述的等价性，表明这两种不可逆过程之间存在着内在的联系，即由其中任一种过程的不可逆性可以推断出另一种过程的不可逆性.

自然现象中的不可逆过程是多种多样的，下面再举两个不可逆过程的例子.

(1) 理想气体向真空的自由膨胀过程. 设有一容器被中间一隔板分成 A、B 两部分，A 室中装有理想气体，B 室中为真空，如图 12.18 所示.

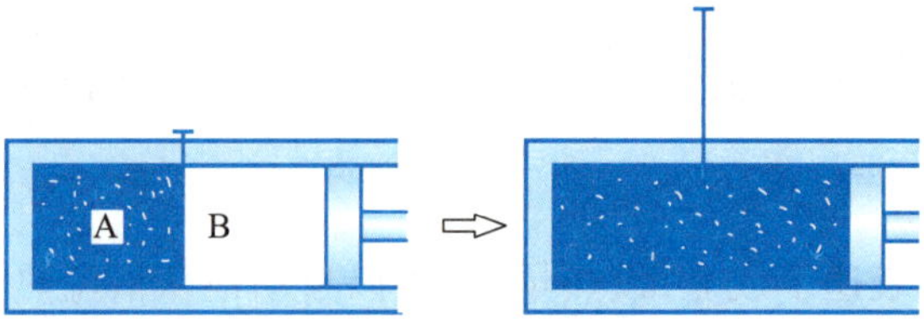

图 12.18

抽去隔板后，A 室中的气体将向 B 室自由膨胀，最后气体将均匀分布到整个容器内. 由于气体是向真空自由地膨胀，对外不做功. 因为这一过程进行得很快，所以可以看成是绝热过程. 根据热力学第一定律，气体的内能不会改变，重新达到平衡后，温度和原来相同，但是气体的体积膨胀了. 气体膨胀后，我们可以用活塞把气体等温压缩回 A 室，使气体回到初始状态，但我们必须对气体做功，所做的功转化为气体向外界传出的热量. 根据热力学第二定律，我们无法通过循环过程将这热量完全转化为功，所以气体向真空的自由膨胀过程是不可逆过程.

（2）气体的迅速膨胀过程. 气缸的气体迅速膨胀时，靠活塞处气体的压强小于气体内部的压强；在气体被压缩恢复原状态的过程中，靠近活塞处气体的压强将大于气体内部的压强，因此，压缩气体时外界所做的功将大于气体膨胀时对外界所做的功. 由于气体已复原，内能不变，根据热力学第一定律，外界多做的这部分功一定是在压缩过程中转化为热了，根据热力学第二定律我们无法通过循环过程将这热量完全转化为功，所以气体的迅速膨胀过程也是不可逆过程.

如果气体膨胀过程进行得无限缓慢（即为平衡过程），而且活塞和气缸壁没有摩擦，则气体膨胀时对外所做的功和压缩时外界所做的功相等，因而气体和外界可以完全复原，这个过程是可逆过程. 由此可见，过程可逆与否与系统经历的中间状态是否平衡密切相关.

二、卡诺定理

热力学第二定律指出，热机的效率不可能等于 100%，那么热机的效率最高等于多少呢？1824 年法国工程师卡诺提出了卡诺定理，回答了这个问题.

文档：卡诺的热机理论

卡诺定理的内容有两条：

（1）在相同的高温热源（温度为 T_1）和相同的低温热源（温度为 T_2）之间工作的一切可逆机（即工作物质的循环是可逆的），不论用什么工作物质，其效率都相等，都等于理想气体可逆卡诺热机的效率，即

$$\eta = 1 - \frac{T_2}{T_1}$$

（2）在相同的高温热源和相同的低温热源之间工作的一切不可逆机（即工作物质的循环是不可逆的）的效率，都不可能大于可逆热机的效率，即

$$\eta_{\text{不可逆}} \leqslant \eta_{\text{可逆}}$$

须注意工作于两个热源之间的可逆机，必定是卡诺热机，其循环是由两条等温线和两条绝热线组成的卡诺循环.

卡诺定理的证明：

根据热力学第二定律可以证明这一定理. 设在温度分别为 T_1 与 T_2 的高、低温热源之间，同时工作的有两部可逆机 E 和 E′，如图 12.19（a）所示，在一个循环中，它们分别从高温热源吸收热量 Q_1 与 Q_1'，向低温热源分别放出热量 Q_2 与 Q_2'，对外做功分别为 A 与 A'. 根据定义，它们的效率分别为

$$\eta=\frac{A}{Q_1},\eta'=\frac{A'}{Q_1'}$$

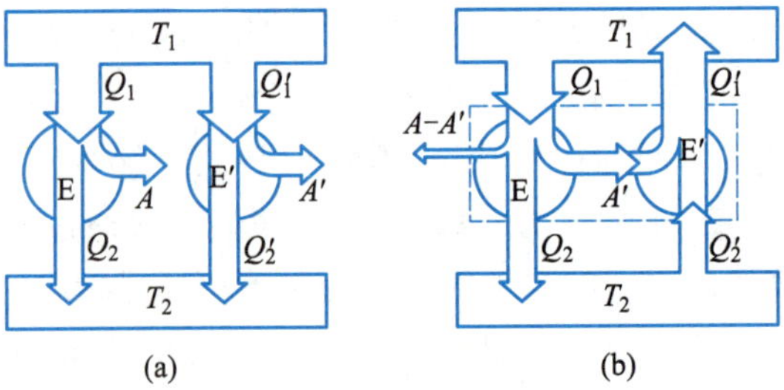

图 12.19

现先证明定理(1). 用反证法,假定 $\eta>\eta'$. 我们可让 E′机逆向工作,则当外界做功 A'时,它将由低温热源吸热 Q_2',向高温热源放热 Q_1'. 把 E、E′两机构成联合机,如图 12.19(b)所示,设法调节两机使 $Q_2=Q_2'$. 按照假定有

$$\frac{A}{Q_1}>\frac{A'}{Q_1'},\frac{Q_1-Q_2}{Q_1}>\frac{Q_1'-Q_2'}{Q_1'}$$

$$\frac{Q_2}{Q_1}<\frac{Q_2'}{Q_1'}$$

因为假定 $$Q_2=Q_2'$$

所以 $$Q_1>Q_1'$$

因而有

$$A-A'=(Q_1-Q_2)-(Q_1'-Q_2')=Q_1-Q_1'>0$$

这一结果表明,两机联合工作的结果是,在没有外界影响下把从高温热源吸收的热量 Q_1-Q_1'全部转化为对外所做的功 $A-A'$,这违背了热力学第二定律的开尔文表述,因此假设 $\eta>\eta'$不能成立.

同样,我们可让 E 机逆向工作,E′机正向工作,重复上述证明过程,可得 $\eta'>\eta$ 不能成立,从上述两个结论容易看出,最后的结果只能是 $\eta=\eta'$. 也就是说,两个温度一定的高温热源和低温热源之间工作的一切可逆机(这样的热机必然是可逆卡诺热机)的效率都相等,在证明过程中,没有涉及工作物质,所以以上结论与工作物质无关. 定理(1)得证.

对于定理(2)的证明,可假定 E 机(η)为不可逆,E′机(η')可逆,让 E 机做正向工作,E′机做逆向工作,重复定理(1)证明的前半部分. 可得 $\eta>\eta'$不能成立. 因为 E 机是不可逆机,因而无法证明 $\eta'\leqslant\eta$,所以只有

$$\eta\leqslant\eta'$$

即

$$\eta_{不可逆}\leqslant\eta_{可逆}=1-\frac{T_2}{T} \qquad (12.29)$$

卡诺定理指明了提高热机效率的方向:首先要增大高低温热源的温度差,由于一般热机总是以周围环境作为低温热源,所以实际上只能是提高高温热源的温度;

其次,要尽可能使实际的不可逆机尽量地接近可逆机,也就是减少摩擦、漏气、散热等耗散因素.

复习思考题

12.12 什么是可逆过程和不可逆过程,试列举日常生活中哪些过程是不可逆过程?

12.13 为什么热力学第二定律可以有许多不同的表述?

12.14 为提高热机效率,为什么实际上总是设法提高高温热源的温度,而不从降低低温热源的温度来考虑?

§ 12.7 热力学第二定律的统计意义

热力学第二定律阐明了一切与热现象有关的过程都是不可逆过程. 热功转化、热传导和自由膨胀过程,都是典型的不可逆过程. 从分子运动观点看,过程的不可逆性与大量分子的无序热运动是分不开的,可以用统计概率观点加以解释.

为了说明过程的不可逆性,先看一个日常生活中的例子. 假设有一长方形盒子内盛有很多小球,黑白各半,开始时黑白分开各放一边. 如果将盒子摇几下,黑白两种球就要混合在一起,若球数很多,摇动的次数越多,则可发现黑白球在盒内的分布越均匀. 这种均匀分布是最概然分布. 是否可能在某次摇动后黑白两种球又各在一边呢? 回答是可能的,但机会极少,或者说概率极小. 也就是说,多次摇动后,黑白两种球均匀分布的概率远远超过黑白球各在一边的概率.

气体可以自动地膨胀,却不能自动收缩. 现在我们再用概率的概念来说明理想气体自由膨胀过程的不可逆性.

假定有一容器,用一活动隔板,将容器分为容积相等的 A、B 两室,A 中充满气体,B 中保持真空. 首先考虑气体中的任一分子 a 的运动情况. 在抽掉隔板前,这分子只能在 A 室运动,抽掉隔板后,它就能在整个容器中运动,由于碰撞,它可能一会儿在 A 室,一会儿在 B 室,分子 a 与器壁以及与其他分子间发生频繁的碰撞,由于 A、B 两室容积相等,应该说它在 A、B 两室出现的机会是均等的,所以返回到 A 室的概率是 1/2. 其次,我们再考虑隔板未抽前 A 室气体中的四个分子 a、b、c、d. 当隔板抽掉后,任一瞬时每个分子出现在 A、B 两室中的机会是均等的,而且每个分子返回 A 室的概率都是 1/2. 于是任一时刻这四个分子在 A、B 室中的分布就有 $2^4=16$ 种可能. 可见,四个分子同时返回 A 室的可能性是存在的,其概率为$\dfrac{1}{2^4}=\dfrac{1}{16}$,显然这种可能性比只考虑一个分子时小得多了. 根据概率理论,如果分子数为 N,上述自动收缩的概率应为 $1/2^N$,分子数 N 越大,自动收缩的概率越小. 对于 1 mol 气体来说,分子总数为 $1\ \text{mol}\times N_A=1\ \text{mol}\times6\times10^{23}\ \text{mol}^{-1}=6\times10^{23}$ 个,自动收缩的概率为 $1/2^{6\times10^{23}}$,这个概率是微不足道的,实际上不可能观察到. 所以说气体的自由膨胀过程是一个不可逆过程.

上面讨论的 N 个分子在容器内 A、B 室的分布情况，涉及任一时刻出现在 A 室具体是哪几个分子，出现在 B 室具体又是哪几个分子，我们把这样每一种可能的分布称为一个微观态. 当不考虑哪些分子出现在哪一部分，只统计分别出现在 A、B 两室中的分子总数时，所得到的每一种可能分布称为一个宏观态. 从表 12.2 可以看出，四个分子都返回 A 室的宏观态中只包含 1 个微观态，两室各有两个分子的均匀分布的宏观态包含了 6 个微观态. 对于分子数为 N 的气体，经自由膨胀后共有 2^N 个可能的概率均等的微观态，全部都返回到 A 室的宏观态只包含一个微观态，而均匀分布的宏观态包含了可能的微观态的绝大多数. 由于 N 很大，气体实际上将保持均匀分布状态. 所以气体自由膨胀的不可逆性，表明这个过程总是由概率小的宏观态向概率大的宏观态进行，亦即由包含微观态数目少的宏观态向包含微观态数目多的宏观态进行，而相反的过程在没有外界影响的条件下是不可能实现的. 这就从统计意义上说明了气体自由膨胀的不可逆性.

表 12.2 分子在 A、B 两室分布的微观态与宏观态

分子分布		微观态数	宏观态
A	B		
abcd		1	α
abc bcd cda dab	d a b c	4	β
ab ac ad bc bd cd	cd bd bc ad ac ab	6	γ
a b c d	bcd acd abd abc	4	δ
	abcd	1	ε
合计		2^4	5

从对气体自由膨胀这个例子分析所得的结论具有一般意义，即**在一孤立系统内，一切实际过程都是从概率小（微观态数小）的状态向概率大的宏观态进行的**. 这就是**热力学第二定律的统计意义**. 应当指出，与此相反的过程，并非绝对不可能发生，只是由于出现的概率极小，实际上观察不到. 热力学第二定律的统计意义，表明了它只适用于由大量微观粒子组成的宏观系统，对于粒子数很少的系统则是没有意义的. 因此热力学第二定律本质上是一条统计性的规律.

§ 12.8 熵 熵增加原理

一、熵的微观定义

为了定量表述热力学第二定律，现在简要介绍熵的概念.

1877 年玻耳兹曼用下一关系式定义的熵 S 来表示系统无序性的大小：

$$S \propto \ln W$$

1900 年，普朗克引进了比例系数 k，把它写成

$$S = k\ln W \tag{12.30}$$

式中 k 是玻耳兹曼常量，W 为任一宏观状态所包含的微观状态数，也称为该宏观状态的热力学概率. 此式叫做玻耳兹曼公式. 对于一个系统的某一宏观状态都有一个热力学概率 W 值与之对应，因而也就有一个熵 S 值与之对应，因此由(12.30)式定义的熵是系统状态的函数. 系统所含微观状态数目越多，则其熵就越大. 我们可以把熵 S 看成是系统无序性大小的量度. 这就是熵的微观意义. 熵的量纲与 k 的量纲相同，即 $\mathrm{J \cdot K^{-1}}$. 基于熵的微观定义，目前熵的应用已远远超出了物理学的领域，而为信息、控制、决策、生物、医学乃至社会等许多学科所应用.

下面用玻耳兹曼公式计算理想气体绝热自由膨胀过程中熵的改变量.

设物质的量为 ν 的理想气体，体积从 V_1 自由膨胀到 V_2，因为理想气体在自由膨胀过程前后温度不变，所以分子的速度分布不变，只是位置分布改变. 因此可以只按位置分布来计算气体的热力学概率. 设想把容器空间分割成许多大小相等的小体积，则每个分子在任一小体积中出现的机会均等. 假定 V_1 中包含有 n 个小体积，则 V_2 中包含的小体积数为 $(n/V_1)V_2$. 一个分子在 V_1 中有 n 个微观态，在 V_2 中就有 $(n/V_1)V_2$ 个微观态. 当气体体积由 V_1 膨胀到 V_2 时，一个分子微观态数将增大 V_2/V_1 倍，而整个气体(νN_{A} 个分子)的微观态数将增大 $(V_2/V_1)^{\nu N_{\mathrm{A}}}$，即 $W_2/W_1 = (V_2/V_1)^{\nu N_{\mathrm{A}}}$. 所以在体积由 V_1 到 V_2 的自由膨胀过程中，理想气体的熵的增量是

$$\Delta S = S_2 - S_1 = \nu N_{\mathrm{A}} k\ln(V_2/V_1) = \nu R\ln(V_2/V_1) \tag{12.31}$$

因为 $V_2 > V_1$，所以

$$\Delta S > 0$$

这一结果说明理想气体绝热自由膨胀这一不可逆过程是熵增加的过程.

内能和熵都是系统的状态函数，两者都表示了状态的物理性质，但两者不能相互取代. 熵的单方向变化性质可以用来判断过程进行的方向，而内能则不能做到这一点. 对于理想气体自由膨胀过程，熵是增加的，反映了过程自动进行的方向，而内能却没有变化.

二、熵的宏观定义

上面从微观的角度给出了熵的定义，现在进一步寻求熵的热力学表示方法，并

阐明熵的宏观意义.

(12.31)式乘以 T 再除以 T,可写为

$$\Delta S=\frac{\nu RT\ln(V_2/V_1)}{T}$$

$\nu RT\ln(V_2/V_1)$是可逆等温膨胀过程中系统从初态到达末态时从外界吸收的热量 Q_T. 因此上式可改写为

$$\Delta S=\frac{Q_T}{T} \tag{12.32}$$

对于无限小的可逆等温过程,则有

$$\mathrm{d}S=\frac{\mathrm{d}Q}{T} \tag{12.33}$$

(12.33)式是从理想气体的自由膨胀这一特殊情况下导出的,但在理论上可以严格证明,该式具有普遍意义. 它对任何系统的任意无限小过程都是适用的. 式中 $\mathrm{d}S$ 表示一无限小可逆过程始、末状态的熵的微小增量,T 为系统的热力学温度,$\mathrm{d}Q$ 为该过程中系统吸收的微小热量,热量与温度之比 $\mathrm{d}Q/T$,称为热温比. 上式表明在无限小的可逆过程中,系统熵的微小增量等于其热温比. 对于系统从状态 1 变化到状态 2 的有限可逆过程,熵的增量等于其热温比之和,即

$$\Delta S=\int_1^2 \mathrm{d}S=\int_1^2 \frac{\mathrm{d}Q}{T} \tag{12.34}$$

(12.33)式和(12.34)式是熵的宏观定义,称为克劳修斯公式. 熵是一个态函数,实际常用的是熵的改变量.

[例 12.8] 已知在 0 ℃时,1 mol 的冰融化为 1 mol 的水吸热 6 000 J,求在 0 ℃时,这些冰化为水熵的增量.

[解] 本过程可看作等温过程,由(12.34)式得在 0 ℃时,1 mol 的冰化为同温的水,熵的增量为

$$\Delta S=\int_1^2 \frac{\mathrm{d}Q}{T}=\frac{Q}{T}=\frac{6\,000}{273}\ \mathrm{J\cdot K^{-1}}=22.0\ \mathrm{J\cdot K^{-1}}$$

三、熵增加原理

文档:熵增加原理的提出

由于熵是系统的状态函数,所以熵与内能相似,具有重要意义的并非某一平衡态的数值,而是初、末态的熵的增量(称为熵变). 显然,熵的增量仅由初、末态决定,而与过程无关. 由(12.30)式有

$$\Delta S=k\ln W_2-k\ln W_1=k\ln\frac{W_2}{W_1}$$

对于孤立系统内一切实际过程(不可逆过程),末态包含的微观态数比初态多,即 $W_2>W_1$,所以 $\Delta S>0$. 这表明,孤立系统内的实际过程总是沿着熵增大的方向进行的,直到系统的熵达到最大值而处于平衡态为止.

孤立系统在理想的可逆过程中，初、末态所含的微观态数相等，即 $W_1=W_2$，所以 $\Delta S=0$. 这表明，孤立系统在可逆过程中熵保持不变.

由此得出结论：**孤立系统的熵永不减少**，即

$$\Delta S\geqslant 0 \tag{12.35}$$

式中等号仅适用于逆过程. 这一结论称为**熵增加原理**. 它给出热力学第二定律一种定量表述，为判断过程方向提供了定量依据，是热力学第二定律的数学表达式.

可以用熵增加原理来判定孤立系统内热力学过程自动进行的方向. 前面已经计算了理想气体绝热自由膨胀过程是熵增加的过程. 根据熵增加原理可以判定这理想气体绝热自由膨胀过程是一不可逆过程.

下面由熵增加原理来判断热传导过程是否具有不可逆性. 设有 A、B 两种气体构成一孤立系统，它们的温度分别为 T_A 和 $T_B(<T_A)$，但两温度差别很小，当两种气体接触而发生热传导过程时，假定温度较高的 A 气体传给温度较低的 B 气体的热量为 Q，于是

A 的熵增量 $$\Delta S_A=\frac{-Q}{T_A}(<0)$$

B 的熵增量 $$\Delta S_B=\frac{Q}{T_B}(>0)$$

可得系统熵的总增量为 $$\Delta S=\Delta S_A+\Delta S_B=\frac{-Q}{T_A}+\frac{Q}{T_B}$$

因 $$T_A>T_B$$

故 $$\Delta S>0$$

这个过程符合熵增加原理，因而上述假定的热量由温度较高的 A 气体传向温度较低的 B 气体是可以实现的. 如果假定热量从温度较低的 B 气体传向温度较高的 A 气体，则 $\Delta S<0$，违反熵增加原理，说明这个过程不能实现. 于是我们由熵增加原理证明了热传导过程的不可逆性.

从以上例子可见，尽管整个孤立系统中不可逆过程的熵是增加的，但是对于系统的一部分，因为它已不再是孤立系统，所以熵可能是增加，也可能是减少的，而不一定总是增加的. 当过程进行到两物体温度相同后，$\Delta S=0$，即热传导过程终止了.

由熵增加原理还可直接给出热功转化过程的不可逆性，即不可能从单一热源吸取热量使之完全变为有用的功而不产生其他影响. 因为若此论断不成立，则可将此热机和热源看成一个孤立系统，在一个循环中，热机的工作物质恢复原状，熵不改变，而热源放出了热量，熵减少了，这样对整个系统来说，总熵减少. 这违背了熵增加原理，因而单一热源的热机不可能实现，这就说明了热功转化的过程是不可逆的.

复习思考题

12.15 系统中分子热运动的无序程度、可能的微观态数以及过程的不可逆性与熵之间有什么联系？

12.16 热力学第二定律的统计意义是什么？

12.17 什么是熵和熵增加原理？

习题

12.1 选择题

(1) 理想气体从外界吸收一定的热量，则该气体 [ ]

(A) 温度一定升高；

(B) 温度一定降低；

(C) 温度一定保持不变；

(D) 温度可能升高，也可能降低或保持不变.

(2) 若只用绝热方法使系统从初态到终态，则 [ ]

(A) 对于连接这两态的不同绝热路径，所做的功不同；

(B) 对于连接这两态的所有绝热路径，所做的功都相同；

(C) 由于没有热量的传递，所以没有做功；

(D) 系统的总内能将不变.

(3) 如图所示，理想气体从状态 a，经历四个不同过程到达状态 f，已知 acf 为绝热过程，则平均摩尔热容最大的过程为 [ ]

(A) abf； (B) acf；

(C) adf； (D) aef.

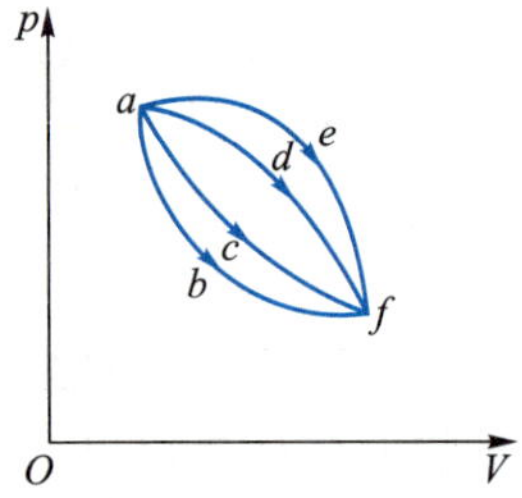

题 12.1(3)图

(4) 热力学第二定律表明 [ ]

(A) 不可能从单一热源吸收热量使之全部变为有用的功；

(B) 在一个可逆过程中工作物质净吸热等于对外所做的功；

(C) 摩擦生热的过程是不可逆的；

(D) 热量不可能从温度低的物体传到温度高的物体.

(5) 设理想气体在刚性绝热容器中自由膨胀，经此膨胀后气体 [ ]

(A) 内能增加； (B) 压强增加；

(C) 熵改变； (D) 温度改变.

(6) 一定量的理想气体在等压过程中对外做功 40 J，内能增加 100 J，则该气体是 [ ]

(A) 单原子气体； (B) 双原子气体；

(C) 多原子气体； (D) 不能确定.

(7) 1 mol 理想气体从同一状态出发，分别经绝热、等压、等温三种膨胀过程，则内能增加的过程是 [ ]

(A) 绝热过程； (B) 等压过程；

(C) 等温过程;　　　　　　　　(D) 不能确定.

(8) 一定量的理想气体的初态温度为 T,体积为 V,先绝热膨胀使体积变为 $2V$,再等容吸热使温度恢复为 T,最后等温压缩为初态,则在整个过程中气体将 [　　]

(A) 放热;　　　　　　　　(B) 对外界做功;

(C) 吸热;　　　　　　　　(D) 内能增加;

(E) 内能减少.

(9) 图中直线 ab 表示一定量理想气体内能 E 与体积 V 的关系,其延长线通过原点 O,则 ab 所代表的热力学过程是 [　　]

(A) 等温过程;　　　　　　　　(B) 等压过程;

(C) 绝热过程;　　　　　　　　(D) 等容过程.

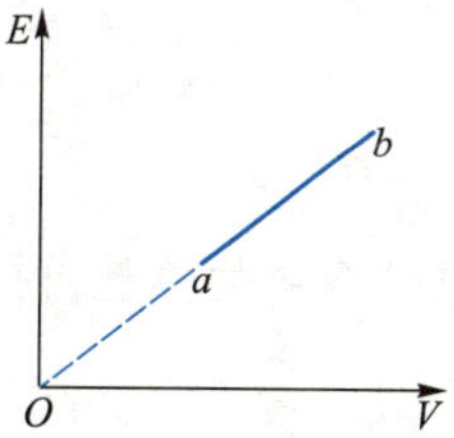

题 12.1(9)图

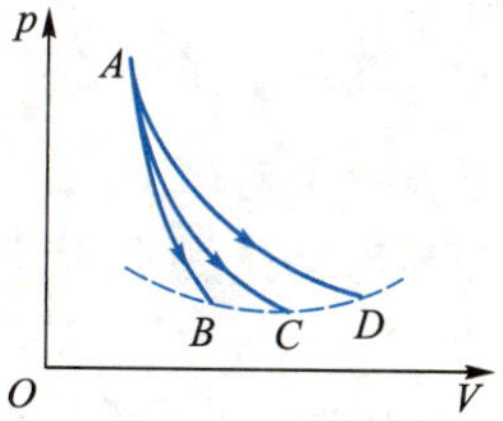

题 12.1(10)图

(10) 如图所示,一定量的理想气体从相同的初态 A 分别经准静态过程 AB、AC(绝热过程)及 AD 到达温度相同的末态,则气体吸放热的情况是 [　　]

(A) AB 吸热,AD 吸热;　　　　(B) AB 放热,AD 吸热;

(C) AB 放热,AD 放热;　　　　(D) AB 吸热,AD 放热.

12.2 填空题

(1) 一容器中装有氦气,已知等压膨胀时,吸收 1.5×10^3 J 的热量,则气体的内能改变为________,气体做功为________.

(2) 在 $p-V$ 图中,一定量的理想气体若等温线与绝热线交点处的斜率之比为 0.714,则该气体的摩尔定容热容为________.

(3) 理想热机的高温热源温度为 527 ℃,如果效率为 40%,则低温热源温度为________.

(4) 热力学第二定律的开尔文表述是________,克劳修斯表述是________.

(5) 从统计意义来解释,不可逆过程实质是一个________的转化过程. 一切实际过程都向着________方向进行.

(6) 质量为 100 g 的水蒸气,温度从 120 ℃升高到 150 ℃,若视水蒸气为理想气体,在体积不变的情况下加热,需热量 Q_V=________,在压强不变的情况下加热,需热量 Q_p=________.

(7) 一定量的单原子理想气体在等压膨胀过程中对外做的功 A 与吸收的热量 Q 之比 A/Q=________,若为双原子理想气体,则比值 A/Q=________.

(8) 1 mol 单原子理想气体,在 1.013×10^5 Pa 的恒定压力下温度由 0 ℃加热至 100 ℃时,内能改变量为________;从外界吸收的热量为________.

(9) 一定量的理想气体，从状态(p_0，V_0，T_0)开始作绝热膨胀，体积增大到原体积的2倍，则膨胀后气体的温度 $T=$________；压强 $P=$________.

12.3 一系统由如图所示的状态 a 沿 abc 到状态 c 时，吸收了热量350 J，同时对外做功126 J.

(1) 如沿 adc 进行，系统做功42 J，问这过程系统吸收了多少热量？

(2) 当系统由状态 c 沿曲线 ca 返回状态 a 时，如果外界对系统做功84 J，问这过程系统是吸热还是放热？热量传递了多少？

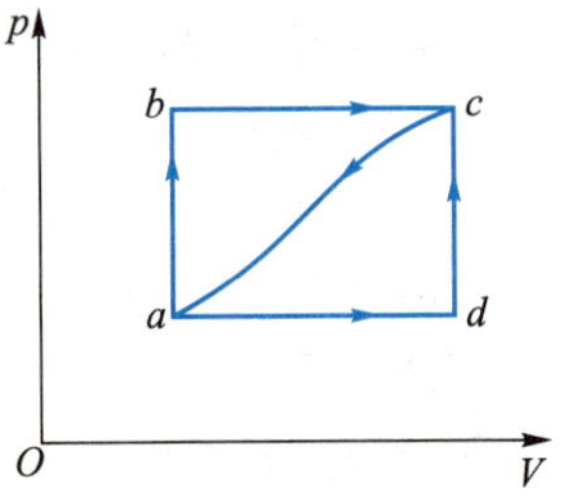

题12.3图

12.4 质量为0.020 kg的氦气温度由17 ℃升为27 ℃，若在升温过程中：

(1) 体积保持不变；

(2) 压强保持不变；

(3) 与外界不交换热量，试分别计算各过程中气体吸收的热量、内能的改变和对外所做的功.

12.5 将400 J的热量传给标准状态下的2 mol氢气.

(1) 若温度不变，氢气的压强、体积各变为多少？

(2) 若压强不变，氢气的温度、体积各变为多少？

(3) 若体积不变，氢气的温度、压强各变为多少？

哪一个过程中氢气做功最多？为什么？哪一个过程中内能增加最多？为什么？试在同一个 $p-V$ 图上画出上述三个过程的过程曲线.

12.6 1 mol氢气，在压强 1.013×10^5 Pa，温度20 ℃时，其体积为 V_0. 今使其经以下两种过程到达同一状态：

(1) 先保持体积不变，加热使其温度升高到80 ℃，然后等温膨胀到体积为 $2V_0$；

(2) 先等温膨胀到体积为 $2V_0$，然后等体加热到80 ℃. 试分别计算上述两种过程中气体吸收的热量，增加的内能与对外所做的功. 并在同一个 $p-V$ 图中作出表示这两个过程的曲线.

12.7 一定量的理想气体，由同一状态出发，分别经过(a) 等压过程；(b) 等温过程；(c) 绝热过程，若体积都是增加一倍，

(1) 哪个过程引起的温度改变最大？哪个最小？

(2) 哪个过程气体做功最多？哪个最小？

(3) 哪个过程吸热最多？哪个最小？

12.8 1 mol氧气，温度300 K时，体积为 2×10^{-3} m^3. 试计算下列两过程中氧气所做的功.

(1) 绝热膨胀至体积 2.0×10^{-2} m^3；

(2) 等温膨胀至体积 2.0×10^{-2} m^3，然后再等体冷却，直到温度等于绝热膨胀后所达到的温度为止；

（3）在同一个 $p-V$ 图中作出表示上述两个过程的曲线. 怎样说明两过程中功的数值的差别？

12.9 如图所示 AB,DC 是绝热线，COA 是等温线，已知系统在 COA 过程中放热 100 J，OAB 的面积为 30 J，ODC 的面积是 70 J，试问在 BOD 过程中系统是吸热还是放热？热量是多少？

12.10 如图所示，一定量的空气，开始时在状态 a，压强为 2.0×10^5 Pa，体积为 2×10^{-3} m^3，沿直线 ab 变化到状态 b 后，压强变为 1.0×10^5 Pa，体积变化为 3×10^{-3} m^3. 求在此过程中气体所做的功、内能的增量及所吸收的净热量.

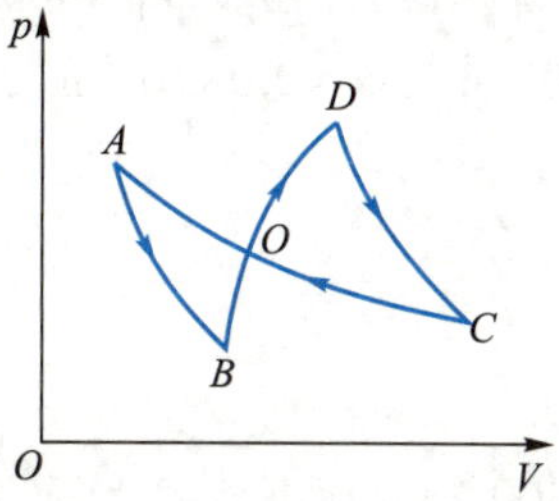

题 12.9 图

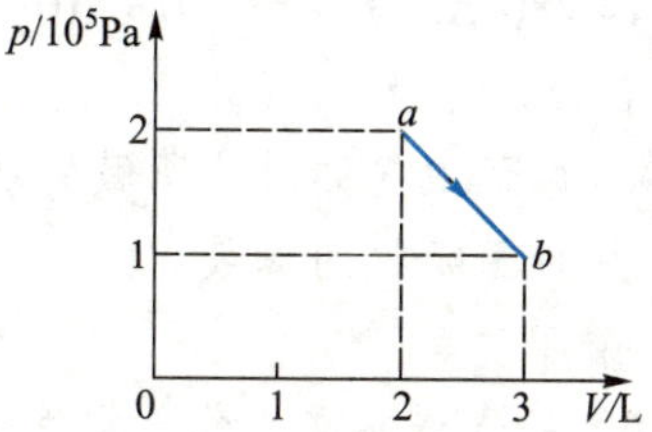

题 12.10 图

12.11 如图所示为 1 mol 双原子分子理想气体经历的循环过程，其中 ab 为等温线，求循环效率.

12.12 如图所示为一定量理想气体所经历的循环，其中 ab 和 cd 是等压过程，bc 和 da 是绝热过程. 已知 b 点和 c 点的温度分别为 T_2 和 T_3，求循环效率. 这循环是卡诺循环吗？

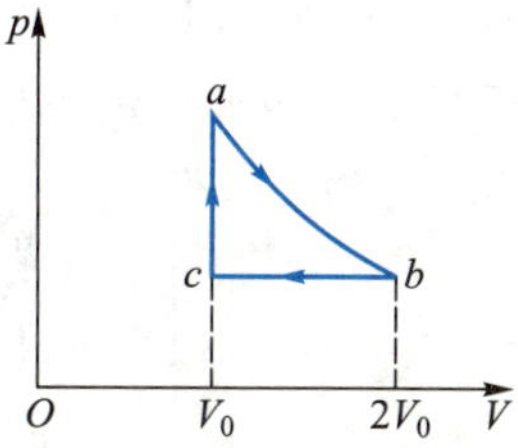

题 12.11 图

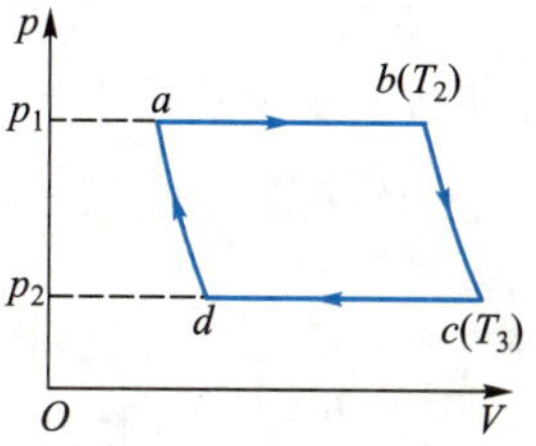

题 12.12 图

12.13 如图所示为 1 mol 理想气体氦气的循环过程，其中 ab,cd 为等压过程；bc,da 为等体过程. 设已知 a 点的压强为 $p_a=2.026\times10^5$ Pa，体积为 $V_a=1.01\times10^{-3}$ m^3，b 点体积为 $V_b=2.01\times10^{-3}$ m^3，c 点压强为 $p_c=1.013\times10^5$ Pa，求循环的效率.

12.14 如图所示为 0.25 kg 氧气的循环过程，此循环过程由两个等体过程和两个等温过程组成. 试求：

（1）循环的效率；

（2）若 a、b、c、d 各状态的压强分别是 p_a、p_b、p_c、p_d，证明：$p_ap_c=p_bp_d$.

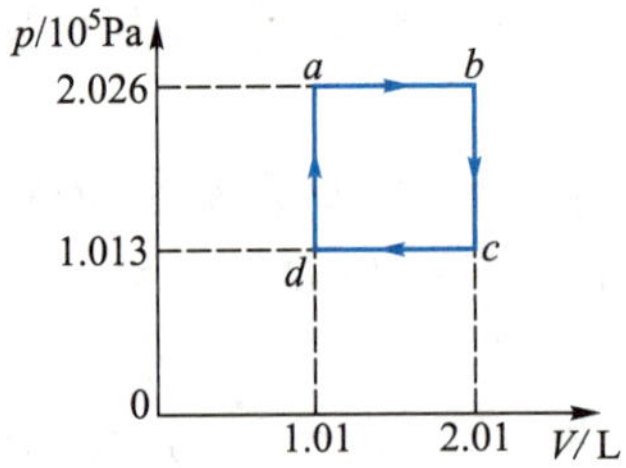

题 12.13 图

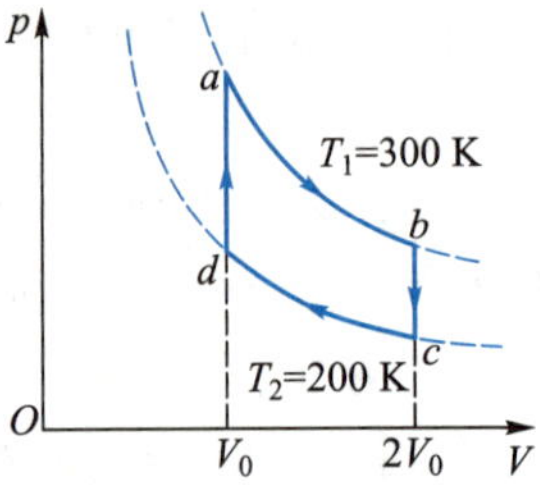

题 12.14 图

12.15 一定量的双原子分子理想气体做卡诺循环，热源温度 $T_1=400$ K，冷却器温度 $T_2=280$ K. 设 $p_1=1.013\times10^6$ Pa、$V_1=1.0\times10^{-2}$ m^3，$V_2=2.0\times10^{-2}$ m^3，试求：

(1) p_2，p_3，p_4 及 V_3、V_4；

(2) 一循环中气体对外所做的功；

(3) 从热源吸收的热量；

(4) 循环效率.

12.16 一卡诺热机工作于温度为 1 000 K 与 300 K 的两个热源之间，如果

(1) 将高温热源的温度提高 100 K；

(2) 将低温热源的温度降低 100 K，试问理论上热机的效率各增加多少？为了提高热机效率哪一种方案为好？

12.17 一热机工作于 50 ℃ 与 250 ℃ 之间，在一个循环中做功为 1.05×10^5 J，试求热机在一个循环中吸收和放出的热量至少应是多少？

12.18 一台电冰箱，为了制冰从 260 K 的冷冻室取走热量 209 J. 如果室温是 300 K，试问电流做功至少应是多少？如果电冰箱能以 0.209 kJ · s^{-1} 的速率取出热量. 试问所需电功率至少应是多少？假定冰箱为理想的卡诺循环制冷机.

12.19 一个以理想气体为工作物质的热机循环，如图所示，证明其效率为

$$\eta=1-\gamma\frac{(V_2/V_1)-1}{(V_2/V_1)^{\gamma}-1}$$

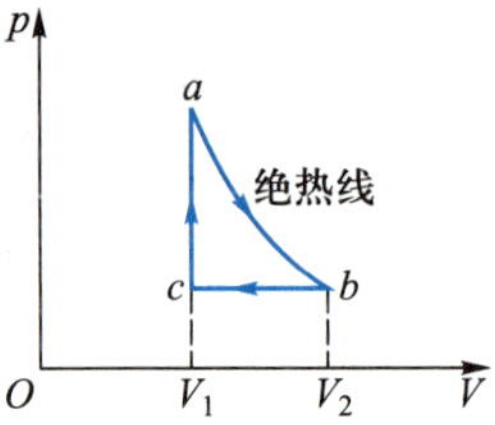

题 12.19 图

12.20 证明一条绝热线与一条等温线不能相交于两点.

12.21 证明两条绝热线不能相交.

第 12 章习题参考答案

第十三章

振动学基础

机械振动是指物体在一定位置附近所做的周期性往复运动．如车辆运行时的振动，机器运转时机身乃至厂房的振动，一切发声体的振动，晶体中原子在晶格间的振动都是机械振动．振动是自然界的一种普遍运动形式，除机械振动外，广义地讲，任一物理量在某一数值附近做周期性变化都可以称为振动．如交流电路中电流、电压、电荷在某一数值附近做周期性变化，电磁波在传播过程中空间任一点的电场强度和磁场强度随时间周期性的变化等．这类振动虽然在本质上与机械振动不同，但它们遵循的基本规律在形式上有许多共同之处．因此掌握机械振动的规律也是进一步研究其他形式振动的必要基础．

本章主要介绍简谐振动的描述、特征、遵循的规律以及简谐振动的合成．

§ 13.1　简谐振动的描述

一、简谐振动的特征

演示实验：弹簧振子的振动

简谐振动是一种最简单的也是最基本的振动，任何复杂的振动都可以认为是由许多简谐振动的合成．简谐振动可以用弹簧振子来演示．一个质量可以忽略的弹簧，一端固定，另一端系一个可以自由运动的物体组成的系统称为弹簧振子．图 13.1 所示为一个在光滑水平面上放置的弹簧振子，当物体在位置 O 时弹簧处于既不伸长也不压缩的自然长度，此时物体在水平方向所受合外力为零，位置 O 称为平衡位置，并取为坐标原点，水平向右为坐标系 x 轴正向．

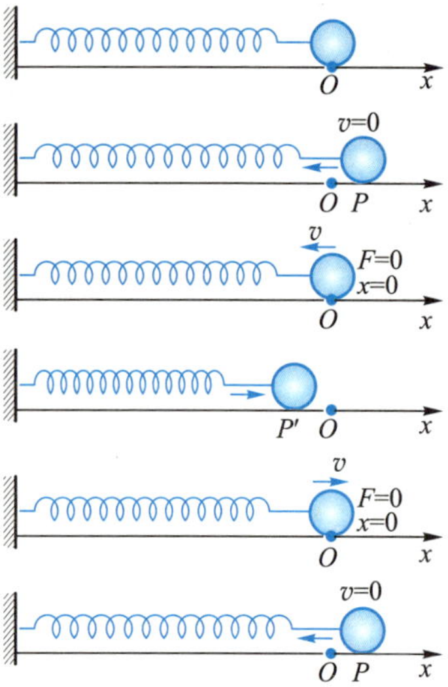

图 13.1

我们先定性讨论一维弹簧振子的运动情况如图 13.1 所示．将物体从平衡位置 O 向右移到位置 P，然后无初速地释放，它将在弹性力作用下运动．在物体从 P 返回平衡位置 O 的过程中，弹簧都是处在伸长状态，物体所受的合外力为向左指向平衡位置 O 的弹性力，力与运动的方向相同，物体向平衡位置做加速运动．当物体到达平衡位置 O，它所受到的合外力为零，加速度也为零，但速度达到最大值，由于惯性它将继续向左运动．此后弹簧被压缩，物体受到水平向右指向平衡位置 O 的弹性力，力与运动的方向相反，因此物体朝远离平衡位置方向做减速运动，直到物体速度减小到零，物体处于离平衡位置最远处的 P'点．此后物体在指向平衡位置的弹性力的作用下做加速运动，返回平衡位置，情况和上述从 P 点运动到平衡位置相类似．这样，在弹性力的作用下，物体将在其平衡位置 O 附近做往复运动．

由胡克定律可知，物体受的弹性力 F，与物体相对于平衡位置的位移 x 成比，其方向始终指向平衡位置，与位移方向相反，这种力常称为**线性回复力**．我们把**物体**

在线性回复力作用下,围绕平衡位置的运动称为简谐振动,简称谐振动.

下面,我们根据牛顿第二定律求出做简谐振动物体的运动方程.

设弹簧的劲度系数为 k,物体的质量为 m,忽略各种阻力,见图 13.1. 当物体位置坐标为 x(即位移),所受弹性线性回复力 F 可表示为

$$F=-kx \tag{13.1}$$

根据牛顿第二定律,物体的运动微分方程为

$$m\frac{\mathrm{d}^2x}{\mathrm{d}t^2}=-kx$$

通常将上式改写为

$$\frac{\mathrm{d}^2x}{\mathrm{d}t^2}+\omega^2x=0 \tag{13.2}$$

其中

$$\omega^2=\frac{k}{m} \tag{13.3}$$

(13.2)式是简谐振动的微分方程,其解为

$$x=A\cos(\omega t+\varphi) \tag{13.4}$$

因 $$\cos(\omega t+\varphi)=\sin\left(\omega t+\varphi+\frac{\pi}{2}\right)$$

故令 $\varphi'=\varphi+\dfrac{\pi}{2}$,则(13.4)式还可写成

$$x=A\sin(\omega t+\varphi') \tag{13.5}$$

即微分方程(13.2)式的解可写成余弦函数形式(13.4)式,也可写成正弦函数形式(13.5)式,本书采用余弦函数形式. (13.4)式就是简谐振动的运动方程,又称谐振动表达式,其中 A 和 φ 是两个积分常量,它们的物理意义和确定方法将在后面讨论.

对(13.4)式求一阶和二阶导数,得到物体运动的速度和加速度

$$v=\frac{\mathrm{d}x}{\mathrm{d}t}=-A\omega\sin(\omega t+\varphi) \tag{13.6}$$

$$a=\frac{\mathrm{d}^2x}{\mathrm{d}t^2}=-A\omega^2\cos(\omega t+\varphi) \tag{13.7}$$

由(13.4)式可知,弹簧振子做简谐振动时,其位置坐标 x(即相对平衡位置的位移)按余弦(或正弦)函数规律随时间变化,图 13.2 为简谐振动的位移-时间曲线. 只在弹性线性回复力作用下的弹簧振子的运动是简谐振动. (13.6)式和(13.7)式表明,做简谐振动的物体其速度和加速度也是按余弦(或正弦)函数规律随时间变化的,见图 13.2.

$\dfrac{\mathrm{d}^2x}{\mathrm{d}t^2}=-\omega^2x$ 表明,做简谐振动的物体其加速度总是与其离开平衡位置的位移大小成正比,而两者方向相反,且 ω 取决于振动系统本身的性质. 这一结论通常视为简谐振动的**运动学特征**. (13.1)式表示的物体所受合力的大小总是与其离开平衡位置的位移大小成正比,而方向与位移的方向相反,通常把(13.1)式或(13.2)式的

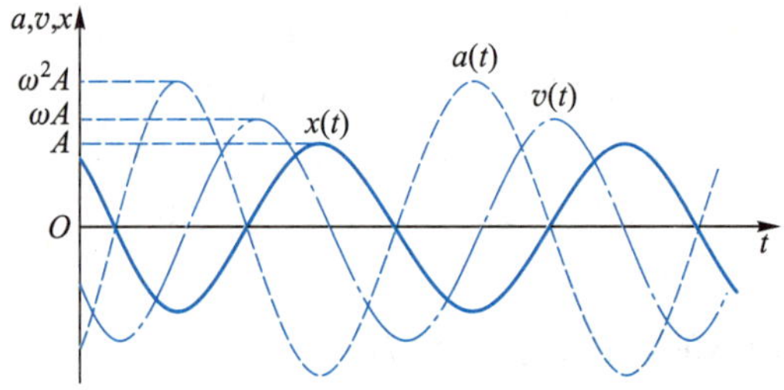

图 13.2

运动微分方程作为简谐振动的**动力学特征**. 因此,凡具有简谐振动的运动学特征或动力学特征的振动系统必做简谐振动,其运动方程都有(13.4)式的形式.

二、描述简谐振动的物理量

1. 周期和频率

(13.4)式表示振动物体位置的变化具有时间上的周期性,即每隔一固定的时间间隔 T,运动重复一次,这个固定时间间隔 T,即物体做一次完全振动所经历的时间,称为振动的周期. 应有

$$\begin{aligned} x &= A\cos(\omega t+\varphi) = A\cos[\omega(t+T)+\varphi] \\ &= A\cos(\omega t+\varphi+\omega T) \end{aligned}$$

由于余弦函数的周期为 2π,所以有

$$\omega T = 2\pi$$

因此

$$T = \frac{2\pi}{\omega} = 2\pi\sqrt{\frac{m}{k}} \tag{13.8}$$

以 ν 表示振动频率,即单位时间内做完全振动的次数,单位为 Hz(赫兹). 频率显然和周期 T 有倒数关系:

$$\nu = \frac{1}{T} = \frac{1}{2\pi}\sqrt{\frac{k}{m}} \tag{13.9}$$

$$\omega = 2\pi\nu = \sqrt{\frac{k}{m}} \tag{13.10}$$

由于 ω 与 ν 成正比,可视为 2π s 内振动的次数,ω 称为角频率,单位为 $\mathrm{rad\cdot s^{-1}}$或记为 $\mathrm{s^{-1}}$.

质量 m 和劲度系数 k 都属于弹簧振子本身的固有性质,(13.8)式、(13.9)式和(13.10)式表明,T、ν 或 ω 都表示简谐振动的周期性特性,完全取决于弹簧振子本身的性质,可见,相同的弹簧和相同的物体构成的弹簧振子其 T 和 ν 及 ω 都是相同的,因此,分别称为振动系统的**固有周期、固有频率和固有角频率**.

2. 振幅

(13.4)式中 A 表示振动物体可能离开原点 O(指平衡位置)的最大距离,它表明了振动的幅度或振动的空间范围,这个量称为简谐振动的振幅,用符号 A 表示,振幅恒

取正值. 在图 13.1 描述的简谐振动中,我们如果开始时移动物体离开平衡位置更远些,则放开后物体的振幅就更大些,所以我们说,振幅的大小取决于振动系统的初始状态.

3. 相位

振动物体的运动状态由物体的位置(离开平衡位置的位移)和速度共同决定的,在一次完全的振动的过程中,物体的运动状态是不断变化的,任意两个时刻的运动状态都不相同.

当做简谐振动的物体其振幅和角频率都已确定时,从(13.4)式、(13.5)式可以看出,物体在任意时刻 t 的位置坐标 x、速度 $\frac{dx}{dt}$ 都由 $(\omega t+\varphi)$ 决定,可用 $(\omega t+\varphi)$ 的值来标志任一运动状态. 我们特称这个量为简谐振动的相位①在一次完全振动的过程中,每一时刻的运动状态都不相同,而这种不同就反映在相位的不同上. 例如,物体做简谐振动,当物体在平衡位置 $x=0$,并以速率 $A\omega$ 向负方向运动,即 $\frac{dx}{dt}=-A\omega$ 时,对应相位 $\omega t+\varphi=\frac{\pi}{2}$,即使物体仍在平衡位置 $x=0$,但以速率 $A\omega$ 向正方向运动,仍为另一运动状态,则对应的是另一相位 $\omega t+\varphi=\frac{3\pi}{2}$. 所以物体任意时刻的运动状态都对应一确定的相位,而做简谐振动的物体在任何时刻的相位,决定了该时刻物体的运动状态. 从这个意义上说,**相位是描述振动状态的物理量**.

$t=0$ 时,$\omega t+\varphi=\varphi$,即 φ 代表初始时刻的相位值,称为**初相位(或初相)**. 它反映了振动的初始状态. 初相的数值取决于初始条件,即初始状态.

相位的概念还可以用来比较两个同频率的简谐振动的步调. 设有两个同频率的简谐振动:

$$x_1=A_1\cos(\omega t+\varphi_1)$$
$$x_2=A_2\cos(\omega t+\varphi_2)$$

它们的相位差为

$$\Delta\varphi=(\omega t+\varphi_2)-(\omega t+\varphi_1)=\varphi_2-\varphi_1$$

这里就等于初相差,由这个初相差就可以比较它们的振动步调.

如果 $\Delta\varphi=0$(或者 2π 的整数倍),则两个振动物体同时达到各自的最大值、最小值,见图 13.4(a),且任何时刻两个振动物体运动方向都相同,即两个振动的步调

① 相位这个词来源于"月相",月相是指月亮在圆缺变化中的各种不同"相貌". 例如满月到新月共经历了一系列"月相"(图 13.3),把简谐振动中的各个运动状态理解为运动的"相貌",就看出相位是标志简谐振动一个周期中各个运动状态的物理量.

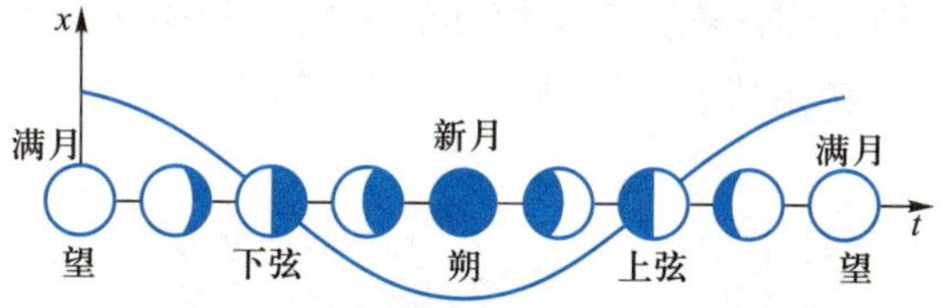

图 13.3

完全相同，我们说这两个振动同相或同步.

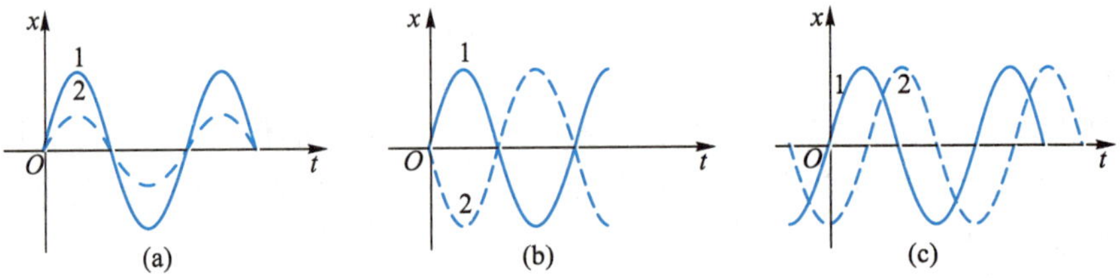

图 13.4

如果 $\Delta\varphi=\pi$（或者 π 的奇数倍），则一个振动的物体达到正的最大位移，另一个振动的物体同时达到负的最大位移，见图 13.4(b)，并且同时过原点但沿相反的方向运动，在任何时刻两个振动物体的运动方向都相反，即振动的步调相反，我们说这两个振动为反相. 可见，反相则相当于差半个周期.

当 $\Delta\varphi$ 为其他值时，我们一般说这两个振动不同相，如果 $\Delta\varphi=\varphi_2-\varphi_1>0$，说明第二个振动超前第一个振动相位 $\Delta\varphi$. 见图 13.4(c)，第一个振动超前第二个振动$\dfrac{\pi}{2}$. 由于相位周期是 2π，所以一般把 $|\Delta\varphi|$ 的值限在 π 以内，如图 13.4(c) 一般不说成第二个振动超前第一个振动$\dfrac{3}{2}\pi$.

相位差不但用来表示两个相同的做简谐振动的物理量的步调，而且可用来表示不同的物理量变化的步调，如图 13.2 中加速度$\dfrac{\mathrm{d}^2x}{\mathrm{d}t^2}$与位移 x 反相，速度$\dfrac{\mathrm{d}x}{\mathrm{d}t}$超前位移 x 的相位$\dfrac{\pi}{2}$，而落后加速度$\dfrac{\mathrm{d}^2x}{\mathrm{d}t^2}$的相位$\dfrac{\pi}{2}$.

相位（包括初相）和相位差，都是十分重要的概念，它们不仅在物理学及工程技术上有着重要意义，如在振动、波动及光学、电工学、无线电技术等方面都有着广泛的应用，而且在物理学近年来发现的许多新奇现象里（如 AB 效应、AC 效应、分数量子霍尔效应等），相位也扮演着有声有色的角色.

可见周期（或频率、角频率）、振幅和相位是从不同的角度描述了简谐振动性质的物理量，同时有了它们就可以把一个简谐振动完全确定下来.

三、振幅和初相的确定

如上所述，简谐振动的表达式 $x=A\cos(\omega t+\varphi)$，其中固有角频率 ω 是由振动系统本身的性质所决定的. 在角频率已经决定的条件下，弹簧振子还可以做振幅不同、初相不同的简谐振动. 简谐振动的振幅 A 和初相 φ 是由初始状态决定的. 下面将找出 A、φ 与初始状态的关系.

令 $t=0$ 时

$$x_0=A\cos\varphi$$
$$v_0=-A\omega\sin\varphi$$

由以上两式可得

$$A=\sqrt{x_0^2+\frac{v_0^2}{\omega^2}} \tag{13.11a}$$

$$\varphi=\arctan\left(-\frac{v_0}{x_0\omega}\right) \tag{13.11b}$$

可见由初始条件 $t=0$ 的位移 x_0 和初速度 v_0 就可求得振幅 A 和初相 φ. 注意，其中 φ 不能由(13.11b)式完全确定，有两个可能的 φ 值，φ 值所在象限可由 x_0 及 v_0 的正负号确定.

以上结论虽然是对机械振动中的简谐振动而言，但对任何简谐振动(如电磁振荡等)，把物理量 x 及其一阶导数 $\frac{dx}{dt}$ 的初始值作为起始条件，(13.11a)式和(13.11b)式仍然适用.

[例 13.1] 物体沿 x 轴做简谐振动，振幅为 20 cm，周期为 4 s，$t=0$ 时物体的位移为 10 cm，且向 x 轴正方向运动. 求：

(1) 初相；

(2) $t=0.5$ s 时，物体的坐标、速度和加速度；

(3) 物体在平衡位置，且向 x 轴负方向运动的时刻开始计时的初相，并写出振动表达式.

[解] 坐标选取如图 13.1 所示. 物体做简谐振动，其振动表达式为

$$x=A\cos(\omega t+\varphi)$$

(1) 由题意可知 $A=20\ \text{cm},\ T=4\ \text{s}$

$$\omega=\frac{2\pi}{T}=\frac{2\pi}{4\ \text{s}}=\frac{\pi}{2}\ \text{s}^{-1}$$

当 $t=0$ 时，$x_0=10$ cm，$v_0>0$，由振动表达式得

$$x_0=(20\ \text{cm})\cos\varphi=10\ \text{cm}$$

$$\cos\varphi=\frac{1}{2}$$

所以 $\varphi=\frac{\pi}{3}$ 或 $\frac{5}{3}\pi$，因为 $v_0>0$，只能取 $\frac{5}{3}\pi$. 因此物体的振动表达式为

$$x=20\cos\left(\frac{\pi}{2}t+\frac{5}{3}\pi\right)$$

式中 x 以 cm 为单位，t 以 s 为单位.

(2) $t=0.5$ s 时，物体的坐标、速度和加速度分别为

$$x_{t=0.5\ \text{s}}=20\cos\left(\frac{\pi}{2}\times0.5+\frac{5}{3}\pi\right)\ \text{cm}=19.3\ \text{cm}$$

$$\dot{x}_{t=0.5\ \text{s}}=-20\times\frac{\pi}{2}\sin\left(\frac{\pi}{2}\times0.5+\frac{5}{3}\pi\right)\ \text{cm}\cdot\text{s}^{-1}$$
$$=8.13\ \text{cm}\cdot\text{s}^{-1}$$

$$\ddot{x}_{t=0.5\ \mathrm{s}}=-20\times\left(\frac{\pi}{2}\right)^2\cos\left(\frac{\pi}{2}\times0.5+\frac{5}{3}\pi\right)\ \mathrm{cm\cdot s^{-2}}$$

$$=-47.6\ \mathrm{cm\cdot s^{-2}}$$

负号表示 $t=0.5$ s 时,物体的加速度方向与 x 轴正方向相反.

(3) 当物体在平衡位置,且向 x 轴负方向运动的时刻开始计时,即当 $t=0$ 时,$x_0=0$,$v_0<0$. 由

$$x=A\cos(\omega t+\varphi)$$

有

$$x_0=0=A\cos\varphi$$

所以初相 $\varphi=\frac{\pi}{2}$或$\frac{3}{2}\pi$,根据 $v_0<0$ 这一条件,只能取 $\varphi=\frac{\pi}{2}$,因此物体的振动表达式为

$$x=20\cos\left(\frac{\pi}{2}t+\frac{\pi}{2}\right)$$

式中 x 以 cm 为单位,t 以 s 为单位.

从这一例题看出,不同的时刻,对应不同的振动状态,由不同的相位来描述. 因此,对同一简谐振动,若取不同的时刻为初始计时点,则有不同的初相.

例题 13.1 属简谐振动的运动学问题,这一类问题的求解方法,一般是先写出标准的振动表达式,如(13.4)式,再根据直接或间接给定的起始条件及其他条件(如用图像给出的条件),确定振动表达式中的各待定量.

[例 13.2] 一劲度系数为 k 的轻弹簧,下端固定,上端系一质量为 m 的物体. 平衡时,弹簧将压缩一段距离 δ,δ 称为静止形变,见图 13.5. 如果用手向下压物体,然后无初速地释放,试判断是否做简谐运动? 如果是,周期是多少?

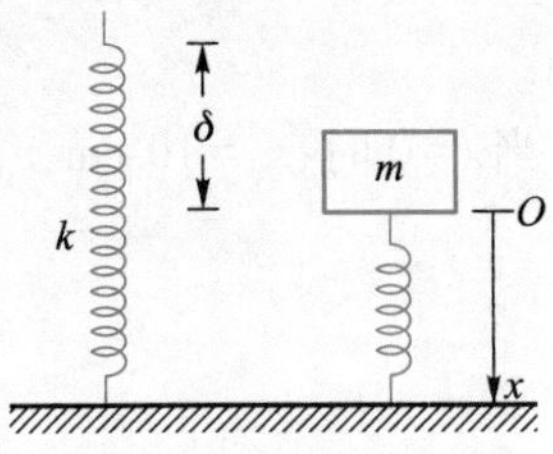

图 13.5

[解] 以物体为研究对象,它受重力 $\boldsymbol{G}$ 和线性回复力 $\boldsymbol{F}$ 两个力的作用.

以平衡位置 O 为坐标原点,竖直向下为 x 轴正方向,如图 13.5 所示. 当物体处于平衡时 $mg-k\delta=0$,所以

$$\delta=\frac{mg}{k}$$

在运动过程中,当物体的坐标为 x 时,物体所受合力为

$$F_x=mg-k(\delta+x)=-kx$$

即在所研究的问题中,作用在物体上的重力和弹力的合力,相当于一个线性回复力,线性回复力仍永远指向平衡位置,不过平衡位置 O 不在弹簧原长处罢了. 任意恒力作用在弹簧振子上时,也可以得到类似结论,这里不再另述.

在所选坐标系中,根据牛顿第二定律写出物体运动微分方程:

$$m\ddot{x}=F_x=-kx$$

$$\ddot{x}=-\frac{k}{m}x$$

令

$$\omega^2=\frac{k}{m}=\frac{g}{\delta} \tag{13.12}$$

代入上式

$$\ddot{x}+\omega^2 x=0$$

这一结果与(13.2)式完全相同,这表明竖直方向运动的弹簧振子仍做简谐振动,只是这时的振动中心在静平衡位置.

当然,以上讨论结果对上端固定,下端与一重物相连的弹簧振子也是适用的,对此读者可自行证明.

利用(13.12)式,竖直方向运动的弹簧振子的固有周期和固有频率还可写成

$$T=2\pi\sqrt{\frac{\delta}{g}},\ \nu=\frac{1}{2\pi}\sqrt{\frac{g}{\delta}}$$

即对竖直方向运动的弹簧振子,只要知道了 δ,就可求得其固有频率. 图 13.5 是车厢或振动台的上下(或沉浮)振动简化模型,另外,桥梁的振动,也可以用此模型处理. 由于 δ 不难用实验方法测出,因此这一关系式在工程上有很大用处.

[例 13.3] 客车与货车车厢引起的支持弹簧的静止形变分别为 $\Delta x_{客}=240$ mm 和 $\Delta x_{货}=30$ mm,试分别计算客车和货车车厢每分钟振动的次数.

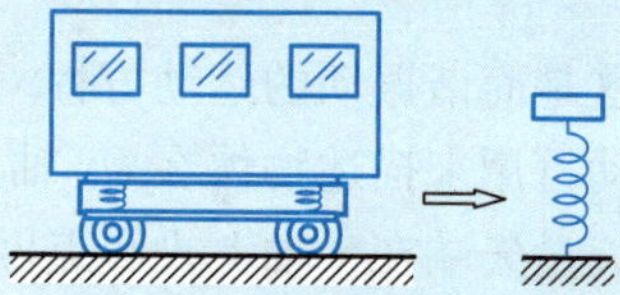

图 13.6

[解] 车厢和弹簧支持系统可简化为弹簧振子,如图 13.6 所示. 则弹簧等效的劲度系数为

$$k_{客}=\frac{m_{客}g}{\Delta x_{客}}$$

$$k_{货}=\frac{m_{货}g}{\Delta x_{货}}$$

这样可根据(13.12)式算出车厢每分钟振动的次数.

$$n_{客}=60\nu_{客}=\frac{30}{\pi}\sqrt{\frac{k_{客}}{m_{客}}}=\frac{30}{\pi}\sqrt{\frac{g}{\Delta x_{客}}}$$

$$=\frac{30}{\pi}\sqrt{\frac{9.8}{240\times10^{-3}}}\ \text{min}^{-1}=61\ \text{min}^{-1}$$

$$n_{货}=60\nu_{货}=\frac{30}{\pi}\sqrt{\frac{k_{货}}{m_{货}}}=\frac{30}{\pi}\sqrt{\frac{g}{\Delta x_{货}}}$$

$$=\frac{30}{\pi}\sqrt{\frac{9.8}{30\times10^{-3}}}\ \text{min}^{-1}=173\ \text{min}^{-1}$$

客车弹簧软,每分钟振动的次数与人的脉搏跳动次数接近,人坐在车厢内较为舒适;货车弹簧硬,每分钟振动的次数较人的脉搏跳动次数高得多,因此,人乘坐在货车车厢内感到不舒适.

四、简谐振动的旋转矢量描述法

为了直观地描述简谐振动表达式中 A、ω、φ 三个物理量的意义,并为以后介绍振动合成提供简便的方法,下面介绍简谐振动的旋转矢量描述法. 如图 13.7 所示,自 Ox 轴的原点作一矢量 $\boldsymbol{A}$,使它的模等于简谐振动的振幅 A,并使矢量 $\boldsymbol{A}$ 在 Oxy 平面内绕 O 沿逆时针方向旋转,其角速度大小在数值上等于简谐振动的角频率 ω,这个矢量就叫**旋转矢量**,亦称**振幅矢量**. 当 $t=0$ 时,使旋转矢量 $\boldsymbol{A}$ 的矢端在位置 M_0,它与 Ox 轴的夹角为 φ,即等于简谐振动的初相,则在时刻 t,旋转矢量 $\boldsymbol{A}$ 沿逆时针转过角度 ωt,其矢端运动到位置 M,与 Ox 轴夹角为 $\omega t+\varphi$,正是简谐振动 t 时刻的相位,显然旋转矢量 $\boldsymbol{A}$ 在 x 轴上的投影 x 为

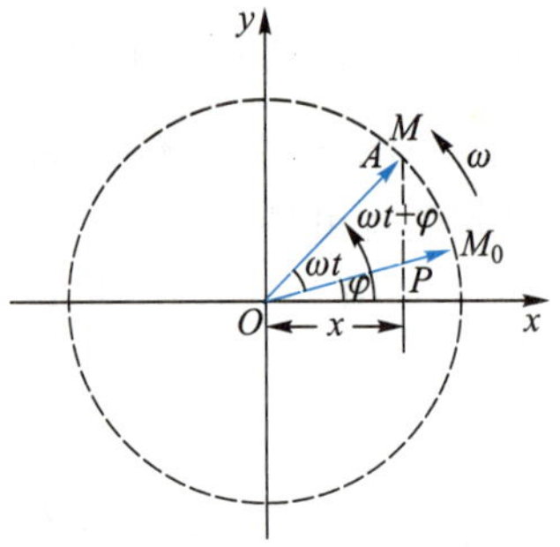

图 13.7

$$x=A\cos(\omega t+\varphi)$$

这是简谐振动的运动方程. 因此,旋转矢量 $\boldsymbol{A}$ 的矢端 M 在 Ox 轴上的投影点 P 的运动可用来描述物体在 Ox 轴上的简谐振动. 旋转矢量 $\boldsymbol{A}$ 以角速度 ω 旋转一周,旋转矢量矢端在 x 轴上投影点做了一次完全的振动.

采用这一描述法,有助于简化在简谐运动研究中的数学处理,对于确定简谐振动的初相,研究简谐振动的合成等都带来了方便.

为了比较相位,我们把简谐振动的速度和加速度分别写成

$$\frac{\mathrm{d}x}{\mathrm{d}t}=-A\omega\sin(\omega t+\varphi)=A\omega\cos\left(\omega t+\varphi+\frac{\pi}{2}\right)$$

$$\frac{\mathrm{d}^2x}{\mathrm{d}t^2}=-A\omega^2\cos(\omega t+\varphi)=A\omega^2\cos(\omega t+\varphi+\pi)$$

不难看出,简谐振动的速度可用一长为 $A\omega$,相位较矢量 $\overrightarrow{OM}$ 超前$\frac{\pi}{2}$,并以匀角速度 ω 旋转的矢量 $\overrightarrow{ON}$ 在 x 轴上的投影来表示;同理,简谐振动的加速度可用一长为 $A\omega^2$,相位较矢量 $\overrightarrow{OM}$ 超前 π,并以匀角速度 ω 旋转的矢量 $\overrightarrow{OP}$ 在 x 轴上的投影来表示,见图 13.8.

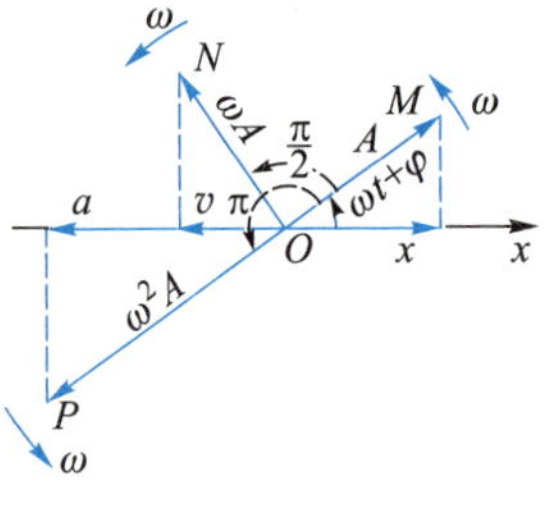

图 13.8

[例 13.4] 一质点沿 x 轴做简谐振动,振幅 $A=0.24$ m,频率 $\nu=0.5$ Hz,当 $t=0$ 时,质点相对平衡位置的位移 $x=+0.12$ m,此时刻质点向 x 轴正方向运动. 求:

（1）此简谐振动表达式；

（2）$t=\dfrac{T}{4}$时，质点的位置、速度、加速度；

（3）从初始时刻开始第一次通过平衡位置的时刻.

［解］（1）取平衡位置为坐标原点，质点沿 x 轴做简谐振动，必有运动方程

$$x=A\cos(\omega t+\varphi)$$

其中 $\omega=2\pi\nu=2\pi\times0.5\ \text{s}^{-1}=\pi\ \text{s}^{-1}$，$A=0.24$ m，初相 φ 由初始条件

$$x_0=A\cos\varphi,\quad \cos\varphi=\frac{x_0}{A}=\frac{0.12}{0.24}=\frac{1}{2}$$

及在 $-\pi$ 到 π 之间取值，得

$$\varphi=\pm\frac{\pi}{3}$$

由于 $t=0$ 时，质点向 x 轴正方向运动，$v_0>0$，因此取 $\varphi=-\dfrac{\pi}{3}$. 于是简谐振动表达式为

$$x=0.24\cos\left(\pi t-\frac{\pi}{3}\right)\ (\text{SI 单位})$$

利用旋转矢量法求解是很直观方便的. 根据初始条件可以画出如图 13.9 所示的旋转矢量的初位置，从而得出 $\varphi=-\dfrac{\pi}{3}$.

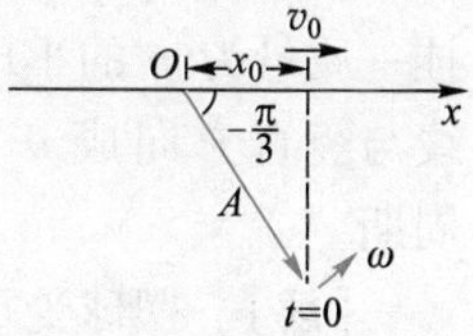

图 13.9

（2）此简谐振动的速度、加速度为

$$\begin{aligned}v&=-A\omega\sin(\omega t+\varphi)\\&=-0.24\pi\sin\left(\pi t-\frac{\pi}{3}\right)\ (\text{SI 单位})\end{aligned}$$

$$\begin{aligned}a&=-A\omega^2\cos(\omega t+\varphi)\\&=-0.24\pi^2\cos\left(\pi t-\frac{\pi}{3}\right)\ (\text{SI 单位})\end{aligned}$$

将 $t=\dfrac{T}{4}=\dfrac{1}{4\nu}=0.5$ s 代入简谐振动（位移）表达式及上面两式，可分别得质点在 $t=0.5$ s 时，

位置为 $$x=0.208\ \text{m}$$

速度为 $$v=-0.376\ \text{m}\cdot\text{s}^{-1}$$

加速度为 $$a=-2.06\ \text{m}\cdot\text{s}^{-2}$$

其中负号表示沿 x 轴负方向.

（3）通过平衡位置时，$x=0$，由简谐振动（位移）表达式可得

$$0=0.24\cos\left(\omega t-\frac{\pi}{3}\right)$$

由此可得

$$\omega t-\frac{\pi}{3}=(2k-1)\frac{\pi}{2}\quad(k=1,2,3,\cdots)$$

$$t=\frac{k\pi-\dfrac{\pi}{6}}{\omega}$$

对于第一次通过平衡位置应取 $k=1$,且 $\omega=\pi\ \mathrm{s}^{-1}$,所以

$$t=\frac{5}{6}\ \mathrm{s}\approx 0.83\ \mathrm{s}$$

由旋转矢量图(图 13.10)可知从起始时刻到第一次质点通过原点,旋转矢量所转过的角度 $|\varphi|=\frac{\pi}{3}+\frac{\pi}{2}=\frac{5\pi}{6}$,由于转动的角速度是 ω,所以也可得到

$$t=\frac{\dfrac{5}{6}\pi}{\omega}=\frac{\dfrac{5}{6}\pi}{\pi}\ \mathrm{s}=\frac{5}{6}\ \mathrm{s}\approx 0.83\ \mathrm{s}$$

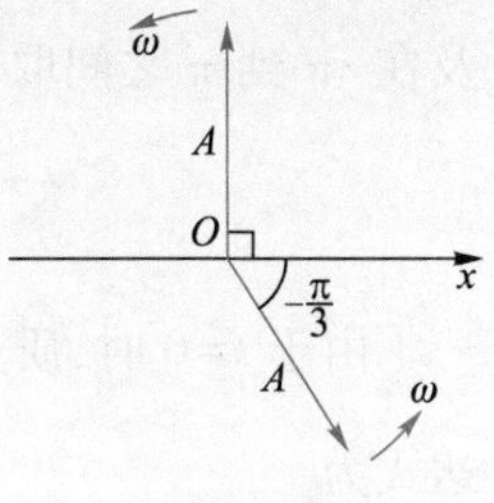

图 13.10

[例 13.5] 单摆是由长为 l 的不可伸长的轻绳(摆线),一端固定,另一端悬挂一质量为 m 的小球(摆球)所组成的系统,见图 13.11 所示. 当摆线与竖直方向成 θ 角($\theta<5°$)时,忽略空气阻力,求单摆振动的周期.

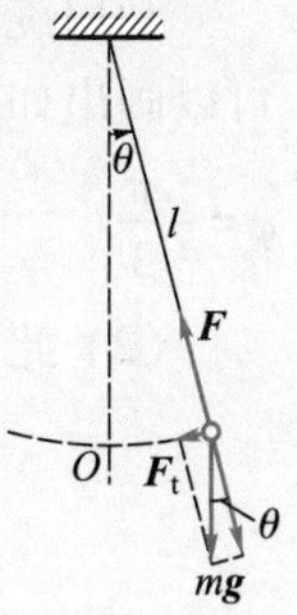

图 13.11

[解] 摆球受重力 $m\boldsymbol{g}$ 和张力 $\boldsymbol{F}$ 的作用,所受合力沿圆弧切线方向,大小等于重力在这一方向的分力为 $mg\sin\theta$,取逆时针方向为角位置 θ 的正方向,则此力应写成

$$F_t=-mg\sin\theta$$

在角位移 θ 很小时(一般 $\theta<5°$),认为 $\sin\theta\approx\theta$,所以

$$F_t=-mg\theta \tag{13.13}$$

由牛顿第二定律可得

$$ml\frac{\mathrm{d}^2\theta}{\mathrm{d}t^2}=-mg\theta$$

或

$$\frac{\mathrm{d}^2\theta}{\mathrm{d}t^2}+\frac{g}{l}\theta=0 \tag{13.14}$$

这一方程和(13.2)式具有相同的形式. 所以,在角位移 θ 很小的情况下,单摆的振动是简谐振动. 单摆振动的角频率和周期分别为

$$\omega=\sqrt{\frac{g}{l}}$$

$$T=\frac{2\pi}{\omega}=2\pi\sqrt{\frac{l}{g}} \tag{13.15}$$

由(13.13)式可见单摆小球所受的切向力与角位移成正比且反向,和弹性力类似.这种形式上类似弹性力的力称为准弹性力.

复习思考题

13.1 什么是简谐振动？分别从运动学和动力学两方面说明质点做简谐振动的特点.

13.2 试举几个近似的简谐振动例子,为什么严格的简谐振动很少？

13.3 在什么情况下简谐振动的速度和加速度同号？什么情况下异号？加速度为正值时,振动的质点一定做加速运动吗？反之,当加速度为负值时,振动质点一定做减速运动吗？

13.4 什么是相位？什么是初相？初相怎样确定？

13.5 用旋转矢量法确定简谐振动物体的初相. 当 $t=0$ 时,简谐振动物体

(1) 过平衡位置沿 x 轴正向运动；

(2) $x_0=0$,且 $v_0<0$；

(3) $x_0=-\frac{\sqrt{3}}{2}A, v_0<0$；

(4) $x_0=\frac{\sqrt{2}}{2}A, v_0>0$.

13.6 用手拉摆球,使单摆从平衡位置偏离一小角 θ,然后无初速释放使其摆动,问 θ 角是否就是初相角？

§ 13.2 简谐振动的能量

仍以图 13.1 所示的水平弹簧振子为例. 当物体的位移为 x,而速度为 v 时,由(13.4)式、(13.6)式,可知系统的弹性势能和动能分别为

$$E_p=\frac{1}{2}kx^2=\frac{1}{2}kA^2\cos^2(\omega t+\varphi) \tag{13.16}$$

$$E_k=\frac{1}{2}mv^2=\frac{1}{2}m\omega^2A^2\sin^2(\omega t+\varphi) \tag{13.17}$$

由上两式可知,系统的势能和动能都随时间 t 做周期性的变化,当物体的位移为零时,势能为零,但此时动能最大；当物体位移最大时,势能达到最大,而动能却为零.

因为 $\omega^2=\frac{k}{m}$,

$$E_k=\frac{1}{2}kA^2\sin^2(\omega t+\varphi) \tag{13.18}$$

因此，弹簧振子系统的总机械能为

$$E=E_p+E_k=\frac{1}{2}kA^2 \tag{13.19}$$

可见**弹簧振子做简谐振动的总机械能为一常量**. 这与在简谐振动过程中，只有保守内力做功，所以系统机械能守恒的结论是一致的，但系统内动能 E_k 和势能 E_p 不断地相互转化，如图 13.12 所示（设初相 $\varphi=0$）.

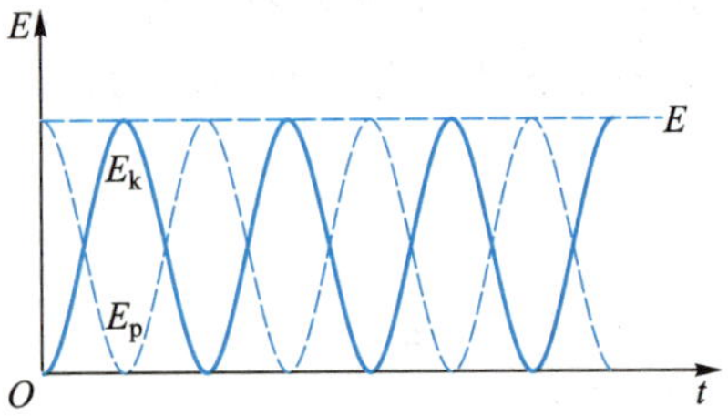

图 13.12

(13.19)式给出了弹簧振子的总机械能和振幅的平方成正比. 这一点对其他的简谐振动系统也是适用的，可见振幅不仅给出了简谐振动的运动范围，而且反映了振动系统的能量的大小，即反映了振动的强度.

利用(13.16)式和(13.17)式可以求出弹簧振子势能和动能对时间的平均值，根据对时间的平均值的定义可得

$$\begin{aligned}\overline{E}_p&=\frac{1}{T}\int_0^T\frac{1}{2}kx^2\mathrm{d}t\\&=\frac{1}{T}\int_0^T\frac{1}{2}kA^2\cos^2(\omega t+\varphi)\mathrm{d}t\\&=\frac{1}{4}kA^2\end{aligned}$$

$$\begin{aligned}\overline{E}_k&=\frac{1}{T}\int_0^T\frac{1}{2}m\left(\frac{\mathrm{d}x}{\mathrm{d}t}\right)^2\mathrm{d}t\\&=\frac{1}{T}\int_0^T\frac{1}{2}mA^2\omega^2\sin^2(\omega t+\varphi)\mathrm{d}t\\&=\frac{1}{4}kA^2\end{aligned}$$

即**简谐振动在一个周期内的平均势能和平均动能相等**. 这是简谐振动的一个重要性质. 这一结论在讨论能量按自由度均分原理时可用到.

在工程实际中，常用能量的方法（即先写出振动系统的总机械能的表达式再由此）求出振动系统的固有频率，对此将通过例题做简单介绍.

[例 13.6]　设质量可以忽略不计，长为 l 的杆 OA，一端通过光滑的水平轴 O 可在竖直平面内摆动，另一端连接一质量为 m 的小球，当摆处于竖直位置时，与摆连接的一根水平放置的轻弹簧处于没有形变的状态，且弹簧的水平位置与水平转轴 O 的距离为 a，如图 13.13 所示. 试求摆在小摆角（摆角 $\theta<5°$）摆动时的固有频率.

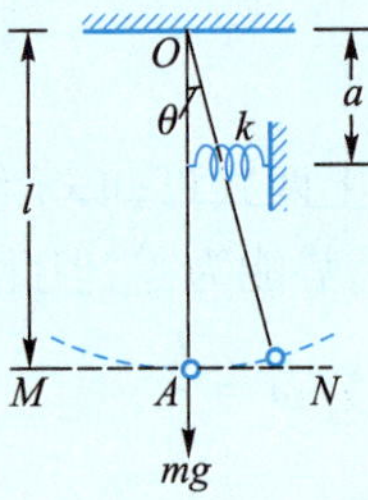

图 13.13

[解]　取小球、弹簧和地球系统为研究对象. 因为系统

$$A_{外}=0, A_{非保内}=0$$

所以系统机械能为一常量 E.

取水平面 MN 为重力零势能面,弹簧原长处为弹性势能的零势能点,则当摆角为 θ 时,系统的机械能为

$$\frac{1}{2}m\left(l\frac{\mathrm{d}\theta}{\mathrm{d}t}\right)^2+mgl(1-\cos\theta)+\frac{1}{2}k(a\theta)^2=E$$

因为 $\theta<5°$,

$$1-\cos\theta=2\sin^2\frac{\theta}{2}\approx\frac{1}{2}\theta^2$$

所以

$$\frac{1}{2}m\left(l\frac{\mathrm{d}\theta}{\mathrm{d}t}\right)^2+\frac{1}{2}(mgl+ka^2)\theta^2=E$$

由上式两边对时间求导得

$$ml^2\frac{\mathrm{d}\theta}{\mathrm{d}t}\frac{\mathrm{d}^2\theta}{\mathrm{d}t^2}+(mgl+ka^2)\theta\frac{\mathrm{d}\theta}{\mathrm{d}t}=0$$

即

$$\frac{\mathrm{d}^2\theta}{\mathrm{d}t^2}+\frac{mgl+ka^2}{ml^2}\theta=0$$

此式与(13.2)式具有相同的数学形式,因此小球做简谐振动,其运动规律为

$$\theta=\theta_{\max}\cos(\omega t+\varphi)$$

其中

$$\omega=\sqrt{\frac{mgl+ka^2}{ml^2}}$$

$$\nu=\frac{\omega}{2\pi}=\frac{1}{2\pi}\sqrt{\frac{mgl+ka^2}{ml^2}}$$

复习思考题

13.7 当一个弹簧振子的振幅增大到原来的两倍时,下列物理量将受到什么影响?

(1) 弹簧的劲度系数,(2) 振动的周期,(3) 最大速度,(4) 最大加速度,(5) 振动的能量.

13.8 有一系统做简谐振动,周期为 T,初相为 $-\frac{\pi}{2}$,问在哪些时刻物体的动能与势能相等?

§ 13.3 阻尼振动和受迫振动 共振

一、阻尼振动

振动的物体在实际运动的过程中,总是或多或少地受到阻碍其运动的力的作

用. 例如介质的阻力或摩擦力. 系统在振动时克服阻力做功，使机械能转化为热能而耗散；振动还会引起周围介质的振动，使能量逐渐变为波的能量向四周辐射. 结果使振动系统的能量减少，从而振幅也在减小，若无其他能量补充，振动最后趋于停止. 这种**振幅逐渐衰减的振动**称为**阻尼振动**或**减幅振动**.

一般情况下，在摩擦阻力中以黏性阻力为主，因辐射引起的阻力作用也常常与黏性阻力相似. 因此，这里只讨论黏性阻力的作用. 当振动物体在速度不太大的情况下，黏性阻力 F 的大小可近似地认为与速度的一次方成正比，其方向与速度方向相反，即

$$F=-\gamma v=-\gamma\frac{\mathrm{d}x}{\mathrm{d}t}$$

式中 γ 为阻力系数，其大小由物体的形状、大小、表面状况及介质的性质决定.

质量为 m 的振动物体，在弹性力（或准弹性力）和上述阻力作用下的运动微分方程为

$$m\frac{\mathrm{d}^2x}{\mathrm{d}t^2}=-kx-\gamma\frac{\mathrm{d}x}{\mathrm{d}t}$$

令 $\omega_0^2=\dfrac{k}{m}$，$2\beta=\dfrac{\gamma}{m}$，这里 ω_0 为振动系统固有角频率，β 称为阻尼系数，代入上式，有

$$\frac{\mathrm{d}^2x}{\mathrm{d}t^2}+2\beta\frac{\mathrm{d}x}{\mathrm{d}t}+\omega_0^2x=0 \tag{13.20}$$

这是一个二阶线性常系数齐次微分方程. 下面将从物理方面简单介绍它的几种解的意义. 读者不难用微分方法验证它们满足方程（13.20）式.

1. 小阻尼情况（$\beta^2<\omega_0^2$）

这时方程（13.20）式的通解为

$$x=A\mathrm{e}^{-\beta t}\cos(\omega t+\varphi) \tag{13.21}$$

式中 A 和 φ 是由振动系统初始状态决定的积分常量，ω 为振动的角频率，它与系统的固有角频率的关系是 $\omega=\sqrt{\omega_0^2-\beta^2}$.

（13.21）式中 $A\mathrm{e}^{-\beta t}$ 可以看作随时间变化的振幅，它随时间按指数规律衰减. 如图 13.14 所示.

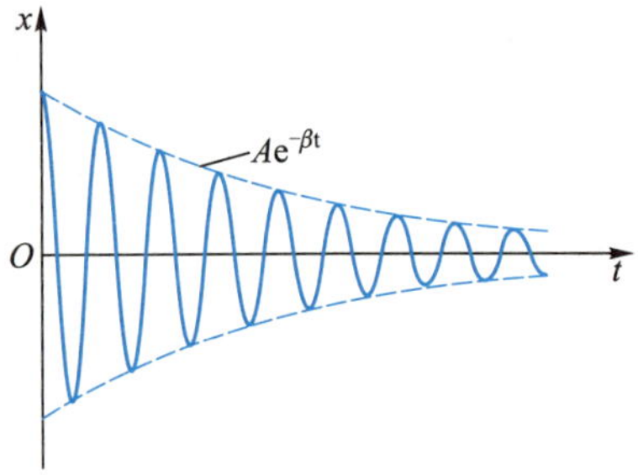

图 13.14

阻尼越大，振幅衰减得越快. 可见，阻尼振动不是简谐运动，但在阻尼不大时，可近似地视为一种振幅逐渐减小的简谐振动. 它的衰减振动周期 T' 为

$$T'=\frac{2\pi}{\omega}=\frac{2\pi}{\sqrt{\omega_0^2-\beta^2}}>T=\frac{2\pi}{\omega_0} \tag{13.22}$$

即衰减振动周期 T' 较无阻力自由振动周期 T 长，它不仅由弹簧振子本身性质决定，还与阻尼大小有关. 这种阻尼较小的情况称为欠阻尼.

2. 大阻尼情况($\beta^2>\omega_0^2$)

这时方程(13.20)式的通解为

$$x=Ce^{(-\beta+\sqrt{\beta^2-\omega_0^2})t}+De^{(-\beta-\sqrt{\beta^2-\omega_0^2})t} \tag{13.23}$$

式中 C、D 为由初始状态决定的积分常数,此时振子从初始状态缓慢地回到平衡位置,不做周期运动,如图 13.15 所示.

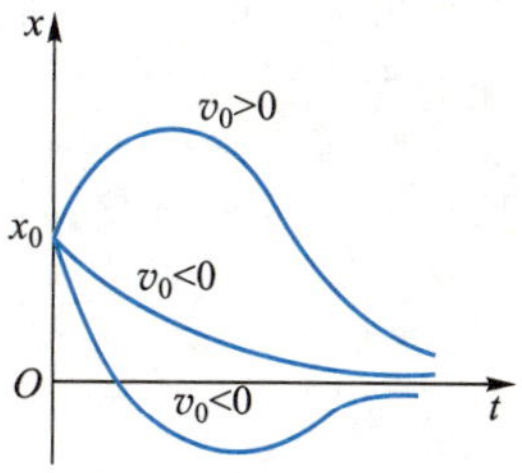

图 13.15

将弹簧振子放在黏度较大的油类介质中,就可以观察到弹簧振子在大阻尼状态下的运动. 银行、宾馆等大型建筑物的弹簧门上常装有一个消振油缸,其作用就是避免门来回振动,使其工作于大阻尼状态. 此状态也称为**过阻尼**.

3. 临界阻尼情况($\beta^2=\omega_0^2$)

这是从欠阻尼振动到过阻尼非周期运动的过渡情况,这时方程(13.20)式的通解为

$$x=(A+Bt)e^{-\beta t} \tag{13.24}$$

式中 A 和 B 为由初始状态决定的积分常量. 此时阻尼大小恰好使振子开始做非周期运动,与欠阻尼和过阻尼情况相比,在临界阻尼的情况下,系统从开始振动后回到平衡位置静止所经过的时间最短. 此情况称为**临界阻尼**. 在某些精密仪器(如陀螺经纬仪、灵敏电流计、精密天平)上,广泛采用的临界阻尼系统,都工作在临界阻尼状态,以使仪器指针尽快停到应指示的位置.

二、受迫振动 共振

在实际问题中,阻尼是不可避免的. 如果没有外界补充能量,振动系统将因阻尼耗散能量而最终停止振动. 为了维持系统做持续振动,则必须对系统施加周期性强迫力,以不断补充能量. 系统在周期性外力的作用下所做的振动称为**受迫振动**.

设作用在弹簧振子上的力,除线性回复力、黏性阻力外,还有周期性外力 $H_0\cos\omega_p t$(其中 H_0 是驱动力的幅值,ω_p 是驱动力的角频率),则弹簧振子做受迫振动的微分方程为

$$m\frac{d^2x}{dt^2}=-kx-\gamma\frac{dx}{dt}+H_0\cos\omega_p t$$

令 $\omega_0^2=\dfrac{k}{m}$,$2\beta=\dfrac{\gamma}{m}$,$h=\dfrac{H_0}{m}$,代入上式,整理后得

$$\frac{d^2x}{dt^2}+2\beta\frac{dx}{dt}+\omega_0^2x=h\cos\omega_p t \tag{13.25}$$

这是一个二阶线性常系数非齐次微分方程,它的解可以写成方程(13.20)式的解和(13.25)式的一个特解之和,当 $\beta^2<\omega_0^2$ 时,其解为

$$x=A_0e^{-\beta t}\cos(\omega t+\delta)+A\cos(\omega_p t+\varphi) \tag{13.26}$$

(13.26)式右边第一项代表弹簧振子的阻尼振动,第二项代表频率等于驱动力频率 ω_p 的余弦式周期运动,它说明,开始振动时运动情况很复杂,但不论是过阻尼还是

欠阻尼，通解的第一项都将迅速趋近于零，即阻尼振动部分将衰减到可以忽略不计，振动便达到稳定状态[即剩下(13.26)式右边第二项]，此时的受迫振动方程为

$$x=A\cos(\omega_p t+\varphi)$$

可见，在稳定状态下，受迫振动为周期性外加力的余弦振动，振幅 A 和初相 φ 分别为

$$A=\frac{h}{\sqrt{(\omega_0^2-\omega_p^2)^2+4\beta^2\omega_p^2}} \tag{13.27}$$

$$\varphi=\arctan\frac{-2\beta p}{\omega_0^2-\omega_p^2} \tag{13.28}$$

在受迫振动时，达到稳定状态时的振幅 A 的大小与周期性外力的角频率 ω_p、阻尼系数 β 及振动系统的固有角频率 ω_0 有关. 图 13.16 是根据(13.27)式作出的 $A-\omega_p$ 曲线，图中不同的 β 值对应不同的曲线. 如果驱动力的角频率已定，系统的 β 值较大者对应的 A 值较小. 如果系统的阻尼一定，则当驱动力的角频率与系统的固有角频率相差很大(即 $\omega_p \gg \omega_0$，或 $\omega_p \ll \omega_0$)时，受迫振动的振幅较小；当驱动力的角频率 ω_p 接近系统的固有频率 ω_0 时，受迫振动的振幅变大. 为了求出受迫振动振幅的极大值，可以令(13.30)式对 ω_p 的导数等于零，即

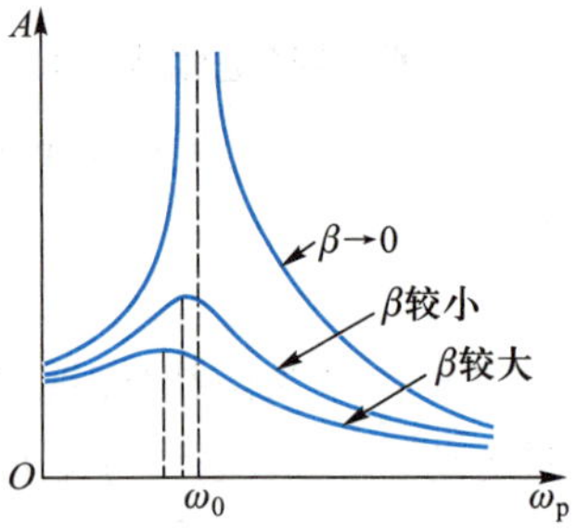

图 13.16

$$\frac{dA}{d\omega_p}=\frac{2\omega_p h(\omega_0^2-2\beta^2-\omega_p^2)}{[(\omega_0^2-\omega_p^2)^2+4\beta^2\omega_p^2]^{3/2}}=0$$

由此解得当 $\omega_p=\sqrt{\omega_0^2-2\beta^2}$ 时，受迫振动的振幅有极大值，**受迫振动的振幅出现极大值的现象**称为**共振**，$\omega_r=\sqrt{\omega_0^2-2\beta^2}$ 称为共振角频率. 将此式代入(13.27)式，得共振时的振幅

$$A_r=\frac{h}{2\beta\sqrt{\omega_0^2-\beta^2}}$$

由此可见，阻尼系数 β 越小，共振时的振幅越大，共振越剧烈. 从理论上讲，如果阻尼系数为零(或 $\beta^2 \ll \omega_0^2$)，则共振频率 $\omega_r=\omega_0$，即如果周期性外力的角频率与系统固有角频率相同，则共振的振幅趋于无限大. 但实际上，β 不可能为零，共振振幅也不会是无限大.

共振有利有弊，在工程技术问题中，我们要充分利用其利防其弊.

人类观察到共振现象的最早文字记载，可上溯到公元前 3 世纪.《庄子 · 徐无鬼》中有这样一段话："为之调瑟(一种弦乐器)，废(放置)于一堂，废于一室. 鼓宫(音调名)宫动，鼓角(音调名)角动，音律同矣."这是说，如果两个瑟音调(音律)相同的话，则拨响了这只瑟的"宫(或角)"弦，另一只瑟的"宫(或角)"弦就会受前者的影响而振动起来.

据说，拿破仑率领法国军队入侵西班牙时，部队经过一座铁链悬桥，随着军官

响亮的口令,队伍迈着整齐的步伐趋向对岸. 正在这时,轰隆一声巨响,大桥坍塌,士兵、军官纷纷坠水. 几十年后,圣彼得堡丰坦卡河上,一支部队过桥时也发生了同样的惨剧. 从此世界各国军队过桥都不准齐步走,而改用凌乱无序的碎步通过. 一般认为,这是由于军队步伐的周期与桥的固有周期相近,发生共振所致. 1940 年美国华盛顿的塔科马桥,刚启用四个月,就在一场不算太强的大风中坍塌了. 持续的风虽不是周期性的,但有时也能产生周期性的效果,例如节日的彩旗迎风飘扬就是一个证明. 图 13.17 是一张在风洞里拍摄的激光干涉照片,它显示了气体经过圆柱体时产生的左右相间的旋涡. 在流体力学中,这现象叫卡尔曼涡街,它是流速(更确切地说,应是雷诺数)超过一定限度时产生的一个对称破缺现象. 正是这种不对称的卡尔曼旋涡摇撼着钢索,在共振条件下摧毁了大桥.

图 13.17

在我们的生活里,特别是现代化的生活里,充满了各种自然的和人为的、必要的、不必要的以及有害的振动. 汽车在颠簸的道路上行驶,会引起车厢的振动;机器的运转,会引起基座乃至整个厂房结构的振动;更不用说狂风和地震造成大规模破坏性振动了. 减振和防振是工程技术和科学研究里的一项重要任务. 除了使用阻尼器吸收振动的消极办法外,积极的措施是利用共振的原理来设计各种机械滤波装置,把最有害波段的振动滤掉. 我们把弹簧-质量系统作为典型的机械振动模型,图 13.18(a)是一辆汽车的减振装置模型,这里有三级滤波:最下面一级是轮轴和轮胎组成的弹簧-质量系统,车身和底座弹簧构成第二级,乘客和座椅弹簧构成第三级. 当质量较大而弹簧的劲度系数相对来说较小时,各级振动系统的固有频率足够低,就可以形成一个低通滤波器,把大部分有害的高频振动滤掉. 图 13.18(b)是运载精致物件所用两层减振包装的模型,这也是一个低通机械滤波装置. 一些现代的精密仪器,如扫描隧穿显微镜,需要高度防振,也可采用类似图 13.18(c)所示的多级低通滤波系统.

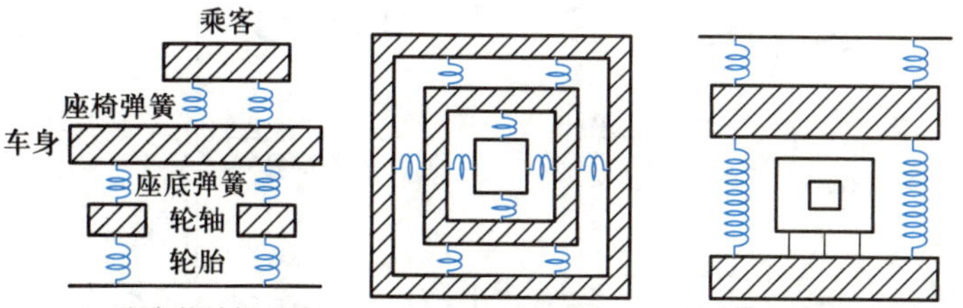

(a) 汽车的减振系统 (b) 减振包装模型 (c) 多级低通滤波系统

图 13.18

复习思考题

13.9 什么是阻尼振动？出现欠阻尼、过阻尼、临界阻尼的条件是什么？

13.10 什么是受迫振动？受迫振动的频率和振幅与哪些因素有关？

13.11 什么是共振？产生共振的条件是什么？

*§ 13.4 电磁振荡

由一个电容器 C 和一个自感线圈 L 串联而成的电路，称为 LC 电路. LC 电路中，电荷和电流、电场和磁场随时间做周期性变化的现象称为**电磁振荡**，电磁振荡与机械振动有类似的变化规律. 产生电磁振荡的电路称为**振荡电路**.

一、振荡电路 无阻尼自由电磁振荡

LC 振荡电路如图 13.19 所示，先使电源给电容器充电，然后用转换开关 S 接通 LC 回路，在振荡电路接通的瞬间（设为计时起点 $t=0$），电容器两极板的电荷最多，板间的电场亦为最强，电场的能量全都储存在电容器中，如图 13.20(a) 所示.

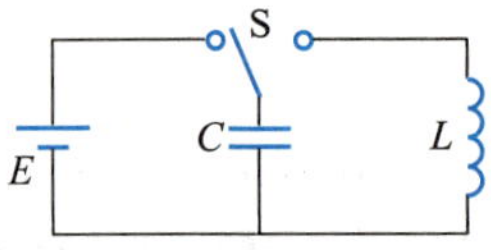

图 13.19

当电容器放电时，由于自感存在，电路中的电流将逐渐增大到最大值，电容器的两极板上的电荷也相应地逐渐减小到零. 在此过程中，电流在自感线圈中激发磁场，电容器放电过程也是电能逐渐转变为磁能过程，到放电结束的瞬间，如图 13.20(b) 所示，电容器两极板间的电场能量全部转化成自感线圈中磁场的能量.

电容器放电完毕时，电路中电流达到最大值. 这时，就开始对电容器反向充电. 由于线圈的自感作用，随着电流的逐渐减弱到零，电容器两极板上的电荷又相应地

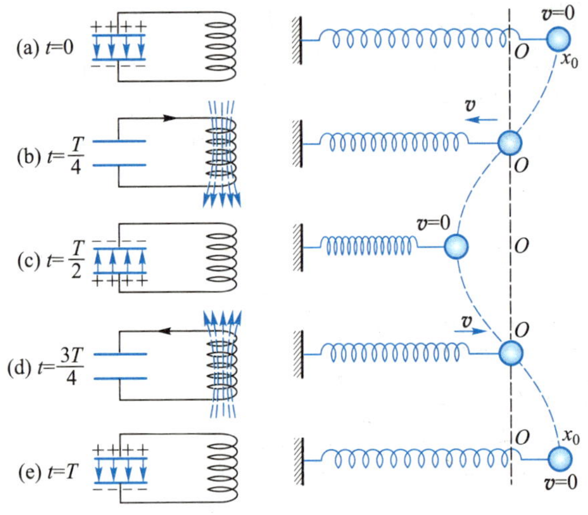

图 13.20

逐渐增加到最大值. 同时,磁场能量又全部转化成电场能量,如图 13.20(c)所示.

随后又通过电容器放电,电路中的电流逐渐增大,不过这时电流的方向与图 13.20(b)中的相反,电场能量再转化成磁场能量,如图 13.20(d)所示.

然后,电容器又被充电,回复到原状态,如图 13.20(e)所示,完成了一个完全的振荡过程.

由上述可知,在 LC 电路中,电容器不断进行放、充电过程,电荷和电流都随时间做周期性变化,相应的电场能量和磁场能量也都随时间做周期性变化,而且不断地相互转化着. 如果电路中没有任何能量损耗(如电阻的焦耳热,电磁辐射等),那么这种变化将在电路中一直持续下去,这种电磁振荡称为**无阻尼自由振荡**. 图13.20 中的右边对应地画出了弹簧振子的振动过程,从上面分析,并结合图 13.20 可知,电磁振荡中的电荷及电流对应机械振动中的位移和速度;自感对应于惯性;磁场能量对应于动能;电场能量对应于势能.

下面我们将对 LC 振荡电路中电荷和电流随时间变化的规律做定量分析.

设在某一时刻,电容器放电,极板上电荷逐渐减少,故电路中电流 $i=-\frac{\mathrm{d}q}{\mathrm{d}t}$,取图 13.20 中 LC 振荡电路中的顺时针方向为电流的正方向,电容器两极板之间的电势差应和线圈两端的电势差相等,即

$$L\frac{\mathrm{d}i}{\mathrm{d}t}=\frac{q}{C}$$

把 $i=-\frac{\mathrm{d}q}{\mathrm{d}t}$代入上式,得

$$\frac{\mathrm{d}^2q}{\mathrm{d}t^2}+\frac{1}{LC}q=0 \tag{13.29}$$

令 $\omega^2=\frac{1}{LC}$,得

$$\frac{\mathrm{d}^2q}{\mathrm{d}t^2}+\omega^2q=0 \tag{13.30}$$

这是一个与(13.2)式形式相同的微分方程. 因此可知,电容器上的电荷量也按简谐振动的规律变化,即随时间按余弦规律变化

$$q=q_0\cos(\omega t+\varphi) \tag{13.31}$$

其周期为

$$T=\frac{2\pi}{\omega}=2\pi\sqrt{LC} \tag{13.32}$$

电流的表达式

$$i=-\frac{\mathrm{d}q}{\mathrm{d}t}=\omega q_0\sin(\omega t+\varphi)=I_0\sin(\omega t+\varphi) \tag{13.33}$$

即电流随时间按正弦规律变化. 这种电流就叫**振荡电流**. 其中 $I_0=\omega q_0$ 为线圈中电流 i 的最大值(即电流振幅).

现在我们讨论振荡电路中的电磁能. 当电容器的电容为 C,带电荷量为 q 时,电容器储能——电场能量为

$$W_e=\frac{1}{2}\frac{q^2}{C}=\frac{q_0^2}{2C}\cos^2(\omega t+\varphi) \qquad (13.34)$$

与此同时,自感系数为 L 的线圈中通过电流为 i,在线圈中激发的磁场储存的磁场能量为

$$W_m=\frac{1}{2}Li^2=\frac{1}{2}L\omega^2q_0^2\sin^2(\omega t+\varphi)$$

因为 $\omega=\frac{1}{\sqrt{LC}}$,于是

$$W_m=\frac{q_0^2}{2C}\sin^2(\omega t+\varphi)$$

而电路中每一瞬间的总能量为

$$W=W_e+W_m=\frac{q_0^2}{2C}=\frac{1}{2}LI_0^2 \qquad (13.35)$$

上式表明,在无阻尼自由振荡过程中,电场和磁场相互转化,相应地,电场能量与磁场能量相互转化,但电磁总能量为常量.

二、阻尼电磁振荡

在 LC 电路中假设电阻为零且无电磁辐射,才能实现无阻尼自由振荡. 事实上,任何电路都有电阻,因此,实际振荡电路为 LCR 电路(若不考虑电磁辐射),如图 13.21 所示,和机械阻尼振动进行类比得

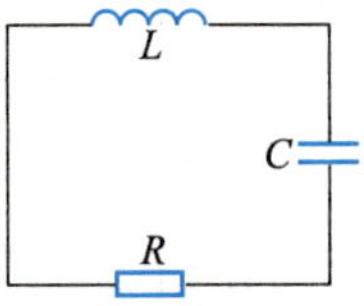

图 13.21

$$L\frac{d^2q}{dt^2}+R\frac{dq}{dt}+\frac{q}{C}=0 \qquad (13.36)$$

当阻尼不大的情况下,即 $R<2\sqrt{\frac{L}{C}}$ 时,其解为

$$q=q_0e^{-Rt/2L}\cos(\omega' t+\varphi') \qquad (13.37)$$

$$\omega'=\sqrt{\frac{1}{LC}-\left(\frac{R}{2L}\right)^2} \qquad (13.38)$$

在 LCR 电路中,能量不仅以电场能和磁场能的形式相互转化,还因电阻 R 要转化为焦耳热,此外还有部分能量将以电磁波的形式辐射出去. 如果电路中不用电源来补充能量,那么,在振荡过程中,电荷和电流的振幅将随时间而逐渐减小,即做减幅振荡,直至振荡最后停止.

三、受迫振荡 电共振

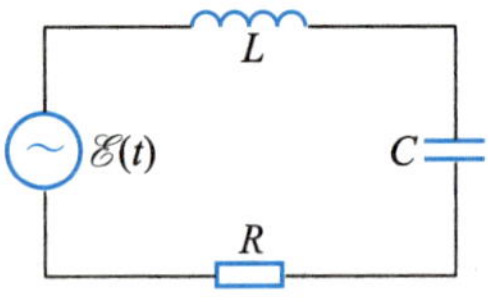

图 13.22

如果在 LCR 电路中加入一个电动势随时间做周期性变化的电源,如图 13.22 所示,由于电源可以不断供给能量,即

可使振荡电路中电流振幅保持不变,这种在外加周期性电动势持续作用下产生的振荡,称为**受迫振荡**. 设电源的电动势 $\mathscr{E}(t)=\mathscr{E}_0\cos\omega t$,则受迫振荡的微分方程可写成

$$L\frac{\mathrm{d}^2q}{\mathrm{d}t^2}+R\frac{\mathrm{d}q}{\mathrm{d}t}+\frac{q}{C}=\mathscr{E}_0\cos\omega t \tag{13.39}$$

在稳定状态下其解为

$$q=q_0\cos(\omega t+\varphi) \tag{13.40}$$

我们感兴趣的是电流的振荡

$$\begin{aligned} i&=\frac{\mathrm{d}q}{\mathrm{d}t}=-\omega q_0\sin(\omega t+\varphi)\\ &=\omega q_0\cos\left(\omega t+\varphi+\frac{\pi}{2}\right)=I_0\cos(\omega t+\varphi') \end{aligned}$$

式中

$$I_0=\frac{\mathscr{E}_0}{\sqrt{R^2+\left(\omega L-\dfrac{1}{\omega C}\right)^2}} \tag{13.41}$$

$$\tan\varphi'=\frac{\dfrac{1}{\omega C}-\omega L}{R} \tag{13.42}$$

可以看出,振荡电流 i 的角频率等于电源电动势的角频率,但两者相位不同. 常把 ωL 称为**感抗**,$\dfrac{1}{\omega C}$称为**容抗**,$\left(\omega L-\dfrac{1}{\omega C}\right)$ 称为**电抗**,$\sqrt{R^2+\left(\omega L-\dfrac{1}{\omega C}\right)^2}=Z$ 称为**阻抗**,它们都和电阻有着相同的单位.

由(13.41)式不难看出,当电路满足条件 $\omega L=\dfrac{1}{\omega C}$时,电流将有最大振幅,即当 $\omega=\sqrt{\dfrac{1}{LC}}$时,外加电动势的频率和无阻尼自由振荡的频率相等,电流的振幅为最大,其值为$\dfrac{\mathscr{E}_0}{R}$,这时,电流与外加电动势之间的相位差 $\varphi'=0$. 这种在周期性电动势作用下,电流振幅达到最大值的现象为**电共振**.

四、力电类比

从上面讨论可以知道,电磁振荡和机械振动的规律非常相似,所以用力电类比(亦称机电类比)就可以把电磁振荡和机械振动对应起来. 只要知道一种振动的解,就可以用类比方法得到另一种振动的解. 由于电学的迅速发展,在工程上常常把复杂的机械振动问题用力电类比方法化成交变电路问题,然后通过计算或实验测定,找出它们的解. 机械振动和电磁振荡对应的物理量列于表 13.1 中.

表 13.1　机械振动和电磁振荡的类比

机械振动		电磁振荡(串联电路)	
位移	x	电荷	q
速度	v	电流	i
质量	m	电感	L
劲度系数	k	电容的倒数	$\frac{1}{C}$
阻力系数	γ	电阻	R
驱动力	F	电动势	$\mathscr{E}$
弹性势能	$\frac{1}{2}kx^2$	电场能量	$\frac{1}{2}\frac{q^2}{C}$
动能	$\frac{1}{2}mv^2$	磁场能量	$\frac{1}{2}Li^2$

§ 13.5　简谐振动合成

一个质点同时参与两个或多个振动(或者某个物理量同时参与两个或多个振动)的现象是经常遇到的问题. 例如,民乐合奏各种乐器的声音同时引起耳膜的振动,天线接收到多种电磁波而产生的电振动,多束光在空间相遇引起的该点电场强度和磁场强度的变化(振动)都是振动的合成问题. 一般的振动合成比较复杂,下面讨论具有重要意义的几种特殊情况的简谐振动合成(叠加).

一、同方向、同频率的简谐振动的合成

设一质点同时在一条直线(例如在 x 轴)上参与了两个同频率的简谐振动,两个简谐振动表达式分别为

$$x_1=A_1\cos(\omega t+\varphi_1)$$
$$x_2=A_2\cos(\omega t+\varphi_2)$$

由运动的合成可知,质点离开平衡位置的合位移为

$$\begin{aligned}x&=x_1+x_2\\&=A_1\cos(\omega t+\varphi_1)+A_2\cos(\omega t+\varphi_2)\\&=(A_1\cos\varphi_1+A_2\cos\varphi_2)\cos\omega t-(A_1\sin\varphi_1+A_2\sin\varphi_2)\sin\omega t\end{aligned}$$

令常量

$$A_1\cos\varphi_1+A_2\cos\varphi_2=A\cos\varphi$$

$$A_1\sin\varphi_1+A_2\sin\varphi_2=A\sin\varphi$$

代入上式得

$$x=A\cos\varphi\cos\omega t-A\sin\varphi\sin\omega t$$
$$=A\cos(\omega t+\varphi) \tag{13.43}$$

可见同一直线上两个同频率的简谐振动的合成仍为同频率的简谐振动，合振动的振幅 A 和初相 φ 分别为

$$A=\sqrt{A_1^2+A_2^2+2A_1A_2\cos(\varphi_2-\varphi_1)} \tag{13.44}$$

$$\varphi=\arctan\left(\frac{A_1\sin\varphi_1+A_2\sin\varphi_2}{A_1\cos\varphi_1+A_2\cos\varphi_2}\right) \tag{13.45}$$

合位移也可用旋转矢量法求出. 将两个分振动用旋转矢量法表示，如图 13.23 所示，两个旋转矢量 $\boldsymbol{A}_1$ 和 $\boldsymbol{A}_2$ 在 x 轴上的投影分别为 x_1 和 x_2，而这两个矢量的合矢量在 x 轴上的投影即为 $x=x_1+x_2$，因为 $\boldsymbol{A}_1$ 和 $\boldsymbol{A}_2$ 以相同的角速度 ω 绕 O 点做逆时针旋转，它们之间的夹角 $\varphi_2-\varphi_1$ 在旋转过程中保持不变，所以合矢量 $\boldsymbol{A}$ 的长度不变，也保持以相同的角速度 ω 绕 O 逆时针旋转，因此，质点合成运动也是一个与分振动同方向、同频率的简谐振动，其合运动表达式为

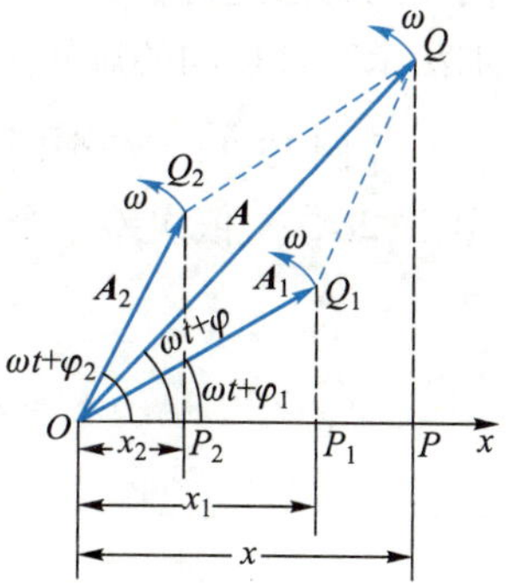

图 13.23

$$x=x_1+x_2=A\cos(\omega t+\varphi)$$

根据矢量合成的平行四边形法则，可得

$$A=\sqrt{A_1^2+A_2^2+2A_1A_2\cos(\varphi_2-\varphi_1)}$$

$$\varphi=\arctan\left(\frac{A_1\sin\varphi_1+A_2\sin\varphi_2}{A_1\cos\varphi_1+A_2\cos\varphi_2}\right)$$

这一结果与用三角法求得的结果是一致的.

从(13.43)式、(13.44)式、(13.45)式可以看出，同一直线上同频率的简谐振动合成中，相位差起了重要作用. 下面的两个特例，在讨论声波和电磁波的干涉和衍射时是很有用处的，对于 $k=0,1,2,\cdots$ 有

（1）当 $\varphi_2-\varphi_1=\pm 2k\pi$（同相）时，$A=A_1+A_2$，合振幅最大，如图 13.24 所示.

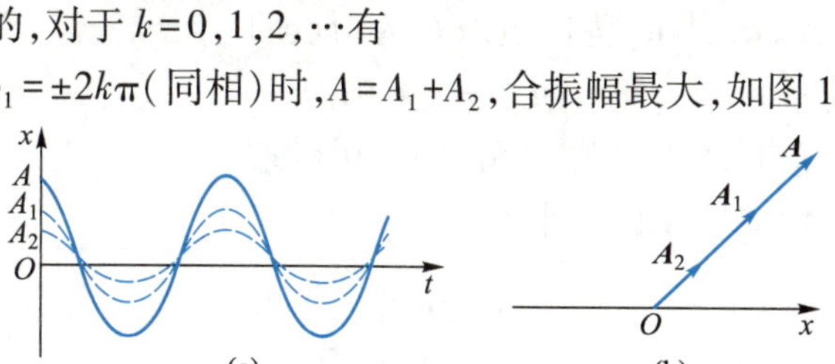

(a) (b)

$\varphi_2-\varphi_1=\pm 2k\pi(k=0,1,2,\cdots)$，　$A=A_1+A_2$

图 13.24

（2）当 $\varphi_2-\varphi_1=\pm(2k+1)\pi$（反相）时，$A=|A_1-A_2|$，合振幅最小，如果 $A_1=A_2$，则此时合振幅为零，如图 13.25.

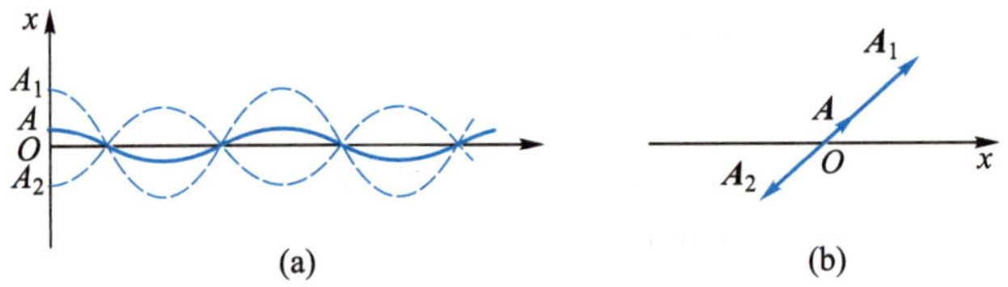

$$\varphi_2-\varphi_1=\pm(2k+1)\pi(k=0,1,2,\cdots),\quad A=|A_1-A_2|$$

图 13.25

(3) 在一般的情况下，$|A_1-A_2|<A<A_1+A_2$.

对于一个质点同时参与多个同一直线上的同频率的简谐振动的情况，也可用同样的方法进行合成. 其合振动仍为原直线上的同频率的简谐振动，只要用多边形加法求得合振动的旋转矢量 $\boldsymbol{A}$，进而可求得合振动的振幅和初相.

[例 13.7] N 个同方向、同频率的简谐振动，它们的振幅相等，初相分别为 $0,\alpha,2\alpha,\cdots$，依次差一个常量 α，振动表达式可写成

$$x_1=a\cos\omega t$$

$$x_2=a\cos(\omega t+\alpha)$$

$$x_3=a\cos(\omega t+2\alpha)$$

$$\cdots\cdots\cdots\cdots$$

$$x_N=\alpha\cos[\omega t+(N-1)\alpha]$$

求它们的合振动的振幅和初相.

[解] 对这种情况，用旋转矢量法，可以避免繁杂的三角运算，极其方便.

按矢量合成法则，将每一简谐振动在 $t=0$ 时刻的振幅矢量 $\boldsymbol{a}_1,\boldsymbol{a}_2,\boldsymbol{a}_3,\cdots,\boldsymbol{a}_N$ 首尾相接，而相邻矢量的夹角均为 α，如图 13.26 所示. 它们构成正多边形的一部分，可见合振动振幅矢量 $\boldsymbol{A}$ 等于各分振动振幅矢量的矢量和.

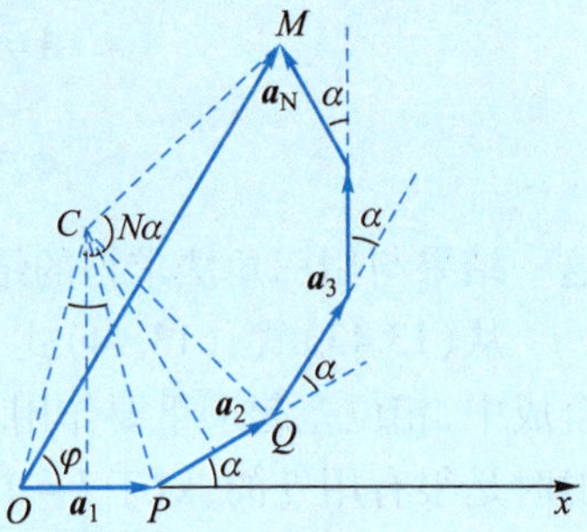

图 13.26

在图中作 $\boldsymbol{a}_1$ 和 $\boldsymbol{a}_2$ 的垂直平分线相交于 C 点，它们的夹角为 α，以 $\boldsymbol{a}_1$ 或 $\boldsymbol{a}_2$ 为底边以 C 为顶点的三角形的顶角也等于 α，所以 $\angle OCM=N\alpha$. 因 $OC=PC=QC$，并令其等于 R，从等腰三角形 OCM 可求得边长 OM，即振幅矢量 $\boldsymbol{A}$ 的大小为

$$A=2R\sin\frac{N\alpha}{2}$$

在△OCP 中

$$a=2R\sin\frac{\alpha}{2}$$

于是

$$A=a\frac{\sin\frac{N\alpha}{2}}{\sin\frac{\alpha}{2}}$$

又因为

$$\angle COM=\frac{1}{2}(\pi-N\alpha)$$

$$\angle COP=\frac{1}{2}(\pi-\alpha)$$

所以

$$\varphi=\angle COP-\angle COM=\frac{N-1}{2}\alpha$$

即为合振动的初相.

最后得合振动表达式为

$$x=A\cos(\omega t+\varphi)$$

$$=a\frac{\sin\frac{N\alpha}{2}}{\sin\frac{\alpha}{2}}\cos\left(\omega t+\frac{N-1}{2}\alpha\right)$$

如果各分振动的初相相同,即 $\alpha=0$,或依次相差为 $2k\pi$(k 为整数),即$\alpha=2k\pi$. 于是有(用洛必达法则)

$$A=a\frac{\sin\frac{N\alpha}{2}}{\sin\frac{\alpha}{2}}=N\alpha$$

$$\varphi=0$$

这时合简动的振幅为最大.

二、同方向、不同频率简谐振动的合成 拍

设一质点同时参与了两个同方向但不同频率的简谐振动,它们的角频率分别为 ω_1 和 ω_2,把两简谐振动相位相同的时刻选定为计时零点,使两者初相皆为零,于是,这两个简谐振动可以分别写成

$$x_1=A_1\cos\omega_1 t$$

$$x_2=A_2\cos\omega_2 t$$

其合运动为

$$x=x_1+x_2=A_1\cos\omega_1 t+A_2\cos\omega_2 t$$

由旋转矢量图 13.27 可知,由于两个旋转矢量 $\boldsymbol{A}_1$ 和 $\boldsymbol{A}_2$ 有不同的角速度 ω_1 和 ω_2,两矢量间的夹角 $(\omega_2-\omega_1)t$ 随时间变化,矢量合成的平行四边形的形状也将不断地随时间变化,因而合矢量 $\boldsymbol{A}$ 的大小和角速度都随时间变化. 由于合矢量 $\boldsymbol{A}$ 沿 x 轴的投

影 $x=x_1+x_2$ 就代表两个简谐振动的合运动,可见合运动虽是振动,但显然不是简谐振动.

由图 13.27 可知,合运动的振幅为

$$A=\sqrt{A_1^2+A_2^2+2A_1A_2\cos(\omega_2-\omega_1)t}$$

其大小在极大 A_1+A_2 和极小 $|A_1-A_2|$ 之间周期性变化着,见图 13.28,这一现象被称为振幅调制. 由图 13.27、图 13.28 可以看出(设 $\omega_2>\omega_1$),当 $t_1=0$ 时,$A=A_1+A_2$;当 $t_2=\dfrac{\pi}{\omega_2-\omega_1}$ 时,$A=|A_1-A_2|$;$t_3=\dfrac{2\pi}{\omega_2-\omega_1}$ 时,$A=A_1+A_2$. 可见两次振幅最大相隔时间为 $\tau=\dfrac{2\pi}{|\omega_2-\omega_1|}$,$\tau$ 就是合运动振幅变化的周期.

单位时间内合运动振幅大小变化的次数 ν 称为频率,则

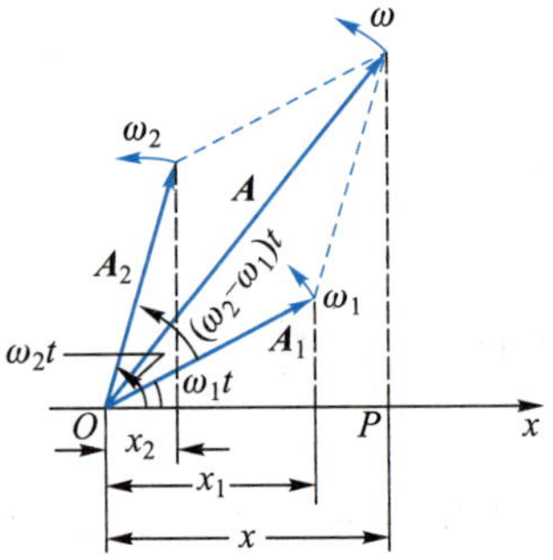

图 13.27

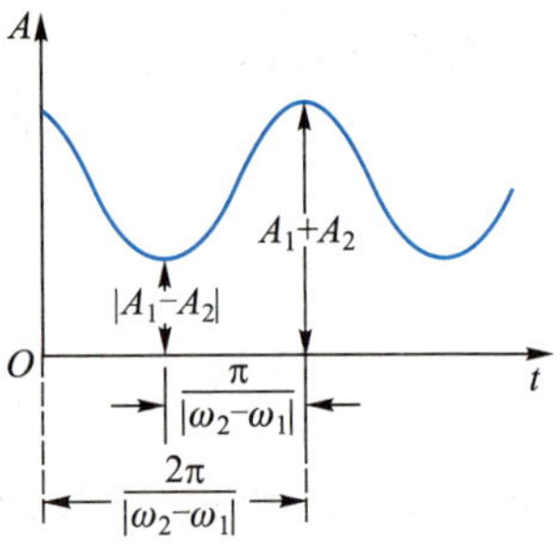

图 13.28

$$\nu=\frac{1}{\tau}=\frac{|\omega_2-\omega_1|}{2\pi}=|\nu_2-\nu_1| \tag{13.46}$$

即频率等于两简谐振动的频率之差.

下面我们只讨论两简谐振动的频率都比较大,且非常接近,即 $|\omega_2-\omega_1|<<\dfrac{\omega_1+\omega_2}{2}\approx\omega_1$(或 ω_2)的情况,如图 13.29(a)、(b)所示. 设两简谐振动的振幅都为 A_1,角频率相差甚小,且初相皆取零,它们的振动表达式分别为

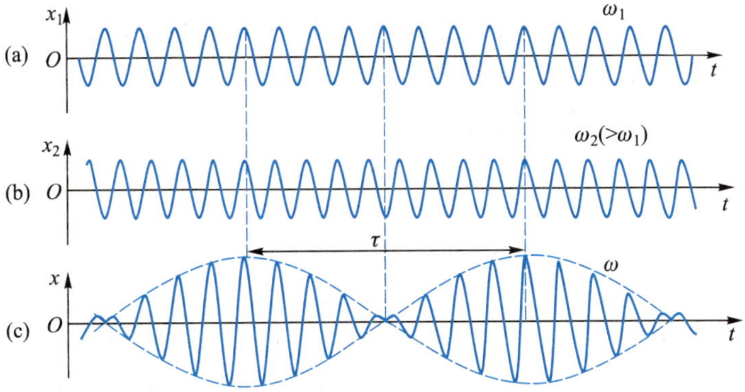

图 13.29

$$x_1=A_1\cos\omega_1 t, x_2=A_1\cos\omega_2 t$$

合运动的位移

$$x=x_1+x_2=A_1(\cos\omega_1 t+\cos\omega_2 t)$$

利用三角函数和差化积公式可得

$$x=\left(2A_1\cos\frac{\omega_2-\omega_1}{2}t\right)\cos\frac{\omega_2+\omega_1}{2}t$$

由于 $|\omega_2-\omega_1|\ll\frac{\omega_1+\omega_2}{2}$,所以上式中第一个因子 $\cos\frac{\omega_2-\omega_1}{2}t$ 比第二个因子 $\cos\frac{\omega_2+\omega_1}{2}t$ 随时间变化要缓慢得多,整个合运动可以近似看做角频率为 $\frac{\omega_2+\omega_1}{2}$,振幅为 $\left|2A_1\cos\frac{\omega_2-\omega_1}{2}t\right|$(由于振幅总为正,所以取绝对值),且随时间相对缓慢变化的简谐振动. 这种振幅时大时小的现象,叫作**拍**,如图 13.29(c)所示. 单位时间内振幅大小变化的次数称为**拍频**,显然拍频 $\nu=|\nu_2-\nu_1|$.

演示实验:拍现象

拍是一个重要的物理现象,有许多实际应用. 例如,我们可以利用标准音叉来校准钢琴的频率,这是因为音调有微小差别就会出现拍音,所以调整到拍音消失,钢琴的一个键就被校准了. 更重要的应用是测速,运动物体发射或反射电磁波(或声波)时,静止观察者接收到的发射波或反射波的频率会有微小改变(多普勒效应),则使接收到的波与未改变的波合成产生拍,测出拍频就得出频率改变量 $\Delta\nu$,由 $\Delta\nu$ 就可得出物体运动情况的信息,测出运动速度等. 在讨论多普勒效应时我们将介绍这方面的应用.

三、垂直方向、同频率简谐振动的合成

设一质点同时参与了两个振动方向互相垂直的同频率的简谐振动,即

$$x=A_1\cos(\omega t+\varphi_1)$$
$$y=A_2\cos(\omega t+\varphi_2)$$

将式中 t 消去,可得合运动的轨迹方程为

$$\frac{x^2}{A_1^2}+\frac{y^2}{A_2^2}-\frac{2xy}{A_1A_2}\cos\Delta\varphi=\sin^2\Delta\varphi \qquad (13.47)$$

一般而言,这是个椭圆方程,轨迹的具体形状由相位差 $\Delta\varphi=\varphi_2-\varphi_1$ 决定,如图 13.30 所示. 应当注意到,当 $\Delta\varphi=0$ 或 π 的整数倍时,合成运动才是简谐振动;其他的情况下,一般为椭圆;当 $\Delta\varphi=\frac{\pi}{2}$或$\frac{3\pi}{2}$时为正椭圆,且 $A_1=A_2$ 时正椭圆退化为圆. 且当 $0<\Delta\varphi<\pi$ 时,质点沿顺时针方向运动;当 $-\pi<\Delta\varphi<0$ 时,质点沿逆时针方向运动. 相反,某个任意方向的简谐振动或某些椭圆或某些圆运动也可以分解为两个频率相同、振动方向互相垂直的简谐振动. 同样,如果在垂直电磁波(或光波)传播方向的平面内,同时有频率相同、振动方向互相垂直的电场强度 $\boldsymbol{E}$ 的简谐振动(电振动),它们的合成可以形成一个电场强度矢量 $\boldsymbol{E}$ 的端点做椭圆(或圆)运动的电振动. 反之,也

可以把椭圆(或圆)的电振动分解为两个频率相同、振动方向(也叫偏振方向)相互垂直的简谐电振动.

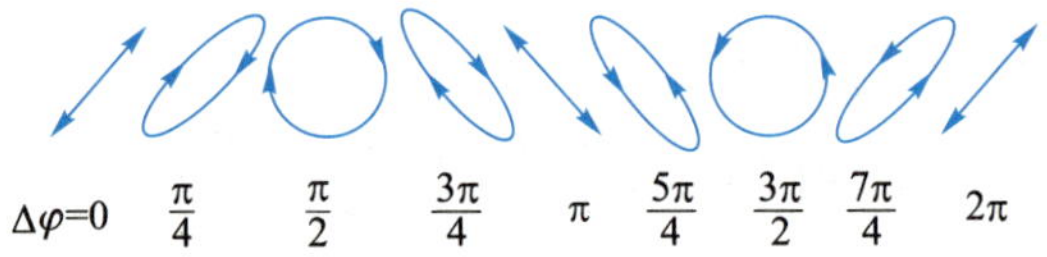

图 13.30

两个方向互相垂直、同频率简谐振动的合成理论在研究电磁波和光的偏振及偏振实验技术中有重要应用.

四、垂直方向、不同频率简谐振动的合成

设一质点同时参与了两个振动方向互相垂直的不同频率的简谐振动,即

$$x=A_1\cos(\omega_1 t+\varphi_1)$$
$$y=A_2\cos(\omega_2 t+\varphi_2)$$

当两个互相垂直的简谐振动频率不同时,合成的轨迹与频率之比及两者的相位差都有关系,图形一般较为复杂. 但当原来两互相垂直的简谐振动频率比为整数比时,合成的运动轨迹将为稳定的闭合曲线,运动是周期性的,这种图形叫作李萨如图形. 如图 13.31 所示.

由于在闭合的李萨如图形中两个振动频率严格地成整数比,所以可以在示波器上用李萨如图形来精确地比较频率. 在数字频率计未被广泛采用之前,这是测量电信号频率的一种简便方法.

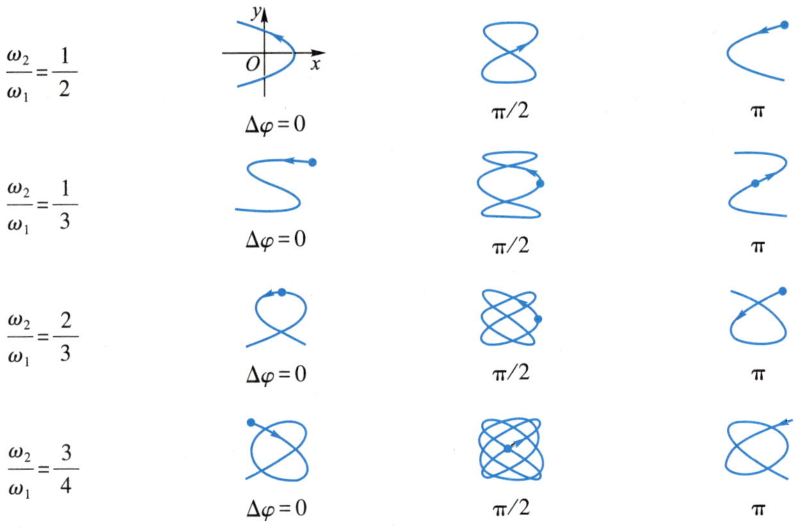

图 13.31

复习思考题

13.12 同方向同频率简谐振动合成的结果是否是简谐振动? 如果是,其频率

是多少？振幅决定于哪些因素？

13.13 什么是拍？什么情况下产生拍现象？拍频取决于什么因素？

13.14 相互垂直的两个同频率简谐振动合成的结果，一般说来是什么运动？

习题

13.1 选择题

(1) 一质点做简谐振动，周期为 T，它由平衡位置沿 x 轴正方向运动到离最大位移 $\frac{1}{2}$ 处所需要的最短时间为 [ ]

(A) $\frac{T}{4}$; (B) $\frac{T}{6}$; (C) $\frac{T}{8}$; (D) $\frac{T}{12}$.

(2) 已知弹簧的劲度系数为 1.3 N · cm^{-1}，振幅为 2.4 cm，这一弹簧的机械能为 [ ]

(A) 7.48×10^{-2} J; (B) 1.87×10^{-2} J;

(C) 3.74×10^{-2} J; (D) 5.23×10^{-2} J.

(3) 一质点做简谐振动，频率为 ν，则其振动动能变化频率为 [ ]

(A) $\frac{1}{2}\nu$; (B) $\frac{1}{4}\nu$; (C) ν; (D) 2ν;

(E) 4ν.

(4) 有两个简谐振动的 x-t 图如下，对图(a)，它们之间的初相差 $\varphi_2-\varphi_1$ 为 [ ]

(A) $\frac{\pi}{2}$; (B) $\frac{3\pi}{2}$; (C) π; (D) $-\frac{\pi}{2}$;

(E) $-\frac{3}{2}\pi$.

对图(b)，它们之间的初相差 $\varphi_2-\varphi_1$ 为 [ ]

(A) $\frac{\pi}{2}$; (B) $\frac{3\pi}{2}$; (C) π; (D) $-\frac{\pi}{2}$;

(E) $-\frac{3\pi}{2}$.

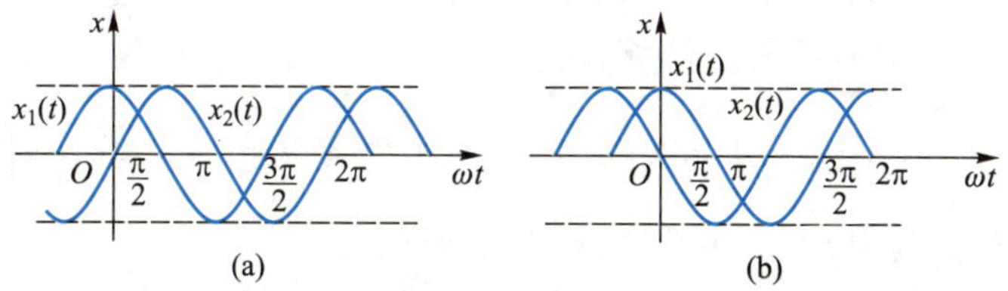

题 13.1(4) 图

(5) 两个简谐振动的 $x-t$ 图如图所示，将这两个简谐振动叠加，合成的余弦振动的初相为 [ ]

(A) 0； (B) $\frac{3}{2}\pi$； (C) π； (D) $\frac{\pi}{2}$.

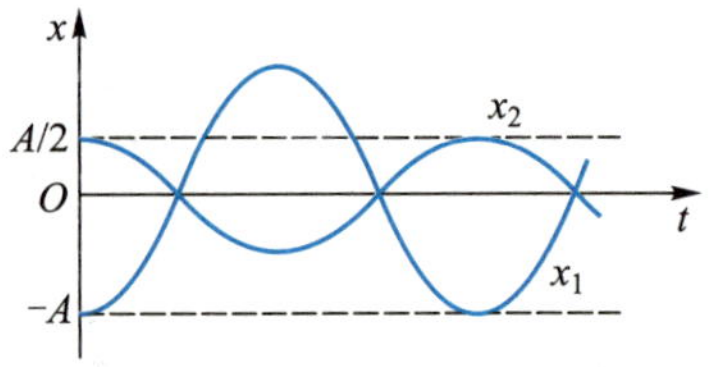

题 13.1(5) 图

13.2 填空题

(1) 当谐振子的振幅增大到 $2A$ 时，它的周期________；劲度系数________；机械能________；速度最大值 v_{max}________，加速度最大值 a_{max}________.（填增大，减小，不变或变几倍.）

(2) 设地球、月球皆为均质球，它们的质量和半径分别为 m_E、m_M、R_E、R_M，给定的弹簧振子在地球上和月球上做简谐振动的频率比 f_E/f_M 为________.

(3) 一弹簧振子振动周期为 T_0，若将弹簧剪去一半，则此弹簧振子振动周期 T 和原有周期 T_0 之间的关系是________.

(4) 单摆的周期为 T，离开平衡位置最大角位移的大小为 $\theta_{max}<5°$，且选单摆竖直位置（即平衡位置）角位移为零，沿逆时针摆动为正，起始时单摆的状态如图示(a)、(b)、(c)三种，则单摆做小角度摆动的运动方程分别为：

(a)________________；

(b)________________；

(c)________________.

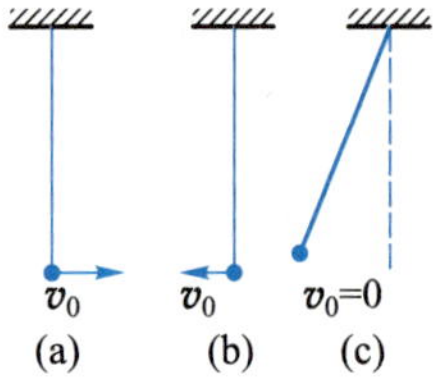

题 13.2(4) 图

(5) 设质点沿 x 轴做简谐振动，位移为 x_1 和 x_2 时的速度分别为 v_1 和 v_2，此质点振动周期为________.

13.3 设一物体沿 x 轴做简谐振动，振幅为 10 cm，周期为 2.0 s，在 $t=0$ 时位移为 5.0 cm，且这时物体向 x 轴正方向运动. 试求：

(1) 初相位；

(2) $t=0.5$ s 时，该物体的位置、速度和加速度；

(3) 在 $x=-5.0$ cm 处，且向 x 轴负方向运动时，物体的速度和加速度，以及它从这个位置第一次到达平衡位置所需的时间.

13.4 质量为 0.1 kg 的小球与轻弹簧组成的弹簧振子，按 $x=0.1\cos\left(8\pi t+\frac{2}{3}\pi\right)$ 的规律做简谐振动，其中 t 以 s 为单位，x 以 m 为单位.

(1) 求振动周期、振幅、初相及速度、加速度的最大值；

(2) 求最大弹性力及振动能量；

(3) 画出此振动的 $x-t$, $v-t$, $a-t$ 曲线图.

13.5 如图所示，弹簧振子水平放置，弹簧的劲度系数为 k，弹簧振子质量为 m. 假定从弹簧的原长处开始对振子施加一常力 F，经一段距离 x_0 后撤去外力. 试问在外力撤去后，振子将做何种运动？试求系统的总能量，并写出弹簧振子的振动表达式. 假定从 $x=x_0$ 处开始计时.

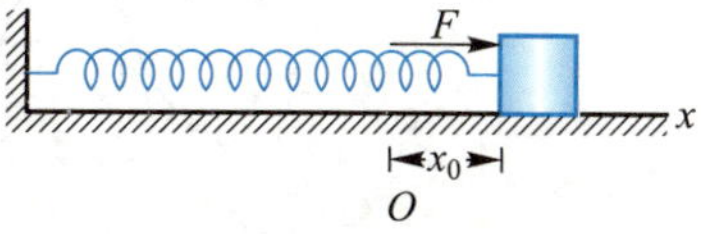

题 13.5 图

13.6 在光滑的桌面上，有劲度系数分别为 k_1 和 k_2 的两个弹簧以及质量为 m 的物体构成两种弹簧振子，如图所示，试求这两个系统的固有角频率.

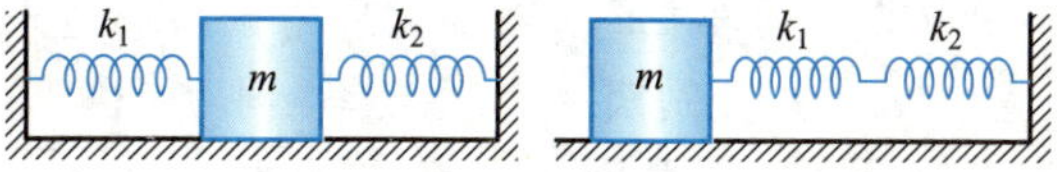

题 13.6 图

13.7 如图所示，把液体灌入截面积为 S 的 U 形管内，已知管内液体质量为 m，密度为 ρ，液柱的振荡是否为简谐振动？若是，则周期为多少？

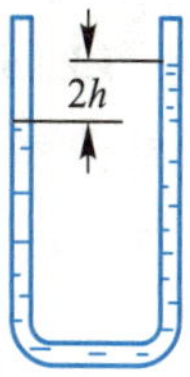

题 13.7 图

13.8 一轻弹簧劲度系数为 k，下悬一质量为 m 的盘子，上端固定，现有一质量为 m_0 的物体从距盘高 h 处自由下落至盘上，并和盘黏为一体随盘开始振动.

(1) 此时振动周期与空盘有何不同？

(2) 此时振幅多大？

(3) 取新平衡位置为坐标原点，并以向下为正，盘开始运动时为计时起始时刻，求初相及振动表达式.

13.9 在简谐振动中，当位移为振幅的一半时，总能量中有多大一部分为动能，多大一部分为势能？在多大位移处，总能量的一半是动能，另一半是势能？

13.10 如图所示，将开关 S 向下接通后，电容器由电池充电，开关 S 向上接通后，电容器经由线圈 L 放电. 若 $L=0.010$ H，$C=1.0$ μF，$\mathscr{E}=1.4$ V，求 L 中最大电流及电流随时间变化规律（忽略电阻）.

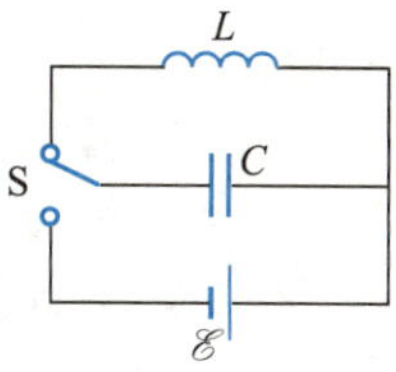

题 13.10 图

13.11 劲度系数为 k，弹簧振子质量为 m，放在光滑的水平面上，其振动的振幅为 A，有一块质量为 m_0 的黏土从高为 h 处自由下落与弹簧振子做完全非弹性碰撞.

(1) 弹簧振子在 $-A$ 处，黏土块落在弹簧振子上，其振动的周期和振幅又各为多少？

(2) 弹簧振子经过平衡位置处，黏土块落在弹簧振子上，其振动的周期和振幅各为多少？

13.12 已知两个简谐振动的 $x-t$ 及 $v-t$ 曲线如图所示，求它们的振动表达式.

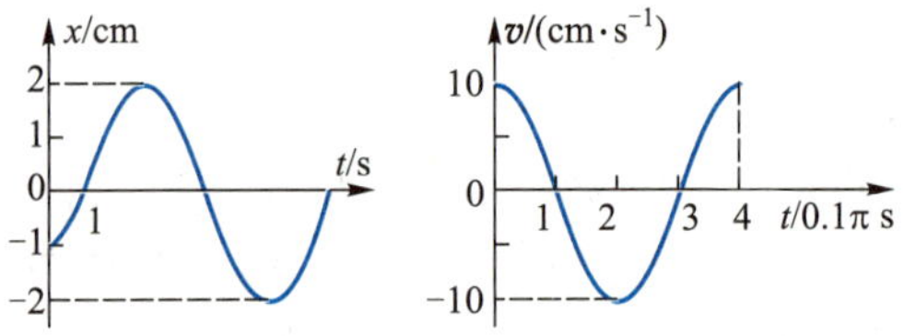

题 13.12 图

13.13 已知两个简谐振动的振动表达式为

$$x_1=\sqrt{3}\times10^{-2}\cos\left(\frac{\pi}{2}t+\frac{5}{7}\pi\right),\quad x_2=1\times10^{-2}\cos\left(\frac{\pi}{2}t+\frac{3}{14}\pi\right)$$

其中 x_1,x_2 以 m 为单位,t 以 s 为单位. 求其合成后的振动表达式.

13.14 图中两曲线 a 和 b 分别表示两同频率、同振动方向的简谐振动 $x-t$ 关系,求其合成后的振动表达式.

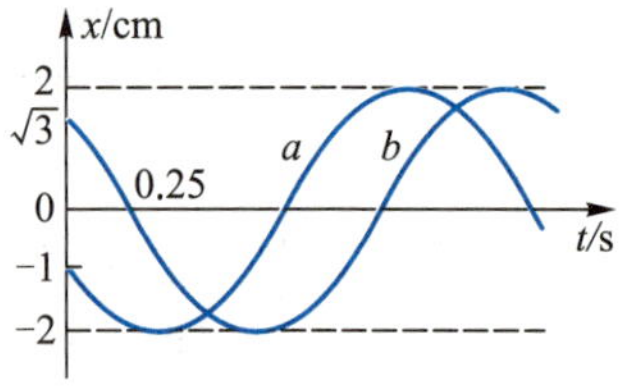

题 13.14 图

13.15 两同频率、同振动方向的简谐振动的合运动振幅为 0.20 m,合运动的相位与第一振动的相位差为$\frac{\pi}{6}$,已知第一振动振幅为 0.173 m,求第二振动的振幅及第一、第二振动的相位差.

13.16 火车在铁轨上行驶,每经过铁轨接轨处即受到一次震动,从而使装在弹簧上面的车厢上下振动. 设每段铁轨长12.5 m,弹簧平均负重 5.4×10^4 N,而弹簧每受 9.8×10^3 N 的力将压缩 1.6 mm. 试问火车速度多大时,振动特别强?

13.17 质量为 0.1 kg 的质点同时参与互相垂直的两个振动,其振动表达式分别为

$$x=0.06\cos\left(\frac{\pi}{3}t+\frac{\pi}{3}\right)$$

$$y=0.03\cos\left(\frac{\pi}{3}t-\frac{\pi}{6}\right)$$

其中 x,y 以 m 为单位;t 以 s 为单位. 求:

(1) 质点运动的轨迹方程;

(2) 质点在任一位置所受的作用力.

第 13 章习题参考答案

13.18 一长方体木块浮于静水中,如图所示,其浸入部分高为 a,今用手指沿竖直方向将其慢慢压下,使其浸入部分高度变为 b,然后放手任其运动. 试证明:若不计阻力,木块运动为简谐振动,并求出振动周期和振幅.

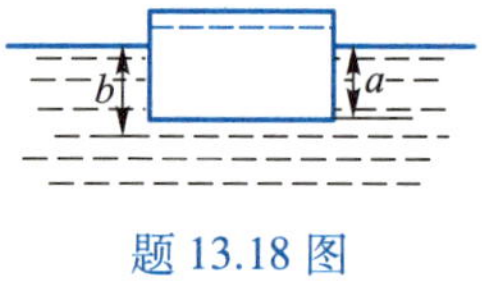

题 13.18 图

第十四章

波动学基础

振动的传播过程称为**波动**,简称为波. 在力学中有机械波,例如水波、声波、地震波,在电磁学中有电磁波,光波也是一种电磁波. 尽管在物理学的各分支学科里波的本质和具体的内容不同,但它们都具有波动的共同特征并遵守共同的规律. 例如行波都伴随着能量的传播,各种波都能产生干涉和衍射等现象,都具有相似的数学描述等. 可见,波动是自然界中一种重要的且常见的物质运动形式. 研究机械波的意义也绝不局限于力学,它将为整个物理学打基础.

本章主要讨论机械波的基本规律,涉及波的基本概念、波函数、波的能量、波的干涉和衍射、驻波等内容,并介绍电磁波、多普勒效应.

§ 14.1 机械波的形成与传播

一、机械波的形成

不论气体、液体和固体,其内部各质元都可以形变,各质元之间都有相互的弹性作用力,都属于弹性介质. 当弹性介质中任一质元因受外界的振动源或扰动源(称为波源)的作用激起振动时,因弹性介质各质元之间相互的弹性力作用,该质元的振动必定会带动附近的质元也发生振动,附近振动的质元又会带动与其邻近的其他质元的振动,从而把振动由近及远地传播出去. 各质元传播振动时都是靠与邻近质元间的弹性力作用而在各自平衡位置附近做振动,每一质元开始振动的时刻都比前一质元晚一些,但却重复前一质元的振动状态,质元本身并不随着振动的传播由平衡位置而“随波逐流”. 例如,投石于一潭死水,漂浮在水面上的树叶只在原处摇曳,并不随着波纹向四周扩展而向外漂流. 波纹向四周扩展是振动状态的传播,树叶的运动反映了载波介质——水并没有向外流动. 那么向外传播的是什么呢? 是水的振动状态,以及伴随它的能量. 可见,弹性介质内部具有弹性相互作用的性质决定了振动不会局限于一处而要传播出去,形成波. 所以,波动是振动状态的传播. 振动状态常用相位来描述,所以振动状态的传播也可以用相位的传播来描述. 由此可见,要形成机械波,首先要有做机械振动的物体,即波源,其次要有能够传播机械振动的弹性介质. 波源和弹性介质是产生机械波的两个必须具备的条件.

二、横波和纵波

波在传播的过程中,质元振动的方向与波的传播方向(即振动状态的传播方向)垂直的波叫**横波**,如手执一根柔软的绳子的一端,抖动绳子,可以产生横波,电磁波也是横波. 质元振动方向与波的传播方向一致的波叫**纵波**,如气体或液体中的声波就是纵波. 水面波看起来是横波,实际上它是纵、横振动合成为椭圆运动的混合波.

三、波线　波面　波前

为了形象地描述波在空间的传播，可用几何图形来表示波的传播方向及各质点振动的相位等.

沿着波的传播方向作一些带有箭头的线（箭头指向波的传播方向），称为**波线**（或**波射线**）. 振动状态沿波线传播，因此波线方向各质元的振动相位是逐一落后的. 波在传播过程中，任一时刻介质中各质元振动相位相同的点连成的面叫作**波面**，因为同一波面上各点的振动相位是相同的，所以也称为同相面或**波阵面**. 在某一时刻，波传播到达的最前面的波面称为该时刻的**波前**. 在各向同性均匀的介质中，波线恒与波面垂直. 波前是平面的波叫平面波，平面波的波线是垂直于波面的平行直线. 波前为球面的波叫球面波，球面波的波线是沿径矢方向的直线. 平面波和球面波的波阵面和波线如图 14.1 所示.

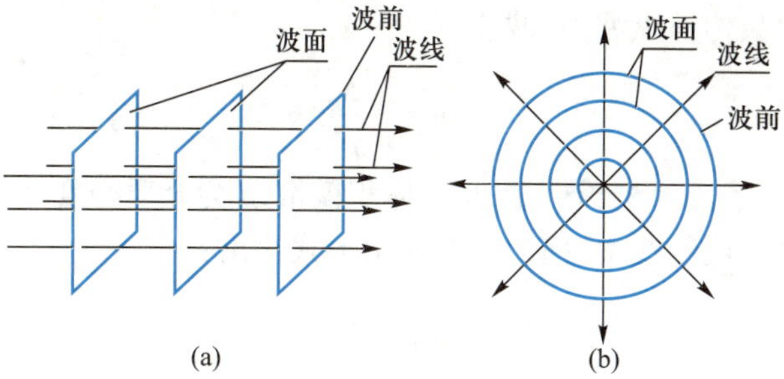

图 14.1

四、波长　波的周期和频率　波速

波长、波的周期（或频率）和波速是描述波动的重要物理量，也称为波的特征量.

波长　沿着波射线的方向，各质元振动的相位是依次落后的，可见，波传播时，**在同一条波线上两个相邻的、相位差为 2π 的质元间的距离，反映了波的空间周期性，称为波长**，记为 λ. 波源做一次完全的振动，波前进的距离（即振动状态传播的距离）等于一个波长.

周期和频率　**波前进一个波长的距离所需的时间称为波的周期**，用 T 表示，在数值上等于波源（或各质元）振动的周期，它反映了**波的时间周期性. 单位时间内，波前进距离中完整波的数目称为波的频率**，用 ν 表示. 一般情况，波的频率决定于波源，等于波源的振动频率，而与介质无关. 显然，波的频率等于波的周期的倒数，即

$$\nu=\frac{1}{T} \tag{14.1}$$

波速　**振动状态在介质中传播的速度称为波速**，用 u 表示，它在数值上等于任一振动状态或振动相位在单位时间内传播的距离，故也称为相速度（简称相速）.

在一个周期内，波前进一个波长的距离，故有

$$u=\frac{\lambda}{T}=\nu\lambda \tag{14.2}$$

(14.2)式是表示波的空间周期性与时间周期性两者之间的关系，对各类波都适用，因此具有普遍的意义. 但必须指出，波的周期（或频率）取决于振源的振动周期（或频率），与介质无关. 而波速只取决于介质的性质，与波源无关. 例如男女声二重唱，因男女声带（波源）频率不同，决定男女声波频率不同，但在同一介质（空气）中传播，波速相同，故能同时传到听众的耳朵里.

可以证明，机械波的波速由介质的弹性模量和密度决定，固体中的波速

$$u=\sqrt{\frac{G}{\rho}} \quad (\text{横波}) \tag{14.3}$$

$$u=\sqrt{\frac{E}{\rho}} \quad (\text{纵波}) \tag{14.4}$$

在液体或气体中只传播纵波，其波速

$$u=\sqrt{\frac{K}{\rho}} \tag{14.5}$$

其中 G 为切变模量，E 为杨氏模量，K 为体积模量，ρ 为介质密度.

在拉紧的绳索或细线中，横波的波速由下式给出：

$$u=\sqrt{\frac{F}{\rho_l}} \tag{14.6}$$

式中 F 为绳索或细线中的张力，ρ_l 为其质量线密度.

在同一介质中（例如某固体中），纵波和横波的传播速度不同. 同一温度下，不同介质中波速不同. 例如 20 ℃ 时声波在棒形铁、铜、铝中的传播速度分别为 5 130 $\mathrm{m\cdot s^{-1}}$、3 150 $\mathrm{m\cdot s^{-1}}$ 和 5 100 $\mathrm{m\cdot s^{-1}}$. 同一介质中，不同温度下波速一般也不相同，例如声波在空气中的传播速度在温度 $t=0$ ℃ 时为 331.5 $\mathrm{m\cdot s^{-1}}$，在温度 $t=20$ ℃ 时为 343.65 $\mathrm{m\cdot s^{-1}}$. 研究波，特别是声波的传播速度不论是在理论上还是在实践中都有重要意义.

复习思考题

14.1 什么是波动？试举例说明波动与振动的区别与联系.

14.2 形成机械波的条件是什么？

14.3 什么叫波阵面？波阵面与波前有何异同？波阵面与波线之间有什么联系？

§ 14.2 平面简谐波的表达式 波动微分方程

波就是振动状态的传播，若波源做简谐振动，则在波已传到的区域中各处的质元都按波源振动频率做简谐振动，这样的波就称为简谐波，又叫余弦波或正弦波.

正像复杂的振动可以看成是由许多简谐振动合成的一样，任何复杂的波都可看成是由许多简谐波叠加而成，因此简谐波是一种最基本、最重要的波，研究简谐波的波动规律是研究更复杂波的基础.

本节主要讨论波阵面为平面的简谐波，这种波在无吸收（即不吸收所传播的振动的能量）、各向同性、均匀无限大的介质中传播，称为平面简谐波.

一、平面简谐波的表达式

描写波动沿波线传播的函数称为波函数. 对于无吸收介质中传播的平面简谐波，波沿一组平行的波线传播，在垂直波线上任一波阵面（同相面）上各点振动情况相同，即振动状态相同，因此，只要知道了与波阵面垂直的任意一条波线上波的传播规律，就可知道整个波的传播规律. 也就是说，只要能写出一条波线上任意点的振动表达式，就能写出沿这一波线上的波的表达式，即这列平面简谐波的波函数.

设平面简谐波沿 x 轴正方向传播，介质中质元都在各自平衡位置做同一频率的简谐振动. 取任意一条波线为 x 轴，如图 14.2 所示，已知坐标原点 O 处的质元在 t 时刻的振动表达式为

$$y_0=A\cos(\omega t+\varphi_0) \tag{14.7}$$

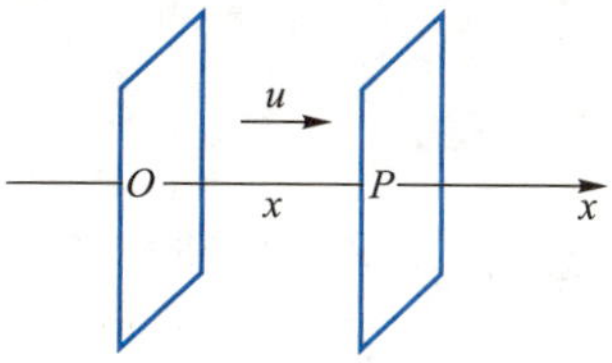

图 14.2

由于介质不吸收能量，当振动沿 x 轴正向以波速 u 传播到 P 点时，P 点处波面上各点将以相同的振幅（这点将在下节中予以证明）和相同的角频率重复 O 点处质元的振动，但它的相位要比 O 点处质元的相位落后. 波由 O 点的振动传到 P 点所需的时间为 $\Delta t=\dfrac{x}{u}$，因此，P 点处质元在时刻 t 的位移就是 O 点处质元在时刻 $t-\Delta t=t-\dfrac{x}{u}$ 的位移，从相位看，P 点处质元相位比 O 点处质元相位落后 $\omega\Delta t=\omega\dfrac{x}{u}$，所以 P 点处质元在 t 时刻的位移为

$$y_P=A\cos\left(\omega t+\varphi_0-\omega\frac{x}{u}\right)$$

因为 P 为 x 轴上任意一点，所以上式适用于沿 x 轴正向传播的波所传到的任意一点，略去下标 P，可得平面简谐波的表达式，称为波函数（或波动方程）：

$$y=A\cos\left[\omega\left(t-\frac{x}{u}\right)+\varphi_0\right] \tag{14.8}$$

由 $\lambda=uT$ 及 $\omega=\dfrac{2\pi}{T}=2\pi\nu$，可把平面简谐波的表达式写成其他形式：

$$y=A\cos\left[2\pi\left(\frac{t}{T}-\frac{x}{\lambda}\right)+\varphi_0\right] \tag{14.9}$$

$$y=A\cos\left[2\pi\left(\nu t-\frac{x}{\lambda}\right)+\varphi_0\right] \tag{14.10}$$

$$y=A\cos\left[\frac{2\pi}{\lambda}(ut-x)+\varphi_0\right] \tag{14.11}$$

如果波是沿 x 轴负向传播，则 x 小的地方比 x 大的地方相位落后，若仍取参考点 O 的振动表达式为

$$y_0=A\cos(\omega t+\varphi_0)$$

则 x 处 P 点的质元振动相位比 O 点处质元振动相位超前 $\omega\dfrac{x}{u}$，得平面简谐波的表达式为

$$y=A\cos\left[\omega\left(t+\frac{x}{u}\right)+\varphi_0\right] \tag{14.12}$$

(14.12)式也可通过在(14.8)式中把 u 换成 $-u$ 得到. 且此式也同样可写成其他几种形式：

$$y=A\cos\left[2\pi\left(\frac{t}{T}+\frac{x}{\lambda}\right)+\varphi_0\right] \tag{14.13}$$

$$y=A\cos\left[2\pi\left(\nu t+\frac{x}{\lambda}\right)+\varphi_0\right] \tag{14.14}$$

$$y=A\cos\left[\frac{2\pi}{\lambda}(ut+x)+\varphi_0\right] \tag{14.15}$$

为了进一步理解平面简谐波表达式的物理意义，对(14.8)式做如下讨论：

(1) 表达式中自变量 x 是表示介质质元的平衡位置，x 取不同的值可表示波在空间各不同点的振动，当 $x=x_0$(某一常量)时，波的表达式

$$y(t)=A\cos\left(\omega t-\omega\frac{x_0}{u}+\varphi_0\right)$$

仅是 t 的余弦函数，表示 x_0 处质元重复坐标原点 O 的简谐振动，但相位比 O 点振动落后 $\omega\dfrac{x_0}{u}$. 还可给出 x_0 处质元振动的 $y-t$ 曲线，这个振动曲线反映了波的时间周期性. 如图 14.3 所示.

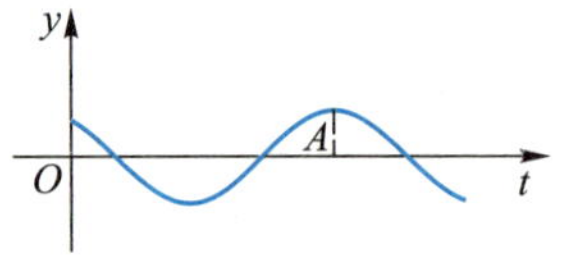

图 14.3

(2) 波的表达式中自变量 t 表示波传播过程中的任一时刻，当 $t=t_0$(某一常量)时，(14.8)式为

$$y(x)=A\cos\left(\omega t_0-\frac{2\pi}{\lambda}x+\varphi_0\right)$$

它给出该时刻波在波线上各点处质元的振动位移的分布情况，即给出了 t_0 时刻的瞬时波形，犹如拍张快照. 由上式也可画出该时刻波形的 $y-t$ 曲线，它反映了波的空间周期性. 如图 14.4(a)所示为(14.8)式表示的简谐波在时刻 $t=0$、初相 $\varphi_0=0$ 的波形图，图 14.4(b)所示为 $t=\dfrac{T}{4}$时刻的波形图.

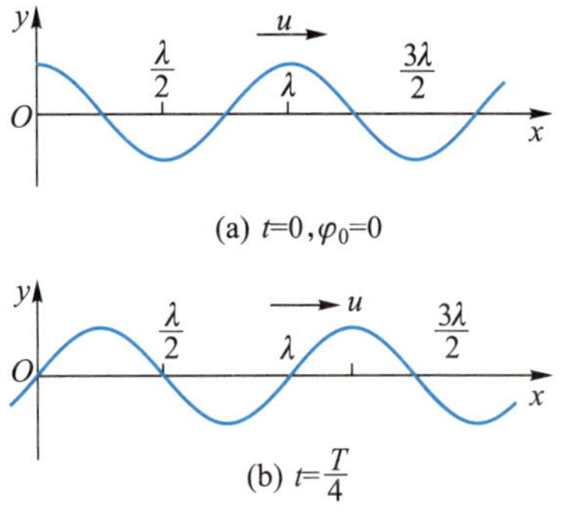

图 14.4

(3) 如果 x、t 都变化，则(14.8)式表示任意 x 处的质元在任意时刻 t 的振动位移 $y(x,t)$. 在时

刻为 $t+\Delta t$，平衡位置为 $x+\Delta x$ 处质元的振动位移为

$$y(x+\Delta x,t+\Delta t)=A\cos\left[\omega\left(t+\Delta t-\frac{x+\Delta x}{u}\right)+\varphi_0\right]$$

$$=A\cos\left[\omega\left(t-\frac{x}{u}+\Delta t-\frac{\Delta x}{u}\right)+\varphi_0\right]$$

如果 $\Delta x=u\Delta t$，即两质元的间隔正好等于波在 Δt 时间内传播的距离，则上式给出

$$y(x+\Delta x,t+\Delta t)=A\cos\left[\omega\left(t-\frac{x}{u}\right)+\varphi_0\right]$$

$$=y(x,t)$$

这一结果表明，在时刻 $t+\Delta t$ 位于 $x+\Delta x$ 处的质元的位移正好等于前一质元在时刻 t 位于 x 处质元的位移. 可见 x 处 t 时刻的振动状态，经过时刻 Δt 传过了 $\Delta x=u\Delta t$ 的距离. 上述讨论的振动状态是任意取的，意味着任一振动状态，经过时间 Δt 都向前传播了同一距离 $\Delta x=u\Delta t$. 这就是说在时间 Δt 内，整个波形沿波的传播方向上平移了一段距离 $\Delta x=u\Delta t$. 图 14.5 画出了 t 时刻和 $t+\Delta t$ 时刻的两条波形曲线. 当 $\Delta t=T$，即经过一周期的时间，波形曲线平移的距离显然是一个波长 λ. 由此可见，波的表达式形象地描述了波形的传播情况.

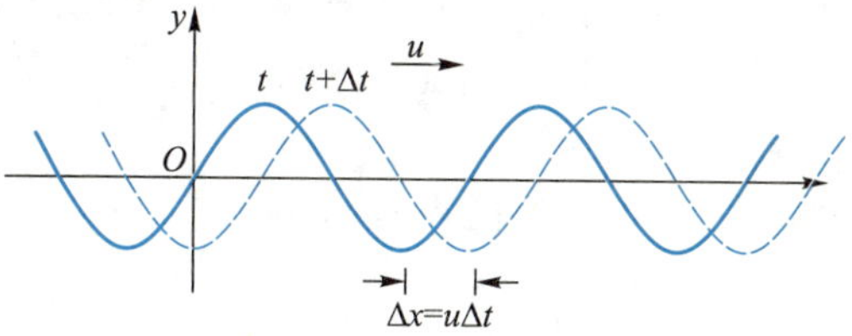

图 14.5

* 波的表达式的复数表示

引入**波矢**的概念，以 $\boldsymbol{k}$ 表示，其大小

$$k=\frac{\omega}{u}=\frac{2\pi}{\lambda}$$

描述波线上单位距离内的相位变化（注意，k 通常也称波数，不过它的数值是波长倒数的 2π 倍）；其方向沿波线（波面的外法线）方向，以 $\boldsymbol{e}_{\mathrm{n}}$ 表示，即

$$\boldsymbol{k}=\frac{\omega}{u}\boldsymbol{e}_{\mathrm{n}}=\frac{2\pi}{\lambda}\boldsymbol{e}_{\mathrm{n}}$$

利用公式 $\mathrm{e}^{\pm\mathrm{i}\alpha}=\cos\alpha\pm\mathrm{i}\sin\alpha$（$\mathrm{i}=\sqrt{-1}$ 为虚数单位）可以将（14.8）式改写为

$$y=A\cos\left[\omega\left(t-\frac{x}{u}\right)+\varphi_0\right]$$

$$=\mathrm{Re}\,A\mathrm{e}^{\pm\mathrm{i}(\omega t-kx+\varphi_0)}$$

式中 Re 表示取相应表示的实数. 但实际应用中常将 Re 略去，于是，上式又可改写为

$$y=A\mathrm{e}^{\pm\mathrm{i}(\omega t-kx+\varphi_0)}$$

即为平面简谐波的表达式（波函数）的复数表示. 其优点是计算方便，因而在波动理

论中有着广泛的应用.

量子力学中常将波的复数表达式称为波函数,改用符号 Φ 表示. 不过,量子力学中的波函数一般是复数函数,用以描述微观粒子的状态,与上面所讲的有所不同.

[例 14.1] 横波沿一条张紧的长绳传播,其表达式为

$$y=0.04\cos[\pi(5x-200t)]$$

其中 x,y 以 m 为单位,t 以 s 为单位(SI 单位).

(1) 波是沿 x 轴正向还是负向传播? 试求出波的振幅、波长、频率及波速.

(2) 画出 $t=t_1=0.002\ 5$ s 及 $t=t_2=0.005$ s 时的波形图.

(3) 求 $t=t_1=0.002\ 5$ s 时在 $x=x_1=0.15$ m 处绳质元的振动速度.

(4) 如果绳的线密度 $\rho_l=0.05\ \text{kg}\cdot\text{m}^{-1}$,求绳中张力 F.

[解] (1) 本题最简捷的解法是把题给表达式与标准的简谐波表达式

$$y=A\cos\left[2\pi\left(\frac{t}{T}-\frac{x}{\lambda}\right)+\varphi_0\right]$$

相比较,把题给表达式写成

$$y=0.04\cos\left[2\pi\left(\frac{t}{\frac{1}{100}}-\frac{x}{\frac{2}{5}}\right)\right]\ (\text{SI 单位})$$

可知这是沿 x 轴正向传播的波.

振幅 $$A=0.04\ \text{m}$$

波长 $$\lambda=\frac{2}{5}\ \text{m}=0.4\ \text{m}$$

频率 $$\nu=\frac{1}{T}=100\ \text{Hz}$$

波速 $$u=\lambda\nu=40\ \text{m}\cdot\text{s}^{-1}$$

另一解法是由各物理量的定义来求.

振幅 A:即位移的最大值,所以 $A=0.04$ m.

频率 ν:由于波的频率等于质点振动的频率,当质点振动了单位时间,其相位变化为 $2\pi\nu$,则有

$$2\pi\left[100(t+1)-\frac{5x}{2}\right]-2\pi\left(100t-\frac{5x}{2}\right)=2\pi\nu\ (\text{SI 单位})$$

得

$$\nu=100\ \text{Hz}$$

波长 λ:即一个完整波的长度,就是指在同一波形图上相位差为 2π 的两点间的距离,如图 14.6 所示,设此时刻 x_1 和 x_2 处两质点的相位差为 2π,则有

$$\pi(5x_2-200t)-\pi(5x_1-200t)=2\pi\ (\text{SI 单位})$$

$$\lambda=x_2-x_1=0.4\ \text{m}$$

波速 u:即质点振动相位传播的速度,或单位时间内某一振动状态(即相位)

传播的距离，如图 14.7 所示，设时刻 t_1，x_1 处的相位，在时刻 t_2 传至 x_2 处，则有

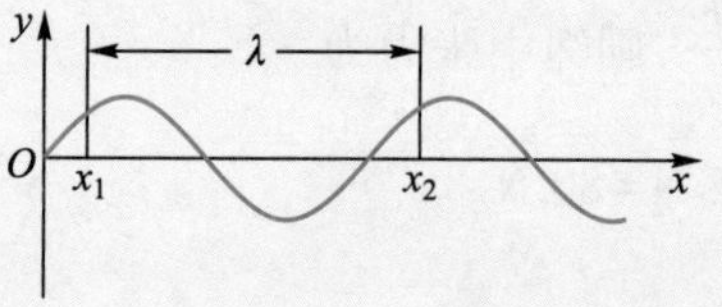

图 14.6

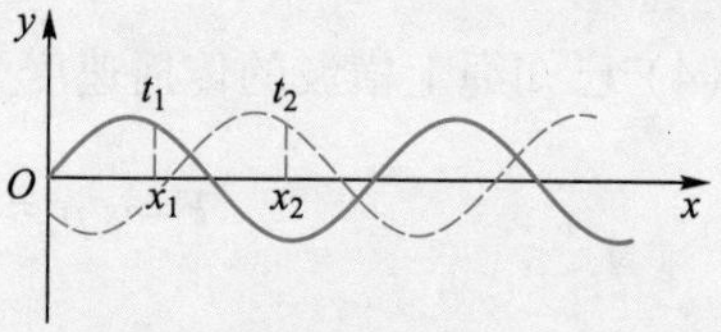

图 14.7

$$\pi(5x_2-200t_2)=\pi(5x_1-200t_1)\text{（SI 单位）}$$

得

$$u=\frac{x_2-x_1}{t_2-t_1}=40\ \mathrm{m\cdot s^{-1}}$$

这种解法是根据各物理量的意义，通过对相位关系的分析而求得各量的. 对初学者来说，有利于加深对基本概念的理解.

（2）$t=t_1=0.002\ 5$ s 时

$$\begin{aligned} y&=0.04\cos[\pi(5x-0.5)]\\ &=0.04\cos\left(5\pi x-\frac{\pi}{2}\right)\\ &=0.04\sin 5\pi x\text{（SI 单位）}\end{aligned}$$

这是一个位置坐标 x 的周期为 0.4 m 的正弦函数曲线，如图 14.8 中曲线 1 所示.

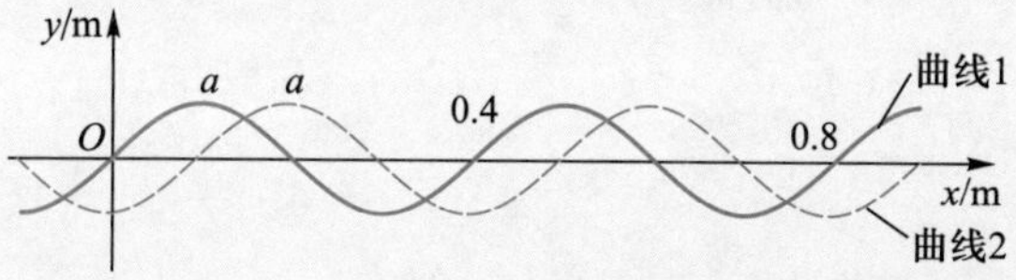

图 14.8

当 $t=t_2=0.005$ s 时

$$y=0.04\cos(5\pi x-\pi)=-0.04\cos 5\pi x\text{（SI 单位）}$$

这是一个同样周期的余弦函数曲线，如图 14.8 中曲线 2 所示. 因为波沿 x 轴正向传播，且 $t_2>t_1$，所以曲线 2 上的波峰 a 应在曲线 1 上同一波峰 a 的右方，从这个计算可以看出波形 1 向前平移 $\Delta x=u\Delta t=40\times0.002\ 5\ \mathrm{m}=0.1\ \mathrm{m}$ 即可得波形 2.

（3）x 处绳质元的振动速度为

$$v=\left(\frac{\partial y}{\partial t}\right)_x=0.04\times200\pi\sin[\pi(5x-200t)]\text{（SI 单位）}$$

代入 $x=0.15$ m，$t=0.002\ 5$ s，得

$$\begin{aligned} v&=8\pi\sin[\pi(0.75-0.5)]\ \mathrm{m\cdot s^{-1}}\\ &=8\pi\sin\frac{\pi}{4}\ \mathrm{m\cdot s^{-1}}\\ &=17.77\ \mathrm{m\cdot s^{-1}}\end{aligned}$$

$v>0$,可知振动速度方向向上.

(4) 已知绳上横波的传播速度为 $u=\sqrt{\dfrac{F}{\rho_l}}$,则绳中张力为

$$F=u^2\rho_l=40^2\times0.05\ \text{N}=80\ \text{N}$$

[例 14.2] 沿 x 轴正方向传播的平面简谐波波速 $u=120\ \text{m}\cdot\text{s}^{-1}$,当 $t=0$ 时刻的波形图如图 14.9 所示,求平面简谐波的表达式.

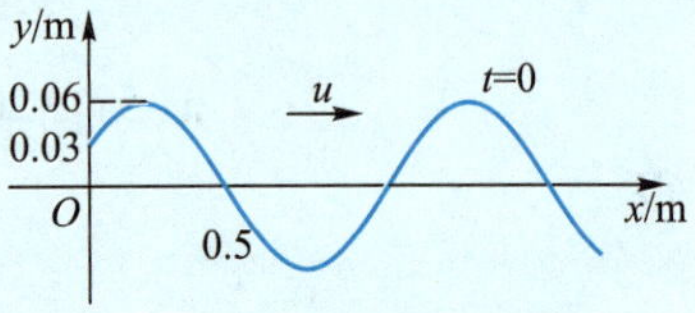

图 14.9

[解] 由波形图得振幅 $A=0.06$ m.

波沿 x 轴正向传播,当 $t=0$ 时,由图 14.9 可判断,$x_1=0$ 处,质元位移 $y_1=0.03\ \text{m}=\dfrac{A}{2}$,振动速度方向为负. 可由旋转矢量图 14.10 表示其振动状态. 同理,$x_2=0.5$ m 处,质元位移 $y_2=0$,即过平衡位置沿位移正方向运动,可由旋转矢量图 14.11 表示其振动状态. 比较 $x_1=0$、$x_2=0.5$ m 两处质元的振动状态,可知 x_2 落后 x_1 相位$\dfrac{5\pi}{6}$.

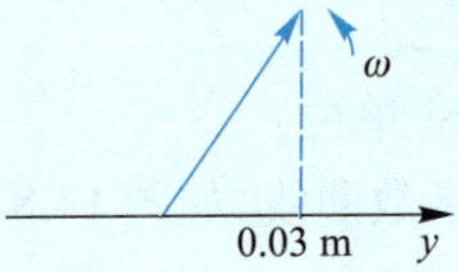

图 14.10

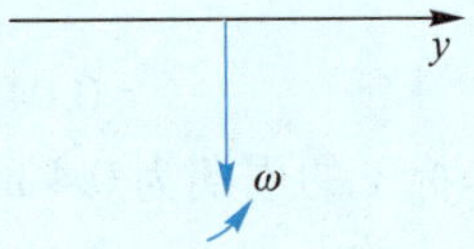

图 14.11

由

$$\frac{x_2-x_1}{\lambda}=\frac{\Delta\varphi}{2\pi}$$

得

$$\lambda=\frac{2\pi}{\Delta\varphi}(x_2-x_1)=\frac{2\pi}{\frac{5}{6}\pi}\times0.5\ \text{m}=1.2\ \text{m}$$

波的周期为

$$T=\frac{\lambda}{u}=\frac{1.2}{120}\ \text{s}=0.01\ \text{s}$$

由以上讨论可知,原点 O 处质元做简谐振动,其振幅 $A=0.06$ m,振动周期即为波的周期 $T=0.01$ s,振动初相 $\varphi_0=\dfrac{\pi}{3}$,振动表达式为

$$y_0=0.06\cos\left(2\pi\frac{t}{0.01}+\frac{\pi}{3}\right)$$

其中 y_0 以 m 为单位,t 以 s 为单位.

波沿 x 轴正向传播,任意一点 x 处质元振动相位比 O 点处质元振动相位落

后 $\Delta\varphi=2\pi\dfrac{x}{\lambda}=2\pi\dfrac{x}{1.2\ \text{m}}$. 所以平面简谐波的表达式为

$$y=0.06\cos\left[2\pi\left(\frac{t}{0.01}-\frac{x}{1.2}\right)+\frac{\pi}{3}\right]$$

或

$$y=0.06\cos\left[2\pi\left(100t-\frac{5}{6}x\right)+\frac{\pi}{3}\right]$$

其中 x、y 以 m 为单位，t 以 s 为单位.

*二、波动微分方程

前面从波是振动状态传播的角度，即运动学角度，得出简谐波的表达式. 还可以从动力学角度分析介质中质元的受力与形变，从而得到决定介质中波动现象的更一般的规律，即**波动微分方程**，并导出波速的理论公式(14.3)式、(14.4)式、(14.5)式，本书不做这样的分析. 为简便起见，只从简谐波的表达式通过求偏导数引入这一方程.

用简谐波的表达式(14.8)式，分别对 t 和 x 求二阶偏导数，即

$$\frac{\partial^2 y}{\partial t^2}=-A\omega^2\cos\left[\omega\left(t-\frac{x}{u}\right)+\varphi_0\right]$$

及

$$\frac{\partial^2 y}{\partial x^2}=-A\frac{\omega^2}{u^2}\cos\left[\omega\left(t-\frac{x}{u}\right)+\varphi_0\right]$$

比较两个二阶偏导数，可得

$$\frac{\partial^2 y}{\partial x^2}=\frac{1}{u^2}\frac{\partial^2 y}{\partial t^2} \tag{14.16}$$

因为平面线性波可以看成是若干个平面简谐波的叠加，所以(14.16)式普遍地适用于各种平面线性波(即不限于平面简谐波)，该式称为沿 x 方向传播的平面波的波动微分方程. 波动微分方程(14.16)式不仅适用于机械波，也适用于电磁波等. 它是物理学中的一个具有普遍意义的方程. 这就是说，物理量 y 不论是力学量还是电学量或其他量，只要它与时间 t 和坐标 x 的关系满足方程(14.16)式，这一物理量就按波的形式传播，而且方程中导数$\dfrac{\partial^2 y}{\partial t^2}$的系数的倒数的平方根就是波的传播速度.

一般情况下，物理量 $\xi(x,y,z,t)$ 在三维空间中以波的形式传播，只要介质是均匀、各向同性且是无吸收的，则有

$$\frac{\partial^2 \xi}{\partial x^2}+\frac{\partial^2 \xi}{\partial y^2}+\frac{\partial^2 \xi}{\partial z^2}=\frac{1}{u^2}\frac{\partial^2 \xi}{\partial t^2} \tag{14.17}$$

(14.17)式是描述波动过程的线性二阶偏微分方程，通常称为**波动微分方程**. 通过对带有特定边界条件的波动微分方程求解，能够深入刻画波的传播规律. 因求解的数学方法较复杂，本书不做讨论.

复习思考题

14.4 简谐波的表达式与简谐振动的表达式有什么区别和联系?

14.5 平面简谐波沿 x 轴负方向传播,如图所示,已知 x_0 处质元的振动表达式为

$$y_0=A\cos(\omega t+\varphi_0)$$

P 点处坐标为 x 的质元振动相位比 x_0 处质元振动相位是超前还是落后?如何建立平面简谐波的表达式?如果 P 点取在 x_0 的右侧再讨论上述问题.

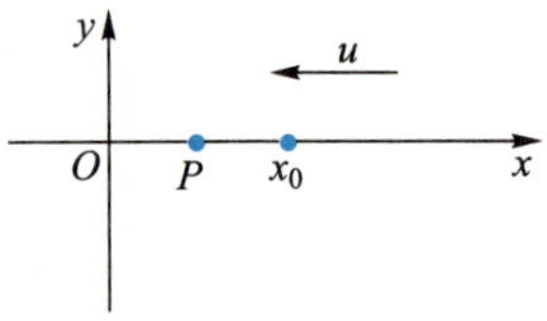

思考题 14.5 图

14.6 平面简谐波的表达式 $y=A\cos\left[\omega\left(t-\dfrac{x}{u}\right)+\varphi_0\right]$ 中,$\dfrac{x}{u}$ 表示什么?φ_0 表示什么?如写成 $y=A\cos\left(\omega t-\dfrac{\omega}{u}x+\varphi_0\right)$,$\dfrac{\omega}{u}x$ 又表示什么?

14.7 波从一种介质进入另一种介质,波速、波长、频率各物理量中,哪些不变化?哪些要变化?

14.8 某时刻向右传播的横波波形曲线如图所示,试画出图中 A,B,C,D,E,F,G,H,I 各质元在该时刻的运动方向,并画出经过 $\dfrac{1}{4}$ 周期后的波形曲线.

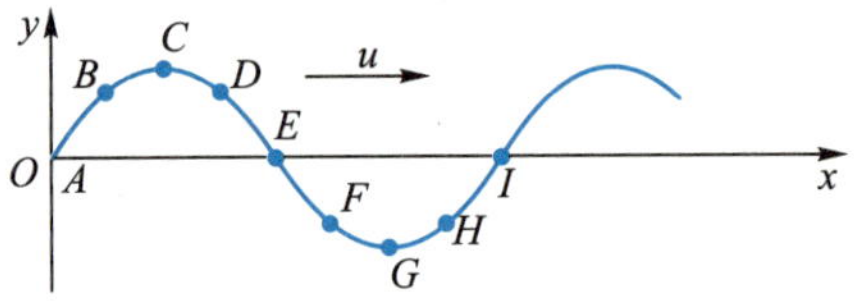

思考题 14.8 图

§ 14.3 波的能量和能流

波动的过程是振动状态在介质中传播的过程,凡是振动传到的地方就有新的原来不动的质元振动起来而具有动能,同时弹性介质因产生形变而具有势能. 可见波动的过程也是能量传播的过程,这也是各种波的共同性质.

一、波的能量和能量密度

我们以在绳子上传播的横波为例导出波动能量表达式.

横波沿一张紧的长绳传播,其波的表达式为

$$y=A\cos\left[\omega\left(t-\frac{x}{u}\right)+\varphi_0\right]$$

在绳子上 x 处取一段长为 Δx 的线元,如图 14.12 所示,该绳子每单位长度质量为 ρ_l,则此线元的质量为

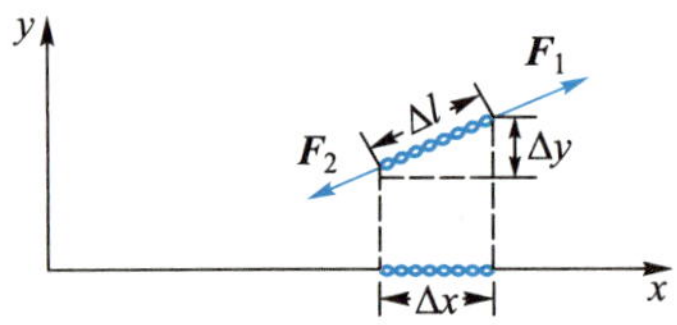

图 14.12

$\Delta m=\rho_l\Delta x$，由波的表达式可求得线元因振动而具有的速度：

$$v=\frac{\partial y}{\partial t}=-A\omega\sin\left[\omega\left(t-\frac{x}{u}\right)+\varphi_0\right]$$

所以线元的动能为

$$\begin{aligned}E_\mathrm{k}&=\frac{1}{2}\Delta mv^2\\&=\frac{1}{2}\rho_l\Delta xA^2\omega^2\sin^2\left[\omega\left(t-\frac{x}{u}\right)+\varphi_0\right]\end{aligned}\tag{14.18}$$

波在传播过程中，线元 Δx 因振动具有动能，而且同时发生形变而具有势能. 线元原长为 Δx，因形变后为 Δl，如图 14.12 所示，伸长量为 $\Delta l-\Delta x$，线元两端受到张力 $\boldsymbol{F}$ 的作用. 当线元形变量很小时，在研究线元振动规律时，可以认为线元两端的张力大小相等 $F_1=F_2=F$. 在线元伸长过程中，张力所做的功就等于此线元的势能，即

$$E_\mathrm{p}=F(\Delta l-\Delta x)$$

在 Δl 很小时，有

$$\begin{aligned}\Delta l&=\sqrt{(\Delta x)^2+(\Delta y)^2}=\Delta x\left[1+\left(\frac{\Delta y}{\Delta x}\right)^2\right]^{\frac{1}{2}}\\&\approx\Delta x\left[1+\left(\frac{\partial y}{\partial x}\right)^2\right]^{\frac{1}{2}}\end{aligned}$$

对此式用二项式定理展开，并略去高次项，则有

$$\Delta l\approx\Delta x\left[1+\frac{1}{2}\left(\frac{\partial y}{\partial x}\right)^2\right]$$

因此

$$E_\mathrm{p}=F(\Delta l-\Delta x)=\frac{1}{2}F\left(\frac{\partial y}{\partial x}\right)^2\Delta x$$

因为

$$\frac{\partial y}{\partial x}=A\ \frac{\omega}{u}\sin\left[\omega\left(t-\frac{x}{u}\right)+\varphi_0\right]$$

并由(14.6)式得张力 $F=\rho_lu^2$，将此两式代入 E_p 的表达式中，得线元势能表达式为

$$E_\mathrm{p}=\frac{1}{2}\rho_l\Delta xA^2\omega^2\sin^2\left[\omega\left(t-\frac{x}{u}\right)+\varphi_0\right]\tag{14.19}$$

线元总机械能等于线元动能和势能之和

$$E=E_\mathrm{k}+E_\mathrm{p}=\rho_l\Delta xA^2\omega^2\sin^2\left[\omega\left(t-\frac{x}{u}\right)+\varphi_0\right]\tag{14.20}$$

比较(14.18)式和(14.19)式两式可知，在平面简谐波中，每一质元的动能和势能是随时间做同相位(即同步)周期性变化$\left(\text{变化的周期为波的周期的}\frac{1}{2}\right)$，而且在任意时刻大小相等 $E_\mathrm{k}=E_\mathrm{p}$. 当质元振动速度最大时动能最大，此时质元形变也最大，势能相应最大；当质元振动速度为零时，动能为零，此时质元形变也为零，势能相应为

零. 因此总能量也随时间做周期性变化,时而达到最大值,时而为零. 这与做无阻尼自由振动的弹簧振子能量是一常量保持不变是不同的. 波动中介质内任一质元的能量这一变化特点也是能量在传播的表现,即在波的传播过程中,介质中任一质元都在不断地从前一质元接收能量,又向后一质元传递能量. 所以波的传播就是一种能量传递的方式,而介质中任一质元都不随着波的传播而向前移动. 通常把有振动状态传播和能量传播的波叫作**行波**,以便与后面要讲的驻波有所区别.

波传播时**介质单位体积中波的能量**叫作**波的能量密度**,记为 w.

$$w=\frac{W}{\Delta V}=\rho A^2\omega^2\sin^2\left[\omega\left(t-\frac{x}{u}\right)+\varphi_0\right] \tag{14.21}$$

式中 ρ 为绳子的单位体积的质量. 在一周期内能量密度的平均值叫平均能量密度,以 $\overline{w}$ 表示. 由于正弦的平方在一周期内的平均值为 $\frac{1}{2}$,所以有

$$\overline{w}=\frac{1}{2}\rho\omega^2A^2 \tag{14.22}$$

由(14.20)式、(14.21)式、(14.22)式可知,波的能量,能量密度以及平均能量密度都与介质的密度 ρ、波的振幅的平方 A^2 及角频率的平方 ω^2 成正比.

二、能流密度

行波在传播的同时伴随着能量的传播,我们用能流和能流密度来描述它. 单位时间内沿波速方向垂直通过单位面积的平均能量称为波的**能流密度**,记为 I.

设某一时刻 t 平面简谐波的波前位于 S_1,在 S_1 上取面元 ΔS,经过时间 Δt,波前沿波线(波速方向)传播距离为 $u\Delta t$,波前位于 S_2,面元 ΔS 在 Δt 时间内从 S_1 移到 S_2 后扫过的体积为 $\Delta V=u\Delta t\Delta S$,如图 14.13 所示,则在 Δt 时间内垂直通过位于 S_1 上面元 ΔS 的波的能量(即能流)为 $\overline{w}u\Delta t\Delta S$,因而能流密度大小为

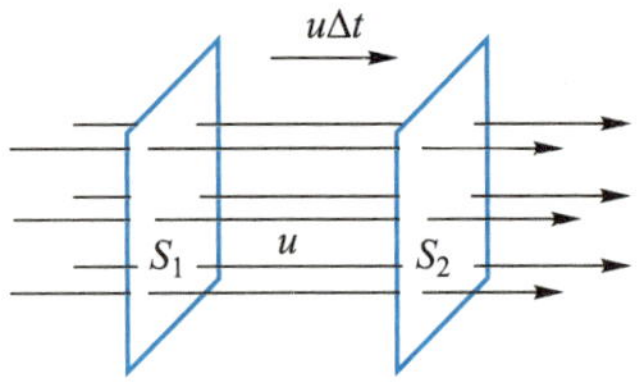

图 14.13

$$I=\frac{\overline{w}u\Delta t\Delta S}{\Delta t\Delta S}=\overline{w}u$$

或

$$I=\frac{1}{2}\rho A^2\omega^2 u \tag{14.23}$$

能流密度是个矢量,用 $\boldsymbol{I}$ 表示,在各向同性介质中,能流密度矢量方向就是波速方向,它的大小反映了波的强弱,故也把它的大小称为波的强度. 由(14.23)式可以看出,**波的强度与波的振幅平方 A^2 成正比**. 这一重要结论不仅对简谐波适用,而且具有普遍意义. 能流密度写成矢量式为

$$\boldsymbol{I}=\overline{w}\boldsymbol{u} \tag{14.24}$$

三、平面波和球面波的振幅

由于波的强度与波的振幅有关,所以根据(14.23)式和能量守恒定律可以研究波传播时振幅的变化.

设一平面余弦波以波速 u 在均匀介质中传播,画出由一组波线所限的两个截面积为 S_1 和 S_2,如图 14.14 所示. 对于平面波 $S_1=S_2=S$(图 14.13). 在单位时间通过两个截面的能量分别为

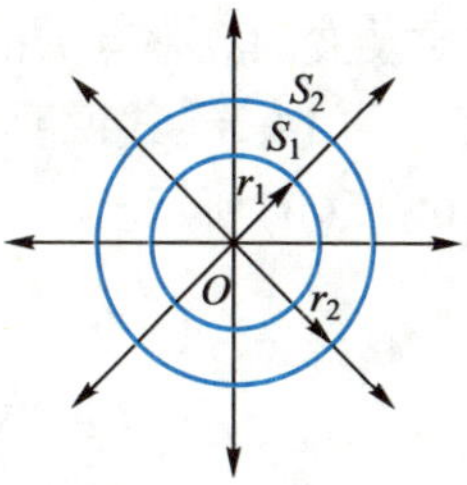

图 14.14

$$W_1=I_1S_1=\frac{1}{2}\rho A_1^2\omega^2uS$$

$$W_2=I_2S_2=\frac{1}{2}\rho A_2^2\omega^2uS$$

假设介质不吸收波的能量,根据能量守恒有 $W_1=W_2$,因而 $A_1=A_2$,这表明在均匀不吸收能量的介质中传播的平面波振幅保持不变,这在 § 14.2 写平面简谐波的表达式时已经用过.

如果是球面波在均匀无吸收的介质中传播,设 O 点是点波源,距 O 为 r_1 和 r_2 处取两个球面,如图 14.14 所示,在单位时间内通过两个球面波的能量仍然相等,设 A_1、A_2 分别为两球面所在处波的振幅,则有

$$\frac{1}{2}\rho A_1^2\omega^2uS_1=\frac{1}{2}\rho A_2^2\omega^2uS_2$$

其中 $S_1=4\pi r_1^2$,$S_2=4\pi r_2^2$,所以

$$A_1^2 4\pi r_1^2=A_2^2 4\pi r_2^2$$

即

$$\frac{A_1}{A_2}=\frac{r_2}{r_1}$$

可见,球面波的振幅与离点波源的距离成反比. 以 A_0 表示与波源距离为单位长度时的振幅,则 $A_1r_1=A_2r_2=A_0$,与点波源相距为 r 时波的振幅 $A=\frac{A_0}{r}$. 由振动的相位随 r 的增加而落后的关系与平面波相类似,所以球面简谐波的表达式为

$$y=\frac{A_0}{r}\cos\left[\omega\left(t-\frac{r}{u}\right)+\varphi_0\right] \tag{14.25}$$

四、波的吸收

波在介质中传播时,介质总要吸收波的一部分能量,波的强度将沿波的传播方向逐渐衰减,这种现象称为**波的吸收**.

实验表明,当平面波通过厚度为 dx 的一薄层介质时,如果波的强度因介质吸收波的能量而减小时,其变化量为 dI(dI<0),则 dI 正比于入射波的强度 I,也正比于介质层的厚度 dx,即

$$dI=-\alpha I dx$$

α 为比例系数,在 α 可视为常量的情况下,积分后得

$$I=I_0 e^{-\alpha x} \tag{14.26}$$

式中 I_0 和 I 分别为 $x=0$ 和 $x=x$ 处波的强度,如图 14.15(a)所示. α 是一个与介质性质及波的频率有关的量,称为介质的吸收系数.

(14.26)式说明平面波在介质中传播时,波的强度是按指数规律衰减的,如图 14.15(b)所示.

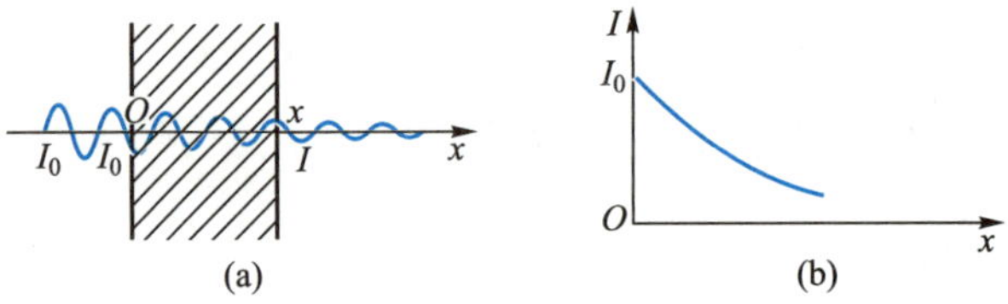

图 14.15

复习思考题

14.9 波在介质中传播时,为什么任一体积元中的动能和势能具有相同的相位? 以绳子上传播的简谐波为例,并与单个弹簧振子的无阻尼自由振动的能量比较予以说明.

14.10 波动过程中,体积元中的总能量随时间而改变,这与能量守恒定律是否矛盾? 为什么?

14.11 试述能流密度定义,它与哪些因素有关?

*§ 14.4 声波

在连续介质中传播的弹性波,如果频率在 $20\sim2\times10^4$ Hz 之间,则能使人产生声音的感觉,这种波称为**声波**;若其频率在 $10^{-4}\sim20$ Hz 之间,则这种波称为**次声波**;若其频率在 $2\times10^4\sim10^{11}$ Hz 之间,则这种波称为**超声波**. 人耳对频率接近 3×10^3 Hz 的声波最为敏感.

一、声压、声强和声强级

为了描述声波在介质中的强弱,常用声压和声强两个物理量. 介质中有声波传播时的压强与无声波传播时的静压强之间有一差额,叫作**声压**. 声压的成因是由于声波是一种疏密波. 在稀疏区域内实际压强小于原来的静压强,在稠密区域内实际压强大于原来的静压强. 前者声压为负值,后者为正值. 显然,由于介质中各点声振动做周期性变化,声压也相应地做周期性变化. 对平面余弦波来说,可以证明,声压振幅 p_m 为

$$p_m=\omega A\rho c \tag{14.27}$$

式中 ρ 表示介质密度,c 为声速,ω 为角频率,A 为声振动的振幅,ρc 常称为介质的特性阻抗.

声强就是声波的能流密度,亦即**单位时间内通过垂直于声波传播方向单位面积的声波能量**. 根据(14.23)式,声强为

$$I=\frac{1}{2}\rho A^{2}\omega^{2}c=\frac{1}{2}\frac{p_{\mathrm{m}}^{2}}{\rho c} \tag{14.28}$$

从(14.27)式与(14.28)式两式,可知声波频率越高,声压和声强就越强. 基于这一事实,用高频发声器可以获得很大的声强. 例如,如果输出功率相同,高频发声器尺寸可以较小,单位面积上所发射的功率(即声强)可较大;又高频声波易于聚焦,可以在焦点上获得极大的声强. 如震耳欲聋的炮声,声强约为 10 W · m^{-2}. 而目前用聚焦方法,超声波最大声强已达 10^{9} W · m^{-2}(相应的声压为数百个大气压),较之炮声声强提高了 10^{8} 倍.

人耳的灵敏度对于每一个频率都有一个最小声强,低于它的声音人耳就听不见了,这个最小声强称为闻阈;同时,还有一个最大声强,高于它的声音会使人感到不适或疼痛,这个最大声强称为痛阈. 图 14.16 给出了人耳的平均听觉范围,可以看出闻阈和痛阈随频率变化. 对于 1 000 Hz 频率的声波,一般正常人听觉的痛阈为 1 W · m^{-2},闻阈为 10^{-12} W · m^{-2},通常把 1 000 Hz 的闻阈 10^{-12} W · m^{-2}作为测定声强的标准,记为 I_0. 如果某声波的声强为 I,本来可以用$\dfrac{I}{I_0}$的比值作为确定声强 I 的级别,一方面由于声强的数量级相差悬殊,例如最高声强与最低声强的比值可达 10^{21}倍,所以常用对数方法标度;另一方面人耳所感受到声音的响度,近似地与声强 I 的对数成正比,所以声强级(也称为声级)用 L 来表示,即

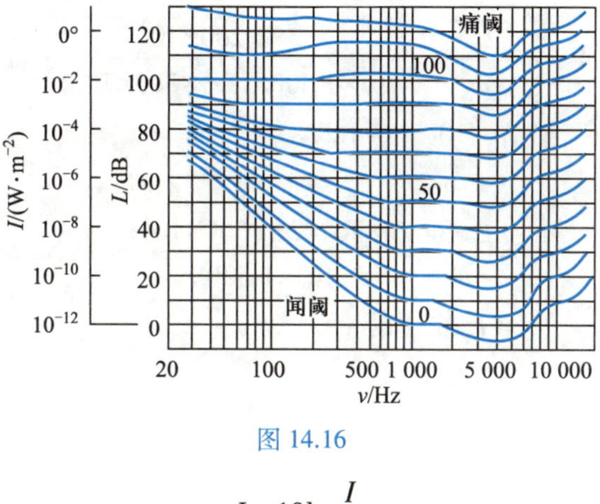

图 14.16

$$L=10\lg\frac{I}{I_0} \tag{14.29}$$

其单位为 dB(分贝). 声强增大到 2 倍$\left(\dfrac{I_2}{I_1}=2\right)$时,声强级约增加 3 dB. 被扩音机放大了的摇摆舞音乐的声强级约为 120 dB,刚好达到人的痛阈,它会使人的听觉能力减退. 而聚焦超声波的声强级可达 210 dB,正常的谈话声的声强级为 60~70 dB. 现

在人们很关心噪声的污染问题，有的地方法令规定户外声音不得大于 100 dB. 当声波在传播过程中，声强 I 发生变化时，声强级的变化也常用 dB 为单位. 例如，声强衰减到起始值的$\frac{1}{2}$时，声强级减小 3 dB.

此外，如果把加速度振幅 $a_m=A\omega^2$ 代入(14.28)式，得

$$I=\frac{1}{2}\rho A^2\omega^2 c=\frac{1}{2}\rho c\frac{a_m^2}{\omega^2} \tag{14.30}$$

由(14.28)式、(14.30)式可知，对频率很高，声强很大的声波，压强振幅可达千百个大气压，加速度振幅可达重力加速度的数百万倍. 我们知道在介质中相距为半波长的两点处，振动的相位相反，亦即一点的压强和加速度达到极大值时，与该点相距半波长的另一点则达到负的极大值. 对高频超声波，半波长约为 1 mm. 在这样小的距离内，就将出现这样大的方向相反的加速度，以及这样大的压强变化，可以想象，高频超声波的作用是异常巨大的.

[例 14.3] 频率为 500 kHz，声强为 1 200×10⁴ W · m⁻²，声速为1 500 m · s⁻¹的超声波，在水(水的密度为 10³ kg · m⁻³)中传播时，求其声压振幅为多少？位移振幅、加速度振幅各为多少？

[解] 由(14.28)式得

$$p_m=\sqrt{2\rho cI}=\sqrt{2\times10^3\times1\,500\times1\,200\times10^4}\ \mathrm{N\cdot m^{-2}}=6\times10^6\ \mathrm{N\cdot m^{-2}}$$

位移振幅为

$$A=\sqrt{\frac{2I}{\rho c\omega^2}}=\sqrt{\frac{2\times1\,200\times10^4}{10^3\times1\,500\times(2\pi\times500\times10^3)^2}}\ \mathrm{m}=1.27\times10^{-6}\ \mathrm{m}=1.27\times10^{-3}\ \mathrm{mm}$$

加速度振幅

$$a_m=\frac{p_m\times\omega}{\rho c}=\frac{6\times10^6\times2\pi\times500\times10^3}{10^3\times1\,500}\ \mathrm{m\cdot s^{-2}}=1.26\times10^7\ \mathrm{m\cdot s^{-2}}\approx1.29\times10^6 g$$

二、声学

声音是人类最早研究的物理现象之一，声学是经典物理学中历史最悠久而当前仍在前沿的一个重要分支学科. 它的基本理论早在 19 世纪中叶就已达到相当完善的地步. 20 世纪初，声学开始外延式发展，逐渐与物理以外的学科结合，建立了进一步的分支学科，如建筑声学、大气声学、电声学、语言声学、心理声学、生理声学、水声学、超声学、生物声学、噪声学、地声学、物理声学等. 它的分支目前已超过 20

个,并且还有不断发展新的分支的趋势. 图 14.17 表示出声学一些主要分支与一些其他领域的联系. 人类的活动几乎都与声学有关,从海洋学到语言音乐,从地球到人的大脑,从机械工程到医学,从微观到宏观,都是声学研究的场所. 声学被认为是“最古老而又最年轻的学科”.

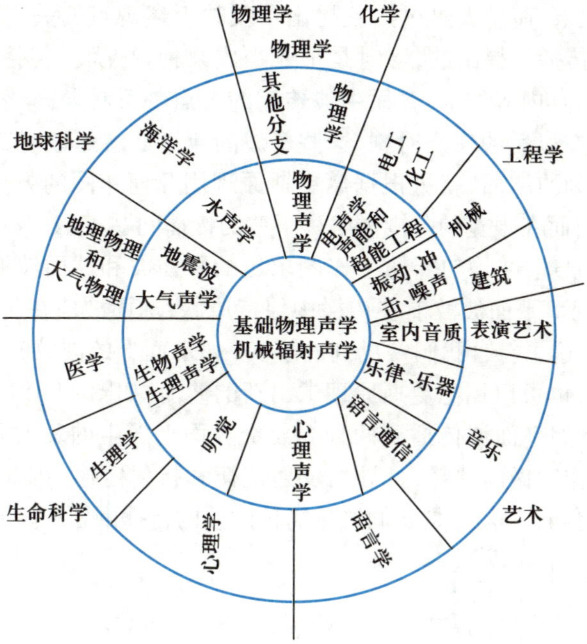

图 14.17

复习思考题

14.12 声压、声强、声强级是如何定义的?与什么因素有关?

§ 14.5 惠更斯原理

水面波传播时,如果没有遇到障碍物,波前的形状将保持不变. 如果用有一小孔的隔板挡在波的前面,不论原来的波面是什么形状,只要小孔的线度小于波长,通过小孔后的波面都将变成以小孔为中心的圆形,好像小孔是点波源一样. 如图 14.18 所示,在演示波动现象的水波盘中放一隔板,中间开一小孔. 从左方传来的水

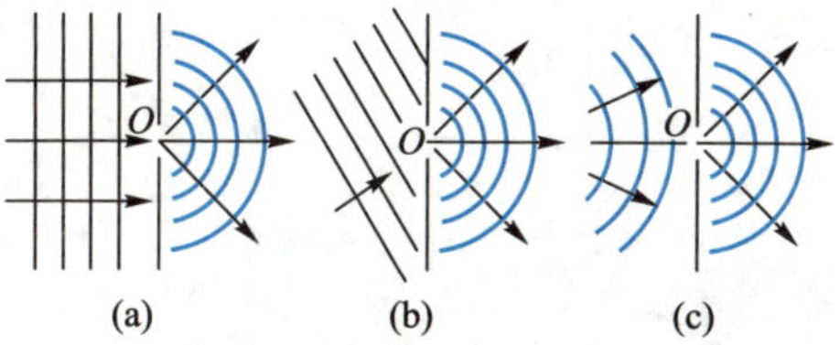

图 14.18

面波不论是平面波如图 14.18(a)、(b)所示或是圆形波如图 14.18(c)所示，穿过小孔 O 后在隔板右方都出现了以 O 为中心的圆形波. 在这个实验里可以说隔板使左方传来的波只在 O 处引起振动，显示了 O 处振动起到了波源的作用. 从这个意义上可以说介质中波到达各处的振动质元也起着波源的作用.

文档：惠更斯简介

早在 17 世纪末，荷兰人惠更斯就提出了反映上述观点的关于弹性波(惠更斯是为了说明光的传播而提出的，当时是把光当成某种弹性波)传播的作图法，人们称为**惠更斯原理**. 其内容如下：**介质中波传到的各点都可看做开始发射子波(或称次波)的点波源，在以后的任一时刻，这些子波的包络面就是该时刻的波前**. 据此，只要知道某一时刻的波面，就可根据惠更斯原理用几何作图的方法决定出以后任意时刻的波面. 因而在很宽的范围内解决了波的传播问题.

根据惠更斯原理，在均匀介质中作图求出的平面波和球面波波前的传播如图 14.19(a)、(b)所示. 平面波波前在传播中保持原状，球面波前在传播中成同心的、半径加大的球面，这里符合我们常见到的事实(如水面上的波纹). 同样，对于有任意形状波前的波，也可以用惠更斯原理求出新的波前，如图 14.19(c)所示. 甚至在不均匀介质中，例如平面波传播到两种介质交界面上发生的反射和折射现象也可以用惠更斯原理作图做出解释，且导出反射定律和折射定律. 因此，根据惠更斯原理作图(简称惠更斯作图法)是我们讨论简单的波的传播问题的重要手段.

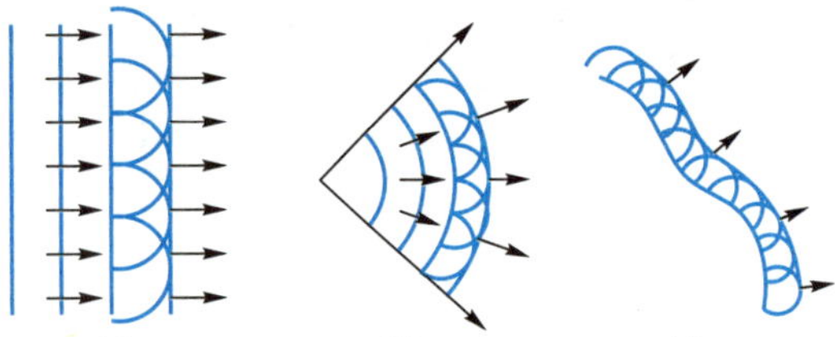

(a) (b) (c)

图 14.19

应该指出，惠更斯原理的子波假设不涉及子波的振幅、相位等的分布问题，不能说明为什么不出现沿相反方向传播的波，也不能解释光波经过诸如小孔等衍射后出现的明暗相间的条纹. 菲涅耳对惠更斯原理做了重要补充，建立了惠更斯-菲涅耳原理，这原理后来成为解决波的衍射问题的理论基础，这些内容将在第十五章做简要介绍.

复习思考题

14.13 惠更斯原理的内容是什么？该原理可用来解决什么问题？它有什么局限性？

§ 14.6 波的叠加原理 波的干涉

本节中，我们进一步讨论两个或几个波在介质中传播相遇的问题，这时将发生波的叠加.

一、波的叠加原理

在生活中，我们经常遇到几列波同时传到某一处相遇，而分开后仍保持原波特性（频率、波长、振动方向等）继续传播的现象. 例如乐队合奏或几个人同时谈话时，人们能辨别出各种乐器或各个人的声音，不同电台发射的无线电波虽在空中相遇过，而传到收音机天线的电波仍是原电台的电波. 通过观察和总结，人们发现**波所传播的振动不因波相遇而发生相互影响，每个波列都保持单独传播时的振动特性而继续传播**. 这称为波的**独立传播原理**.

从波的独立传播原理可以得出结论：在**波相遇处，介质中各点的振动就是各波列单独传播时在该点各振动的合成**. 这个结论称为**波的叠加原理**.

对于各种介质中的机械波或电磁波，当波的振幅不大时，叠加原理都成立. 但对于大振幅的波，例如强烈的爆炸声波和强激光在介质中传播时，叠加原理就不成立，这时相遇波会有互相影响. 对于在真空中传播的电磁波（光波），则叠加原理普遍成立.

一般情况下，波叠加区域内各点振动的总的情况是复杂的，下面只讨论其中最简单但又是最重要的情形——波的干涉以及下一节的驻波.

二、波的干涉

先看用一个水波盘做的演示实验，如图 14.20 所示，两个振动方向相同、频率相同、相位差恒定的点波源 S_1 和 S_2（图 14.20 情形，两波源做同相振动）各自在水面上激起一列振动方向垂直于水面的圆形波，这两列圆形波传播相遇而叠加. 这时我们可以看到水面上各处形成如下情况，有些地方合振动始终较强，有的地方合振动始终较弱（水质元几乎不振动）. 这些振动强弱的地方在水面上形成一种稳定的分布. 这种在**波的叠加区域中各点合振动强弱形成稳定分布**的现象，称为**波的干涉现象**. 我们说这时发生了波的干涉.

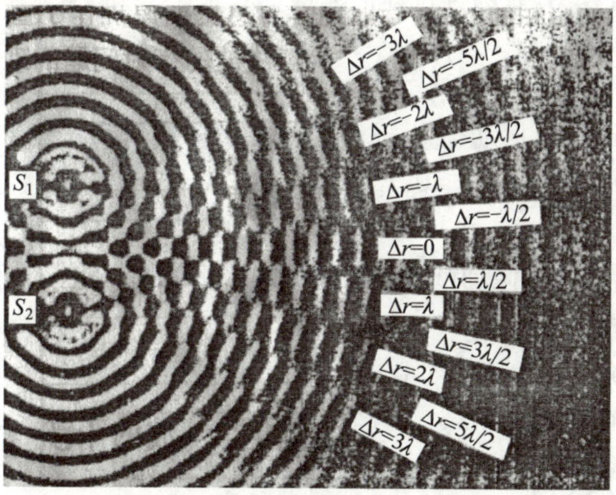

图 14.20

现在对波的干涉进行分析. 如图 14.21 所示,设有两个以相同频率振动的波源 S_1 和 S_2,它们的振动方向都垂直于图面,振动位移分别为

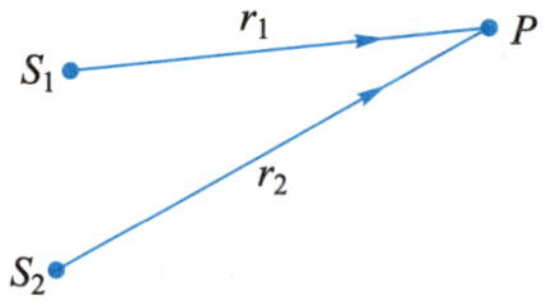

图 14.21

$$y_{10}=A_{10}\cos(\omega t+\varphi_1)$$
$$y_{20}=A_{20}\cos(\omega t+\varphi_2)$$

两波源发出的波在 P 点相遇,P 点到 S_1、S_2 的距离分别为 r_1 和 r_2,在这里,两波列的振动有相同的振动方向(垂直于图面),其表达式分别为

$$y_1=A_1\cos\left(\omega t+\varphi_1-2\pi\frac{r_1}{\lambda}\right)$$
$$y_2=A_2\cos\left(\omega t+\varphi_2-2\pi\frac{r_2}{\lambda}\right) \tag{14.31}$$

求出任意 P 点处这两个振动的合成,就得出干涉的结果,从(14.31)式可知两列波在 P 点的相位差为

$$\Delta\varphi=\varphi_2-\varphi_1-2\pi\frac{r_2-r_1}{\lambda} \tag{14.32}$$

由(13.43)式和(13.44)式,P 点处质元的合振动

$$y=y_1+y_2=A\cos(\omega t+\varphi)$$
$$A=\sqrt{A_1^2+A_2^2+2A_1A_2\cos\Delta\varphi} \tag{14.33}$$

合振动的振幅由两波传到 P 点振动的 A_1、A_2 和相位差 $\Delta\varphi$ 决定,我们把式中 $2A_1A_2\cos\Delta\varphi$ 称为**干涉项**,因为这一项决定了各处合振幅大小,并反映干涉结果. 可以看出,只要各点的干涉项不随时间变化,即 $\Delta\varphi$ 或 $\varphi_2-\varphi_1$ 是恒定的,则各点合振动的振幅就是稳定的,不随时间改变,这就是干涉现象.

通过上述实验和分析,我们可以得出发生波的干涉的条件如下:**当频率相同、振动方向相同,波源振动有恒定的相位差的简谐波叠加时**,可产生波的干涉. 满足这种条件的波列是**相干波**,相应的波源称为**相干波源**.

在波的干涉区域内,有两种特殊情况.

(1) 在 $\Delta\varphi=\pm 2k\pi(k=0,1,2,\cdots)$ 处,

$$A=A_1+A_2 \tag{14.34}$$

在这些点处合振幅最大,振动加强,这称为发生了**相长干涉**或**干涉相长**.

(2) 在 $\Delta\varphi=\pm(2k+1)\pi(k=0,1,2,\cdots)$ 处

$$A=|A_1-A_2| \tag{14.35}$$

在这些点处合振幅最小,振动减弱,这称为发生了**相消干涉**或**干涉相消**,特别是当 $A_1=A_2$ 时,$A=0$,这些点不振动.

一般情况,A 介于 $|A_1-A_2|$ 与 A_1+A_2 之间.

由(14.32)式可知,决定 $\Delta\varphi$ 有两个因素,一个是波源初相差$(\varphi_2-\varphi_1)$,一个是 P 点分别与两波源的距离之差(r_1-r_2),亦即波从两波源到 P 点的传播路程之差,称为**波程差**,用 $\Delta r=r_1-r_2$ 表示. 下面讨论仅因波程差而引起的相位差. 令 $\varphi_2=\varphi_1$,则

$$\Delta\varphi=\frac{2\pi(r_1-r_2)}{\lambda}=\frac{2\pi}{\lambda}\Delta r \tag{14.36}$$

上式表明，在同一均匀介质中传播时，由波程差引起的相位差等于波程差乘以$\frac{2\pi}{\lambda}$.

利用这个结果可知，若波源振动初相相同，则

(1) 在 $\Delta r=\pm k\lambda(k=0,1,2,\cdots)$ 处

$$A=A_1+A_2 \tag{14.37}$$

即**波程差为波长的整数倍处，是相长干涉**.

(2) 在 $\Delta r=\pm(2k+1)\frac{\lambda}{2}(k=0,1,2,\cdots)$ 处

$$A=|A_1-A_2| \tag{14.38}$$

即**波程差为半波长的奇数倍处，是相消干涉**.

以上各式，即(14.34)式、(14.35)式、(14.37)式、(14.38)式，称为干涉加强减弱(或干涉相长相消)的条件.

用上面结果容易说明图 14.20 中的现象. 图中，S_1、S_2 为同相波源，则水面上任一点 P 的合振幅完全由波程差 Δr 决定. 凡是波程差为波长整数倍的地方，就是合振幅最大的地方. 这里，如在中学时所讨论的，也就总是两列波传来的波峰与波峰相遇，波谷与波谷相遇的地方. 凡是波程差为半波长奇数倍的地方，就是合振幅最小的地方，这也总是两列波传来的波峰与波谷相遇，波谷与波峰相遇的地方.

值得强调指出，干涉现象是波动这一运动形式或者说波动性的重要特征现象，对于声波、光波，干涉现象都有重要意义，而且波干涉的概念对于近代物理概念的发展也起了重要作用.

[例 14.4] 两个同频率波源 S_1 和 S_2 相距$\frac{\lambda}{4}$，两波源振动方向相同，初相差为 $\varphi_1-\varphi_2=\frac{\pi}{2}$. 在通过 S_1、S_2 的直线上，S_2 外侧各点的合振幅为多大？S_1 外侧各点的合振幅又为多大？设两列波在 S_1S_2 直线上各点的振幅不随传播距离变化，都等于 A_0.

[解] 设 S_2 外侧的任一点 P 距 S_1、S_2 的距离分别为 r_1 和 r_2，如图 14.22(a) 所示，则在 P 点两波传来振动的相位差为

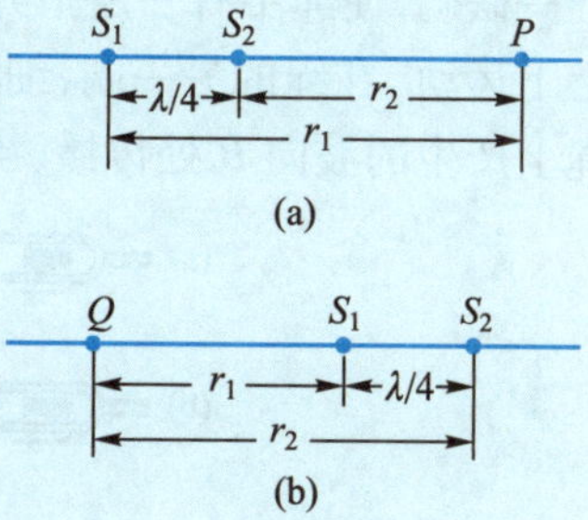

图 14.22

$$\Delta\varphi=\varphi_2-\varphi_1-\frac{2\pi(r_2-r_1)}{\lambda}$$

因 $\varphi_2-\varphi_1=-\frac{\pi}{2}$，$r_2-r_1=-\frac{\lambda}{4}$，故

$$\Delta\varphi=-\frac{\pi}{2}+\frac{\pi}{2}=0$$

即两列波在任一点 P 的振动都是同相的. 故在 S_2 外侧任一点合振幅为

$$A=2A_0$$

在两波源连线上向 S_2 外侧传播的波叠加后是一列加强了的波.

在 S_1 外侧，取任一点 Q，如图 14.22(b)所示，同样求两列波在 Q 点的相位差 $\Delta\varphi$，则由于这里 $r_2-r_1=\dfrac{\lambda}{4}$，可得

$$\Delta\varphi=-\frac{\pi}{2}-\frac{\pi}{2}=-\pi$$

即两列波传到 S_1 外侧任一点振动都是反相的，且振幅相等，故合振幅

$$A=0$$

即在两波源连线上没有向 S_1 外侧传播的波.

这个例题说明，波的干涉使两波源单独存在时波在空间传播的情况发生了显著的改变，这表现了波动性的特征.

复习思考题

14.14 两波源发出振动方向相同、频率相同的波，它们在空间相遇时，是否一定会发生干涉？为什么？两波能产生干涉现象的条件是什么？

14.15 两相干波叠加后，在相遇点振动加强和减弱的条件是什么？

§ 14.7 驻波 半波损失

一、驻波的形成

演示实验：驻波演示（一）

演示实验：驻波演示（二）

驻波是一种特殊的波的干涉现象. 例如，当在同一介质中有两列振幅相等的相干波，在同一直线上沿相反的方向传播时，两者叠加就形成一种驻波.

利用绳上波的传播很容易演示驻波现象，如图 14.23 所示，水平细绳 AB 的一端挂一砝码，使绳中有一定张力. 在 B 处有一支撑劈尖，它的作用是限制支撑处绳的上下运动. 在绳的另一端，细绳与电动音叉的一臂相连，音叉以一定频率振动时在绳上产生的波向 B 处传播，当波传到 B 处时相当于传到与不能振动的绳的交界处，

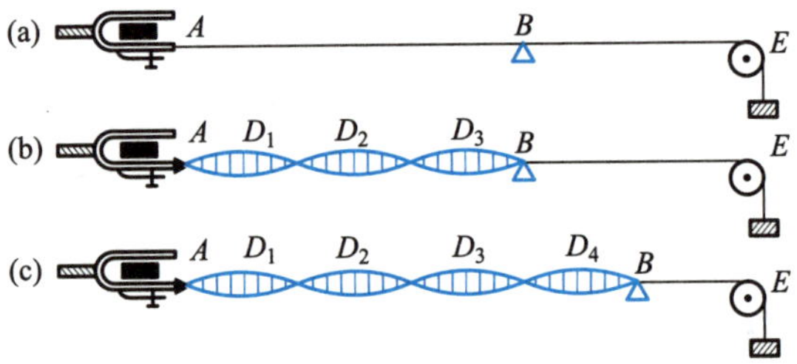

图 14.23

在这绳上的波发生反射，从而在细绳中存在着与传播方向相反的相干波. 调节支撑劈尖 B 的位置以改变 A、B 间的长度，我们很容易看到 AB 之间细绳上形成了稳定的振动状态，只见细绳分段振动，有些点始终静止不动，而另一些点振动最强，这就是驻波.

二、驻波表达式 驻波的特点

设有两列相干波，分别沿 x 轴正方向和负方向传播，如图 14.24 所示. 我们把两列波的波形重合的时刻取为计时零点，并取合位移最大点之中的一个为坐标原点. 则两列波的波动表达式可写成

$$y_1 = A\cos\left(\omega t - \frac{2\pi x}{\lambda}\right)$$

$$y_2 = A\cos\left(\omega t + \frac{2\pi x}{\lambda}\right)$$

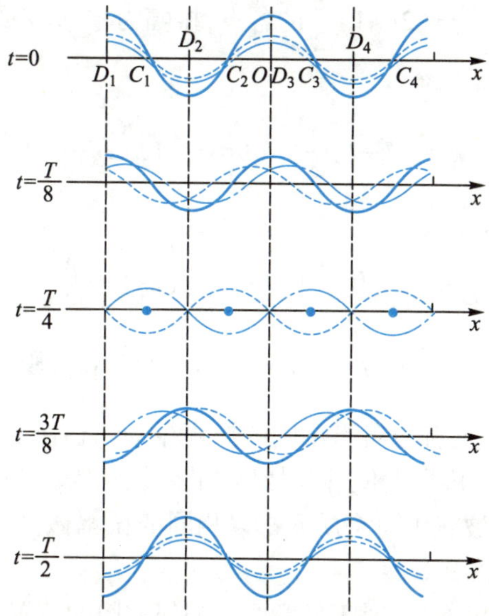

图 14.24

图中长虚线表示 y_1，短虚线表示 y_2. 按叠加原理，各点合振动位移

$$y = y_1 + y_2$$

利用三角函数和差化积公式有

$$y = 2A\cos\frac{2\pi x}{\lambda}\cos\omega t \tag{14.39}$$

上式就是驻波的表达式. (14.39) 式是两个因子的乘积，因子 $2A\cos\frac{2\pi x}{\lambda}$ 只与位置有关，称为振幅因子；因子 $\cos\omega t$ 只与时间有关，称为简谐振动因子[①]. 对于任意一点

① 在一般情况下，如果波的表达式可以写成 $\xi = f(x, y, z)T(t)$ 的形式，其中 $T(t)$ 为时间的周期函数，则它给出的是振幅随位置变化的驻波.

(坐标为 x),上式可以看作是振幅为 $A'=\left|2A\cos\frac{2\pi x}{\lambda}\right|$,角频率为 ω 的简谐振动;各点的振幅不同,随坐标 x 按余弦函数变化. 但(14.39)式不满足 $y(t+\Delta t,x+u\Delta t)=y(t,x)$. 因此它不表示行波,它只表示各点都在做简谐振动.

由驻波表达式(14.39)式可知,当 $\left|\cos\frac{2\pi x}{\lambda}\right|=1$,即$\frac{2\pi x}{\lambda}=k\pi$ 时,对应的各点振幅最大,称为波腹. 因此波腹的位置为

$$x=k\frac{\lambda}{2}\quad(k=0,\pm1,\pm2,\cdots)$$

相邻两波腹间的距离为

$$x_{k+1}-x_k=(k+1)\frac{\lambda}{2}-k\frac{\lambda}{2}=\frac{\lambda}{2}$$

当 $\cos\frac{2\pi x}{\lambda}=0$,即$\frac{2\pi x}{\lambda}=(2k+1)\frac{\pi}{2}$的各点,振幅为零,即始终静止不振动,称为波节,波节的位置为

$$x=(2k+1)\frac{\lambda}{4}\quad(k=0,\pm1,\pm2,\cdots)$$

相邻两波节间的距离为

$$x_{k+1}-x_k=[2(k+1)+1]\frac{\lambda}{4}-(2k+1)\frac{\lambda}{4}=\frac{\lambda}{2}$$

即相邻两波节间的距离也是半波长. 显然相邻的波节和波腹之间的距离为$\frac{\lambda}{4}$.

相邻两波节间各质元都以各自不同的振幅振动,且各质元振动相位相同,例如同时达到正(负)方向位移最大值,同时经过平衡位置等. 与驻波不同,对于一维简谐波这样的行波来说,波线上每个质元都以相同的振幅做简谐振动,同相位质元之间距离均为波长整数倍.

由(14.39)式还可以看出,对于任意两个相邻波腹的位置,例如

$$x_k=\frac{1}{2}k\lambda,x_{k+1}=\frac{1}{2}(k+1)\lambda$$

振幅因子分别为

$$\cos k\pi\quad 和\quad \cos(k+1)\pi$$

这说明两相邻波腹处质元的振动相位差为 π,即相位相反,因两相邻波节之间的质元具有相同的相位,所以每一波节两侧各质元的振动相位相反.

图 14.24 画出了驻波的形成过程,图中的粗实线表示合成波形. 从上向下各图依次表示 $t=0,\frac{T}{8},\frac{T}{4},\frac{3T}{8},\frac{T}{2}$等时刻各质点振动位移的变化,其中 C_1、C_2、C_3、C_4 等各点始终保持不动,这些点就是波节;而 D_1、D_2、D_3、D_4 等各点就是波腹. 而且清楚地看出,对于驻波来说,每一时刻都有一定波形,这些波形的空间位置不像通常的行波那样沿 x 轴正方向或负方向以波速 u 移动,驻波的波形既不向 x 轴正方向移动,

也不向 x 轴负方向移动，而是以节点为标志驻定不动的，只是各质元以各自确定的振幅在各自平衡位置振动，没有振动状态或相位的传播，因而称为驻波.

在驻波中，节点为始终不动的点，原则上没有能量从节点处通过，两波节间能量应当守恒. 如图 14.24 所示，当 $t=0$ 时，各质元的振幅达到极大值，各质元的振动速度均为零，动能为零；但是这时节点附近的相对形变最大，两节点间总势能最大，且主要集中在波节附近. 当 $t=\dfrac{T}{4}$ 时，各质元同时通过平衡位置，形变及其势能均为零，但这时总动能达到最大值，而主要集中在质元速度最大的波腹附近. 由此可见，在驻波中，能量不断由波节附近逐渐集中到波腹附近，再由波腹附近又逐渐集中到波节附近，但始终只发生在相邻的波节和波腹之间. 因此，没有能量通过任何一个波节和波腹，没有能量按某一方向传播.

三、半波损失

在图 14.23 所示的实验中，反射点 B 是固定不动的，在该处形成驻波的一个波节，这一结果说明，当反射点固定不动时，反射波与入射波在 B 点是反相的，如图 14.25(a)所示. 如果反射波与入射波在 B 点是同相位的，那么合成的驻波在 B 点是波腹，如图 14.25(b)所示. 这就是说，当反射点固定不动时，反射波与入射波间有 π 的相位突变. 因为相距半波长的两点相位差为 π，所以这个 π 的相位突变一般形象化地称为半波损失. 如果反射点是自由的，合成的驻波在反射点将形成波腹，这时，反射波与入射波之间没有相位突变.

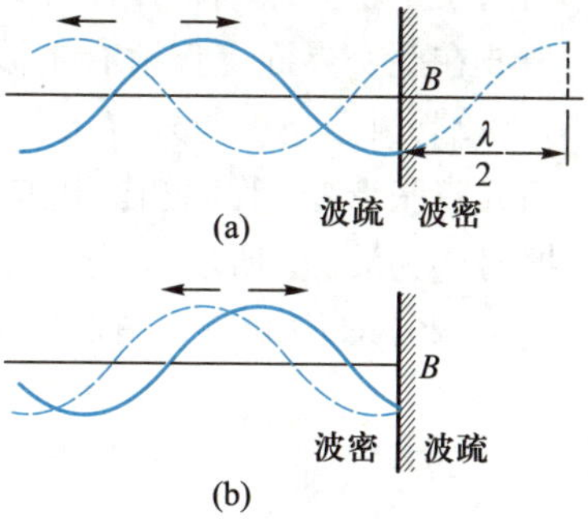

图 14.25

进一步研究表明，当波在空间传播时，在两种介质的分界面处究竟出现波节还是波腹，这将取决于波的种类和两种介质的有关性质以及入射角的大小. 在波动垂直入射情况中，如果是弹性波，我们把密度 ρ 与波速 u 的乘积(称为特性阻抗)较大的介质称为波密介质，乘积 ρu 较小的介质为波疏介质. 那么，当波从波疏介质传播到波密介质，而在分界面上反射时，反射点出现波节，就是说，入射波在反射点反射时有相位 π 的突变，如图 14.25(a)所示. 当波从波密介质传播到波疏介质，而在分界面上反射时，反射点出现波腹，说明入射波在反射点反射时没有相位突变，如图 14.25(b)所示. 相位突变不仅存在于机械波反射时，在电磁波包括光波反射时也会发生. 对于光波我们把折射率 n 较大的介质称为光密介质，折射率 n 较小的介质称为光疏介质，那么当来自光疏介质的入射光在光密介质界面反射时，在反射点也有 π 相位的突变. 以后在光学中还要讨论这个问题.

[例 14.5] 图 14.26(a)所示的是一种用共振法测量空气中声速的装置. 把以频率 ν 振动着的音叉置于管的开口端，管中空气柱的长度 l 可用其插入水中深

浅来调节. 当水面由管的顶端逐渐下降到使 $l=a$ 时,声音强度第一次达到最大值;此后,当管中水面相继下降到使 $l=d+a, 2d+a, \cdots$ 时,声音的强度第二次、第三次……达到最大值. 若 $\nu=1\ 080$ Hz 的音叉测得 $d=15.3$ cm,试求空气中的声速.

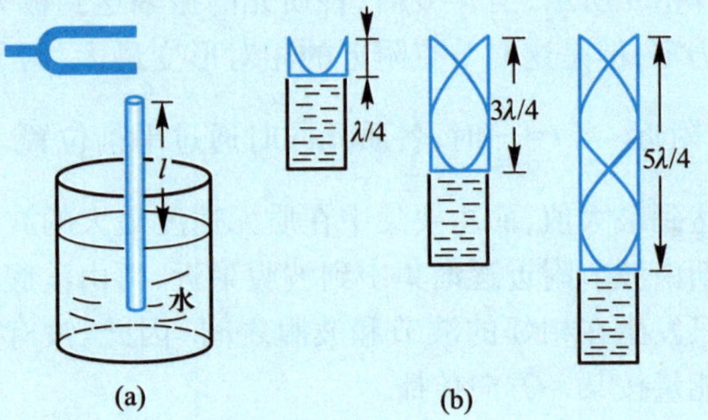

图 14.26

[解] 声音强度出现极大值时,表示音叉频率与管内空气柱的固有频率相同而发生了共振. 由于空气下端是空气(波疏介质)与水(波密介质)的交界面,声波在此交界面上反射有半波损失,在共振时必为波节. 然而,在空气柱的上部开口端,由于空气与外界大气连通,其压强恒为大气压,这里的空气不会发生压缩或膨胀形变. 我们知道驻波波腹处质元的形变为零,因此空气柱的开口端在共振时必为波腹. 所以,在第一、第二、第三次声强极大时,相应的驻波波形分别如图 14.26(b) 中的三个图形所示. 因此,有

$$a=\frac{1}{4}\lambda$$

$$a+d=\left(\frac{1}{4}+\frac{1}{2}\right)\lambda$$

$$a+2d=\left(\frac{1}{4}+1\right)\lambda$$

…………

即

$$d=\frac{\lambda}{2}=\frac{u}{2\nu}$$

所以空气中的声速为

$$u=2d\nu=2\times0.153\times1\ 080\ \mathrm{m\cdot s^{-1}}=330\ \mathrm{m\cdot s^{-1}}$$

[例 14.6] 一沿 x 轴方向传播的入射波的表达式为 $y_1=A\cos\left[2\pi\left(\frac{t}{T}-\frac{x}{\lambda}\right)\right]$,在 $x=0$ 处发生反射,反射点为一节点. 求:

(1) 反射波的表达式.

(2) 驻波的表达式.

(3) 波节、波腹的位置坐标.

[解] (1) 由题给条件,反射点为波节,说明波反射时有 π 的相位突变,所以反射波表达式为

$$y_2=A\cos\left[2\pi\left(\frac{t}{T}+\frac{x}{\lambda}\right)+\pi\right]$$

反射时有 π 的相位突变,在反射波的表达式中可以用 $+\pi$,也可以用 $-\pi$ 表示此相位突变.

(2) 因两波为沿相反方向传播的相干波,根据波的叠加原理,驻波表达式为

$$\begin{aligned}y&=y_1+y_2\\&=A\cos\left[2\pi\left(\frac{t}{T}-\frac{x}{\lambda}\right)\right]+A\cos\left[2\pi\left(\frac{t}{T}+\frac{x}{\lambda}\right)+\pi\right]\\&=2A\cos\left(\frac{2\pi x}{\lambda}+\frac{\pi}{2}\right)\cos\left(\frac{2\pi t}{T}+\frac{\pi}{2}\right)\\&=2A\sin\frac{2\pi x}{\lambda}\sin\frac{2\pi t}{T}\end{aligned}$$

(3) 形成波节的各点,振幅为零,即

$$\sin\frac{2\pi x}{\lambda}=0$$

$$2\pi\frac{x}{\lambda}=\pm k\pi$$

所以

$$x=\pm k\frac{\lambda}{2}$$

各波节的位置坐标为

$$k=0,\quad x_0=0$$

$$k=1,\quad x_1=-\frac{\lambda}{2}$$

$$k=2,\quad x_2=-\lambda$$

…………

$$k=n,\quad x_n=-n\frac{\lambda}{2}$$

形成波腹的各点,振幅最大,即

$$\left|\sin\frac{2\pi x'}{\lambda}\right|=1$$

$$\frac{2\pi x'}{\lambda}=\pm(2k+1)\frac{\pi}{2}$$

所以

$$x'=\pm(2k+1)\frac{\lambda}{4}$$

各波腹的位置坐标为

$$k=0, \quad x_0' = -\frac{\lambda}{4}$$

$$k=1, \quad x_1' = -\frac{3}{4}\lambda$$

$$k=2, \quad x_2' = -\frac{5}{4}\lambda$$

…………

$$k=n, \quad x_n' = -(2n+1)\frac{\lambda}{4}$$

各波节和波腹的位置如图 14.27 所示.

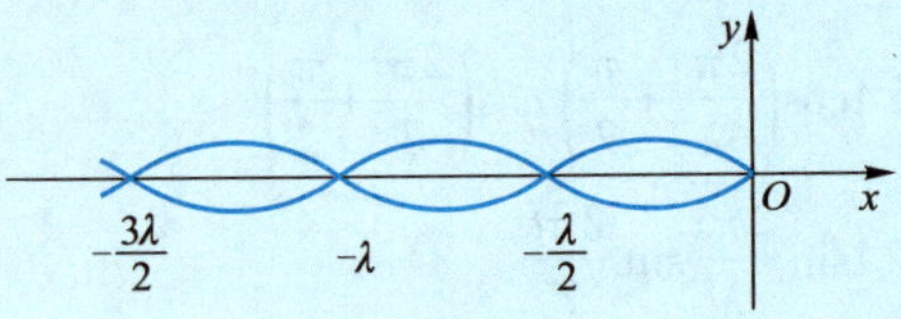

图 14.27

复习思考题

14.16 驻波是怎样形成的？与行波比较驻波有什么特点？

14.17 为什么说驻波中没有波形的传播？驻波形成后，介质中各质点的振动相位有什么关系？

*§ 14.8 电磁波

一、电磁波的产生和传播

按照麦克斯韦电磁场理论，在某一区域中的电场发生变化时，在它邻近的区域就会产生变化的磁场，这个变化的磁场又要在较远的区域产生变化的电场，接着这变化的电场又在更远的区域产生变化的磁场. 这样变化的电场和变化的磁场不断地相互激发并由近及远地传播出去. 这种变化的电磁场在空间以一定的速度传播的过程，称为**电磁波**.

理论和实验表明，振荡电路、带电体的电荷发生变化或电荷作加速运动时，都要产生电磁波，下面以振荡偶极子为例来讨论电磁波的产生和传播.

振荡偶极子是发射电磁波的最简单的系统，它由一对等量异号电荷$+q$ 和$-q$ 所组成，如图 14.28 所示. 这个系统的电矩 $\boldsymbol{p}$ 的大小随$+q$ 和$-q$ 间的间距 l 的变化规律 $l=l_0\cos\omega t$ 而随时间变化.

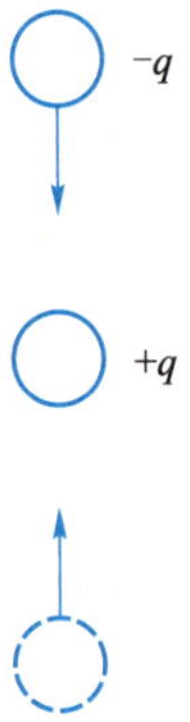

图 14.28

$$p=p_0\cos\omega t$$

式中 $p_0=ql_0$ 为电矩的振幅，ω 是角频率. 这种振荡偶极子所产生的电场和磁场都是随时间迅速变化的，不能用静电场和恒定磁场的规律来计算，而必须用麦克斯韦方程组来计算，由于计算比较复杂，下面只讨论计算结果.

设振荡偶极子位于原点 O，电矩的方向竖直向上，如图 14.29 所示，它周围介质的电容率和磁导率分别为 ε 和 μ，M 为空间任意一点，其径矢 $\boldsymbol{r}$ 与竖直方向的夹角为 θ，计算结果表明，M 点电场强度 $\boldsymbol{E}$，磁场强度 $\boldsymbol{H}$ 和径矢 $\boldsymbol{r}$ 三个矢量互相垂直，并且组成一个右旋系统（见图 14.29），振荡偶极子辐射出去的是球面波，如果 M 点离偶极子的距离足够远，此时 $\boldsymbol{E}$ 和 $\boldsymbol{H}$ 的数值分别为

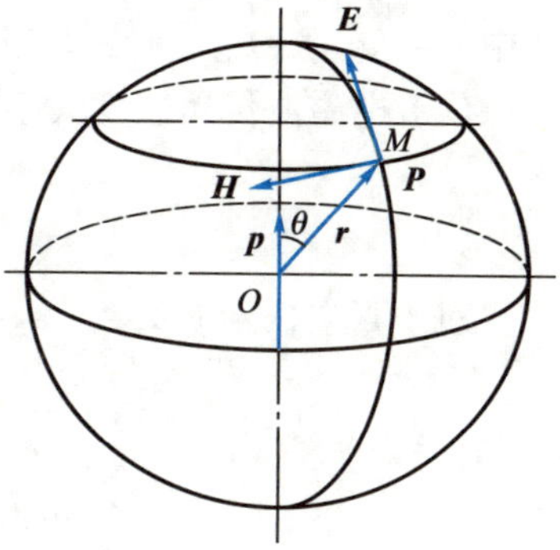

图 14.29

$$E(r,t)=\frac{\mu p_0\omega^2\sin\theta}{4\pi r}\cos\left[\omega\left(t-\frac{r}{u}\right)\right] \tag{14.40a}$$

$$H(r,t)=\frac{\sqrt{\varepsilon\mu}\,p_0\omega^2\sin\theta}{4\pi r}\cos\left[\omega\left(t-\frac{r}{u}\right)\right] \tag{14.40b}$$

式中 $u=\frac{1}{\sqrt{\varepsilon\mu}}$ 为电磁波在介质中的波速.

如果 M 点离开振荡偶极子极远，r 很大，相应的在范围内，θ 的变化很小，$\boldsymbol{E}$ 和 $\boldsymbol{H}$ 的振幅可看成常量，球面波可看成平面波，此时 $\boldsymbol{E}$ 和 $\boldsymbol{H}$ 的大小分别为

$$E(r,t)=E_0\cos\left[\omega\left(t-\frac{r}{u}\right)\right]$$

$$H(r,t)=H_0\cos\left[\omega\left(t-\frac{r}{u}\right)\right]$$

二、电磁波的性质

根据以上讨论，有关电磁波的性质可总结如下：

（1）任一给定点上的 $\boldsymbol{E}$ 和 $\boldsymbol{H}$ 同时存在，具有相同的相位，都以相同的速度传播.

（2）$\boldsymbol{E}$ 和 $\boldsymbol{H}$ 相互垂直，并且都和传播方向垂直，$\boldsymbol{E}$、$\boldsymbol{H}$、$\boldsymbol{u}$ 三者满足右手螺旋关系，如图 14.30 所示，这表明电磁波是横波.

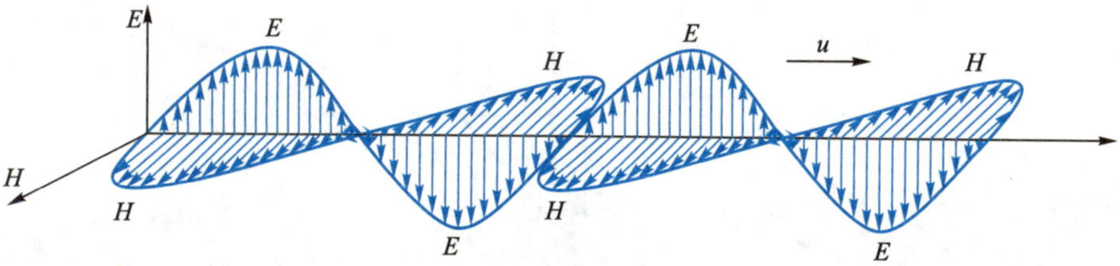

图 14.30

(3) 在空间任一点的 $\boldsymbol{E}$ 和 $\boldsymbol{H}$,在数值上有如下确定关系:

$$\sqrt{\varepsilon}E=\sqrt{\mu}H \tag{14.41}$$

式中 $\varepsilon=\varepsilon_0\varepsilon_r$,$\mu=\mu_0\mu_r$ 分别是电磁波所在介质的电容率和磁导率.

(4) 电磁波传播速度大小决定于介质的电容率 ε 和磁导率 μ,且为

$$u=\sqrt{\frac{1}{\varepsilon\mu}} \tag{14.42}$$

对于真空,$\varepsilon_r=1$,$\mu_r=1$,$\varepsilon_0=8.854\times10^{-12}\ \text{F}\cdot\text{m}^{-1}$,$\mu_0=4\pi\times10^{-7}\ \text{H}\cdot\text{m}^{-1}$,

$$u=\frac{1}{\sqrt{\varepsilon_0\mu_0}}=\frac{1}{\sqrt{8.854\times10^{-12}\times4\pi\times10^{-7}}}\ \text{m}\cdot\text{s}^{-1}$$
$$=2.997\ 9\times10^8\ \text{m}\cdot\text{s}^{-1}\approx3\times10^8\ \text{m}\cdot\text{s}^{-1}$$

这一结果与目前用气体激光测定的真空中光速的最精确实验值 $c=2.997\ 924\ 58\times10^8\ \text{m}\cdot\text{s}^{-1}$非常接近.

(5) $\boldsymbol{E}$ 和 $\boldsymbol{H}$ 的振幅与振荡偶极子的 ω^2、p_0 成正比,与 r 成反比,且都含有 $\sin\theta$,说明辐射强度在各个方向不同,在 $\theta=\frac{\pi}{2}$时,辐射最强;在 $\theta=0$ 或 π 处,无辐射.

三、电磁波的能量

电磁波是变化的电磁场在空间的传播,由于电磁场具有能量,所以随着电磁波的传播必将伴随着能量的传播,这种以电磁波形式传播出去的能量叫作辐射能. 在各向同性介质中,辐射能的传播方向就是电磁波的传播方向,辐射能的传播速度就是电磁波的传播速度.

在电磁学中,已知电场和磁场的能量体密度各为

$$w_e=\frac{1}{2}\varepsilon E^2,w_m=\frac{1}{2}\mu H^2,$$

则电磁场的总能量体密度为

$$w=w_e+w_m=\frac{1}{2}(\varepsilon E^2+\mu H^2) \tag{14.43}$$

为了研究能量的传播情况,我们引入能流密度的概念. 如图 14.31 所示,设一平

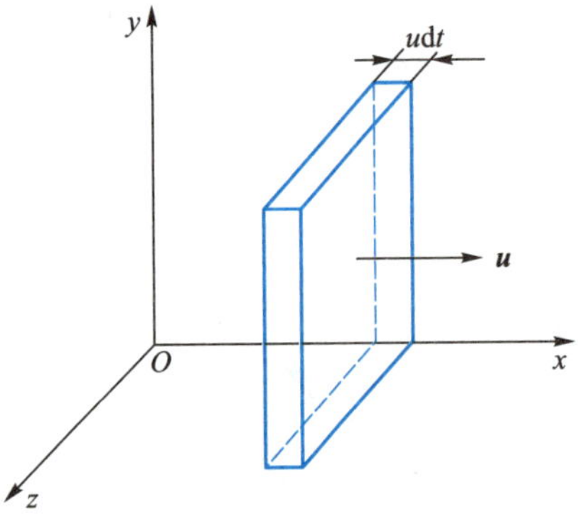

图 14.31

面电磁波沿 x 轴传播，传播的速度为 $\boldsymbol{u}$，若介质不吸收电磁能量，则在 $\mathrm{d}t$ 时间内长为 $u\mathrm{d}t$，截面积为 A 的长方体内电磁能恰好从体积元内传播出右边平面，即在 $\mathrm{d}t$ 时间内体积元内部全部电磁能通过了右边侧面. 那么，单位时间内流过垂直于传播方向单位面积的能量，即能流密度 S 为

$$S=\frac{wAu\mathrm{d}t}{A\mathrm{d}t}=wu$$

将(14.43)式、(14.42)式代入上式，由(14.41)式可得

$$S=EH \tag{14.44}$$

因为 $\boldsymbol{E}\perp\boldsymbol{u}$，并有 $\boldsymbol{E}\times\boldsymbol{H}$ 所决定的方向为电磁波能量传播的方向，所以上式可表示为

$$\boldsymbol{S}=\boldsymbol{E}\times\boldsymbol{H} \tag{14.45}$$

$\boldsymbol{S}$ 称为**电磁波的能流密度矢量**，又称**坡印廷矢量**，$\boldsymbol{E}$、$\boldsymbol{H}$ 和 $\boldsymbol{S}$ 满足右手螺旋关系，如图 14.32 所示.

将(14.40)式代入(14.44)式可得到平面电磁波的坡印廷矢量大小为

$$S=E_0H_0\cos^2\omega\left(t-\frac{r}{u}\right),$$

显然，当频率很高时，$\boldsymbol{S}$ 的大小是一个随时间变化很快的瞬时值，而瞬时值是难以测量的，我们能测量到的只能是 $\boldsymbol{S}$ 大小的平均值. 因此，我们通常用求平均值的方法来度量能流密度的大小. 在波动光学中，我们将在一周期 T 内电磁波能流的平均值称为光强，用 I 表示：

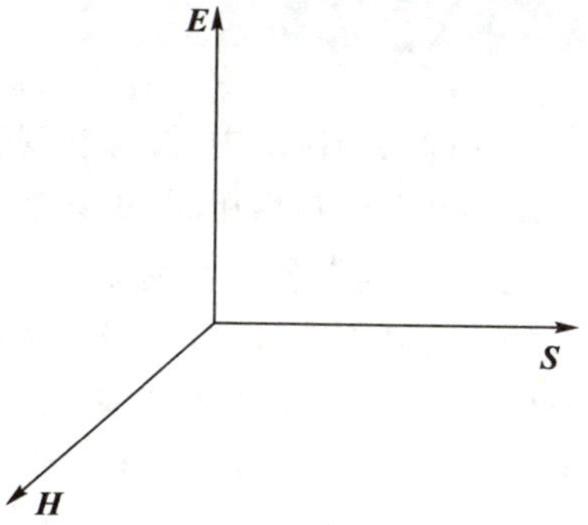

图 14.32

$$I=\langle S\rangle=\frac{1}{T}\int_0^T EH\mathrm{d}t=\frac{1}{T}\int_0^T E_0H_0\cos^2\omega\left(t-\frac{r}{u}\right)\mathrm{d}t$$
$$=\frac{1}{2}E_0H_0=\frac{1}{2}\sqrt{\frac{\varepsilon}{\mu}}E_0^2.$$

由于我们关心的是光的强度相对大小而不是其绝对值，于是，上式可写作

$$I=\frac{1}{2}E_0^2 \tag{14.46}$$

可见，光强与电磁波中电场强度的振幅的平方成正比.

四、电磁波谱

实验指出，光是电磁波，而且 X 射线、γ 射线等都是电磁波. 所有这些电磁波在本质上完全相同，只是频率和波长不同，我们按照波长或频率的次序把这些电磁波排列成谱，称为电磁波谱，如图 14.33 所示，图中指出了各种波长范围(波段)的电磁波名称.

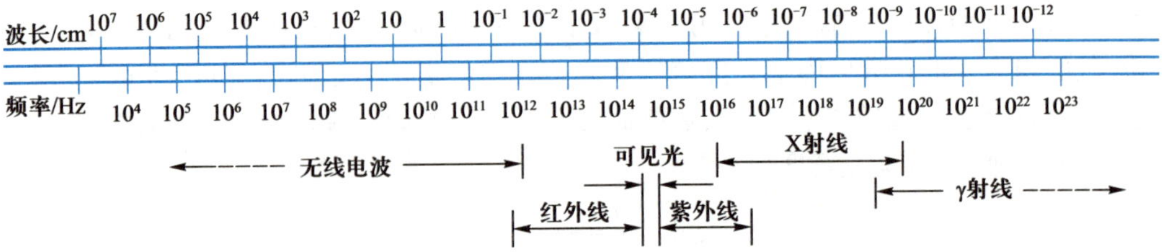

图 14.33

复习思考题

14.18 什么叫电磁波的能流密度？为什么要引入平均能流密度的概念？

§ 14.9 多普勒效应

在前面的讨论中，波源和观察者（或接收器）相对于介质都是静止的，所以波的频率和波源的频率相同，观察者接收到的频率和波的频率相同. 但在日常生活和科学观测中，经常会发生波源或观察者相对于介质运动的情况. 例如在火车轨道旁站着的人听到火车鸣笛声，当火车趋近时音调较火车静止时高，而远离时音调较静止时低. 如果波源或观察者或两者相对于介质运动，则发现观察者（或接收器）接收到的频率和波源振动的频率不同. 这种**观察者接收到的频率有赖于波源或观察者运动的现象**，称为**多普勒效应**. 声波（机械波）和光波（电磁波）都有多普勒效应，但两者有原则性区别. 本课程中简要介绍声波的多普勒效应，对于光波，只给出关于其多普勒效应的结论. 下面就来分析这一现象.

一、机械波的多普勒效应

为简单起见，我们假定波源、观察者的运动发生在两者的连线上，设波源相对于介质的运动速度为 v_S，观察者相对于介质的运动速度为 v_R，以 u 表示波在介质中传播的速度. 波源的频率、观察者接收到的频率和波的频率分别用 ν_S、ν_R 和 ν_W 表示. 这里，波源的频率 ν_S 是指波源在单位时间内发生的完全波的数目；观察者接收到的频率 ν_R 是指观察者在单位时间内接收到的完全波的数目，而波的频率 ν_W 是指单位时间内通过介质中某点的完全波的数目，它满足 $\nu_W=\dfrac{u}{\lambda}$ 的关系. 只有当波源和观察者相对介质静止时，三者才是相等的. 现分别讨论三种情况.

1. 波源不动，观察者以速度 v_R 相对于介质运动

首先假定观察者向波源运动. 在这种情况下，观察者在单位时间内所接收到的完全波的数目比他静止时要多. 这是因为，在单位时间内原来位于观察者处的波面向右传播了 u 的距离，同时观察者自己向左（向波源）运动了 v_R 距离，这就相当于波通过观察者的总距离为 $u+v_R$（图 14.34），因而这时在单位时间内观察者所接收的

完全波的数目为

$$\nu_{\mathrm{R}}=\frac{u+v_{\mathrm{R}}}{\lambda}=\frac{u+v_{\mathrm{R}}}{u/\nu_{\mathrm{W}}}=\frac{u+v_{\mathrm{R}}}{u}\nu_{\mathrm{W}}$$

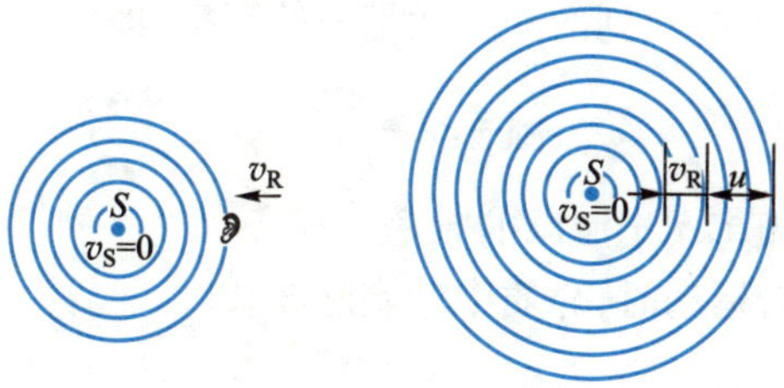

图 14.34

演示实验:多普勒效应

由于波源在介质中静止,所以波的频率就等于波源的频率,$\nu_{\mathrm{W}}=\nu_{\mathrm{S}}$,因而有

$$\nu_{\mathrm{R}}=\frac{u+v_{\mathrm{R}}}{u}\nu_{\mathrm{S}} \tag{14.47}$$

所以观察者向波源运动时所接收到的频率为波源频率的$\left(1+\frac{v_{\mathrm{R}}}{u}\right)$倍.

当观察者远离波源运动时,按类似分析,可得观察者接收到的频率为

$$\nu_{\mathrm{R}}=\frac{u-v_{\mathrm{R}}}{u}\nu_{\mathrm{S}} \tag{14.48}$$

即此时接收到的频率低于波源的频率. 综合(14.47)式、(14.48)式知,只要将 v_{R} 理解为代数值,并且规定,观察者接近波源时 v_{R} 为正值,远离波源时为负值,则当波源不动,观察者以 v_{R} 相对波源运动时所接收到的频率可统一表示为

$$\nu_{\mathrm{R}}=\frac{u+v_{\mathrm{R}}}{u}\nu_{\mathrm{S}}$$

2. 观察者不动,波源以速度 v_{S} 相对于介质运动

波源在运动中仍按自己的频率发射波,在一个周期 T_{S} 内,波在介质中传播了距离为 uT_{S} 完成了一个完整的波形. 该波源向着观察者运动. 在这段时间内波源位置由 S_1 移到 S_2,移过距离为 $v_{\mathrm{S}}T_{\mathrm{S}}$[图 14.35(a)],由于波源的运动,介质中的波长变小了,实际波长为

$$\lambda'=uT_{\mathrm{S}}-v_{\mathrm{S}}T_{\mathrm{S}}=\frac{u-v_{\mathrm{S}}}{\nu_{\mathrm{S}}}$$

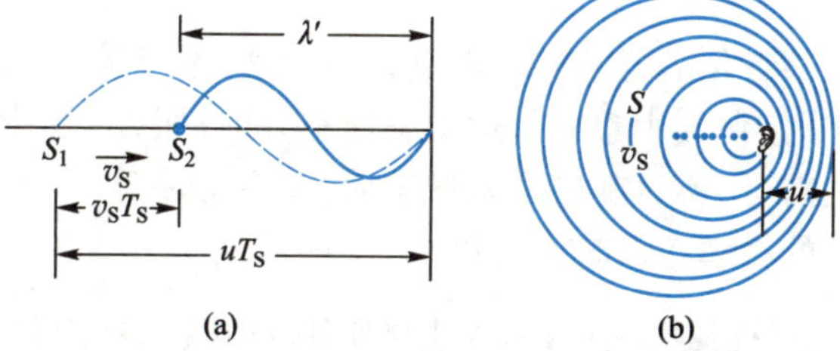

图 14.35

与此对应，波的频率为

$$\nu_W=\frac{u}{\lambda'}=\frac{u}{u-v_S}\nu_S$$

由于观察者静止，所以他接收到的频率就是波的频率，即

$$\nu_R=\nu_W=\frac{u}{u-v_S}\nu_S \tag{14.49}$$

此时观察者接收到的频率大于波源的频率.

当波源远离观察者运动时，介质中的实际波长

$$\lambda'=uT_S+v_ST_S=\frac{u+v_S}{\nu_S}$$

按类似分析，可得观察者接收到的频率为

$$\nu_R=\frac{u}{u+v_S}\nu_S \tag{14.50}$$

这时观察者接收到的频率低于波源的频率.

同样，如果将 v_S 理解为代数值，并规定波源接近接收器时为正值，远离接收器时为负值，则(14.49)式、(14.50)式可统一表示为

$$\nu_R=\frac{u}{u-v_S}\nu_S$$

图 14.35(b)表示波源在移动时每个波动造成的波阵面，其球面不是同心的. 从图上可以清楚地看出，在波源运动的前方波长变短，后方波长变长.

3. 观察者与波源同时相对介质运动

根据以上的讨论，由于波源的运动，介质中波的频率为

$$\nu_W=\frac{u}{u-v_S}\nu_S$$

由于观察者运动，观察者接收到的频率与波的频率之间的关系为

$$\nu_R=\frac{u+v_R}{u}\nu_W$$

代入上式得观察者接收到的频率为

$$\nu_R=\frac{u+v_R}{u-v_S}\nu_S \tag{14.51}$$

当波源和观察者相向运动时，v_S 和 v_R 均取正值，当波源和观察者相背运动时，v_S 和 v_R 均为负值.

如果波源和观察者是沿着它们的垂直方向运动，不难推知 $\nu_R=\nu_S$，则没有多普勒效应发生. 又如果波源和观察者的运动是任意方向，那么只要将速度在连线上的分量代入上述分式即可. 不过随着两者的运动，在不同时刻 ν_S 和 ν_R 的分量也不同，这种情况下接收到的频率将随时间变化.

[例 14.7] 一警报器发射频率为 1 000 Hz 的声波，离观察者向一固定的目标物运动，其速度为 10 m · s^{-1}，试问：

(1) 观察者直接听到从警报器传来声音的频率为多少?

(2) 观察者听到从目标物反射回来的声音频率为多少?

(3) 听到拍频是多少?

(空气中的声速为 330 m · s^{-1}.)

[解] 已知 $\nu_S=1\ 000$ Hz, $v_S=10$ m · s^{-1}, $u=330$ m · s^{-1}.

(1) 由式(14.50)得观察者直接听到警报器传来声音的频率为

$$\nu_1=\frac{u}{u+v_S}\nu_S=\frac{330}{330+10}\times 1\ 000\ \text{Hz}=970.6\ \text{Hz}$$

(2) 目标物接到的声音的频率由式(14.49)得到

$$\nu_2'=\frac{u}{u-v_S}\nu_S=\frac{330}{330-10}\times 1\ 000\ \text{Hz}=1\ 031.3\ \text{Hz}$$

目标物反射的声音的频率等于入射声音的频率 ν_2',静止观察者听到反射声音频率为

$$\nu_2=\nu_2'=1\ 031.3\ \text{Hz}$$

(3) 两波合成拍的频率

$$\nu_B=\nu_2-\nu_1=(1\ 031.3-970.6)\ \text{Hz}=60.7\ \text{Hz}$$

* 二、电磁波的多普勒效应

多普勒效应是波动过程的共同特征. 电磁波也有多普勒效应. 对于电磁波,因为电磁波的传播不依赖弹性介质,所以波源和观察者之间的相对运动速度决定了接收到的频率. 根据相对性原理和光速不变原理可以证明(从略),如果电磁波和观察者以速度 v_1 沿二者连线相互趋近,则所测得的频率 ν_R 与电磁波源的频率 ν_S 的关系为

$$\nu_R=\sqrt{\frac{c+v_1}{c-v_1}}\nu_S \tag{14.52}$$

当波源与观察者(接收器)相互接近时,v_1 取正值;当波源与观察者相互远离时,v_1 取负值. 前者接收到的频率比发射频率高,称为**紫移**;后者接收到的频率比发射频率低,称为**红移**.

电磁波还存在横向多普勒效应,即当电磁波源和观察者的相对速度 v_r 垂直它们的连线时,观察者所测得的电磁波的频率

$$\nu_R=\sqrt{1-\frac{v_r^2}{c^2}}\nu_S \tag{14.53}$$

如果电磁波源和观察者之间的相对速度 v_r 与它们之间的连线成 θ 角,则观察者所测得的频率为

$$\nu_R=\frac{\sqrt{1-v_r^2/c^2}}{1-(v_r/c)\cos\theta}\nu_S \tag{14.54}$$

多普勒效应在科学技术上有着广泛的应用. 例如天文学就将来自星球的光谱与地球上相同元素的光谱进行比较,发现星球光谱几乎都发生红移,由此可推断这些星球都向着背离地球方向运动,即在“退行”,并能计算这些星球退行速度. 这一观察结果被视为“大爆炸”宇宙学理论的重要证据. 还可用于从地面上的参考点来追踪运动的物体,例如追踪发出电磁波的人造地球卫星. 用这种方法追踪是非常准确的,如一卫星地面站确定远在 10^8 m 处的卫星位置变化时,可以精确到 10^{-2} ~ 10^{-3} m. 利用声波多普勒效应可以测定流体的流动、振动体的振动和潜艇的速度,还可用来报警和监测车速. 在医学上,利用超声波多普勒效应可以对心脏跳动情况予以诊断等.

[例 14.8] 钾光谱中易辨认的一对吸收线 K 线和 H 线,在地面实验室中是出现在 395 nm 附近;在来自牧夫星座一个星云的光中,都在波长 447 nm 处观测到了这两条谱线. 试问该星云正以多大速度离开我们?

[解] 利用电磁波的频率和波长的关系式 $\nu=c/\lambda$ 以及(14.52)式,可得

$$\frac{c}{\lambda'}=\nu_R=\sqrt{\frac{c+v_S}{c-v_S}}\nu_S=\sqrt{\frac{c+v_S}{c-v_S}}\frac{c}{\lambda}$$

即

$$\frac{\lambda^2}{\lambda'^2}=\frac{c+v_S}{c-v_S}$$

由此可解得

$$v_S=\frac{\lambda^2-\lambda'^2}{\lambda^2+\lambda'^2}c$$

将 $\lambda=395$ nm 和 $\lambda'=447$ nm 代入上式,可以求得 $v_S=-0.123\ c$. 按规定,v_S 为负表示波源是背着观察者运动的. 所以,该星云以 $0.123c$ 的速率远离我们而去.

复习思考题

14.19 什么叫多普勒效应?

14.20 为什么我们感到迎面开来列车的汽笛声调变高,而背离我们远去的列车的汽笛声调变低?

习题

14.1 选择题

(1) 已知一平面简谐波的表达式为 $y=A\cos(at-bx)$ (a,b 为正值),则 [ ]

(A) 波的频率为 a; (B) 波的周期为$\frac{2\pi}{a}$;

(C) 波长为$\frac{\pi}{b}$；　　(D) 波的传播速度为$\frac{b}{a}$.

(2) 传播速度为 200 $m \cdot s^{-1}$、频率为 50 Hz 的平面简谐波，在波线上相距为 0.5 m 的两点之间的相位差是　[　　]

(A) $\frac{\pi}{3}$；　(B) $\frac{\pi}{6}$；　(C) $\frac{\pi}{2}$；　(D) $\frac{\pi}{4}$.

(3) 一平面简谐波沿 x 轴负方向传播，其振幅 $A=0.01$ m，频率 $\nu=550$ Hz，波速 $u=330\ m \cdot s^{-1}$. 若 $t=0$ 时，坐标原点处的质点达到负的最大位移，则此波的表达式(均为 SI 单位)为　[　　]

(A) $y=0.01\cos[2\pi(550t+1.67x)+\pi]$；

(B) $y=0.01\cos[2\pi(550t-1.67x)+\pi]$；

(C) $y=0.01\cos\left[2\pi(550t+1.67x)-\frac{\pi}{2}\right]$；

(D) $y=0.01\cos\left[2\pi(550t-1.67x)+\frac{3}{2}\pi\right]$.

(4) 在下列平面简谐波的表达式中，选出一组相干波的波函数(均为 SI 单位)　[　　]

(A) $y_1=A\cos 2\pi\left(2.5t-\frac{x}{8}+0.2\right)$；　(B) $y_2=A\cos\left(\frac{\pi}{6}x-40\pi t\right)$；

(C) $y_3=A\cos 2\pi(x-5t)$；　(D) $y_4=A\cos\frac{\pi}{4}(x-20t)$.

(5) 在坐标原点处有一波源，其振动表达式为 $y=A\cos 2\pi\nu t$，由波源发出的平面简谐波沿坐标轴 x 正方向传播. 在距离波源 d 处有一平面将波反射(反射时无半波损失)，如图，则反射波的表达式为　[　　]

(A) $y=A\cos\left[2\pi\left(\nu t+\frac{x}{\lambda}\right)\right]$；

(B) $y=A\cos\left[2\pi\left(\nu t-\frac{d-x}{\lambda}\right)\right]$；

(C) $y=A\cos\left[2\pi\left(\nu t+\frac{2d-x}{\lambda}\right)\right]$；

(D) $y=A\cos\left[2\pi\left(\nu t+\frac{d-x}{\lambda}\right)\right]$；

(E) $y=A\cos\left[2\pi\left(\nu t-\frac{2d-x}{\lambda}\right)\right]$.

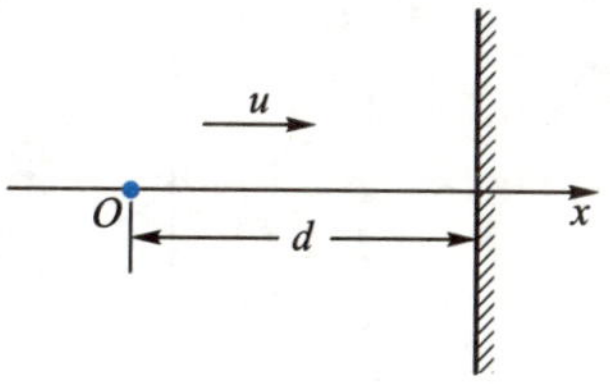

题 14.1(5) 图

14.2　填空题

(1) 已知波源在坐标原点($x=0$)的平面简谐波的表达式为 $y=A\cos(Bt-Cx)$，其中 A,B,C 为正值常量，则此波的振幅为________，波速为________，周期为________，波长为________. 在任意时刻，在波传播方向上相距为 D 的两点的相位差为________.

(2) 有一平面简谐波，波速为 u，已知在传播方向某点 P 的振动表达式为 $y=A\cos\left(2\pi\dfrac{t}{T}+\varphi\right)$，就下面四种选定的坐标系，写出各自波的表达式.

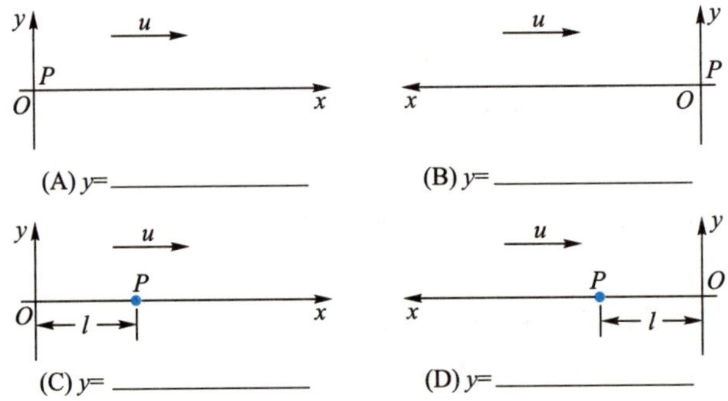

题 14.2(2) 图

(3) 如图所示可以是某时刻的驻波波形，也可以是某时刻的行波波形，图中 λ 为波长. 就驻波而言，x_1、x_2 两点间的相位差为________；就行波而言，x_1、x_2 两点间的相位差为________.

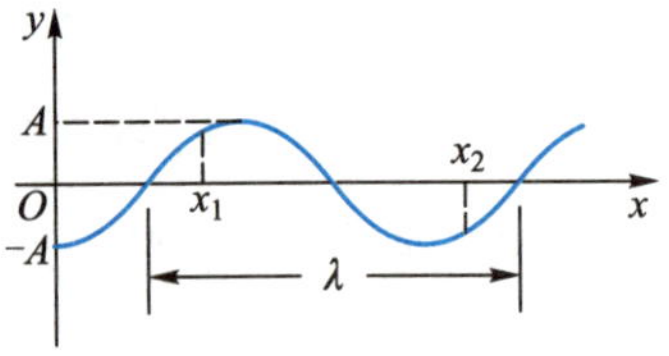

题 14.2(3) 图

(4) 设入射波的表达式为 $y_1=A\cos\left[2\pi\left(\nu t+\dfrac{x}{\lambda}\right)\right]$，波在 $x=0$ 处发生反射，若反射点为固定端，则反射波的表达式为 $y_2=$________；若反射端为自由端，则反射波的表达式为 $y_3=$________.

14.3 作图题

(1) 一平面简谐波沿 x 轴正方向传播，已知波线上 O 点的振动曲线如图(a)所示，试在图(b)上画出 $x=\dfrac{3}{4}\lambda$ 处质点的振动曲线.

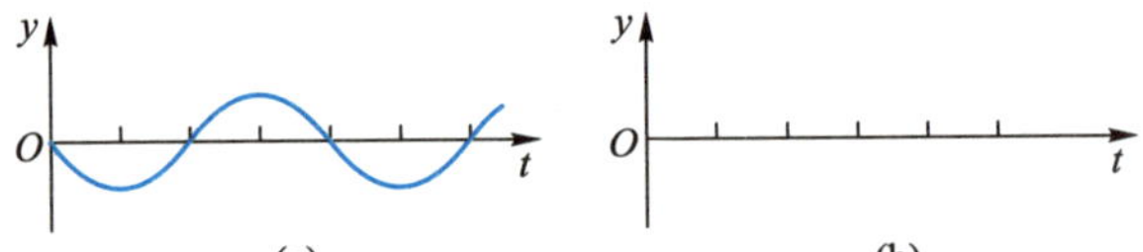

题 14.3(1) 图

(2) 图示为某一简谐波在 t 时刻的波形曲线，试在该图上画出 $t+\dfrac{T}{4}$（T 为该波的周期）时刻的波形曲线.

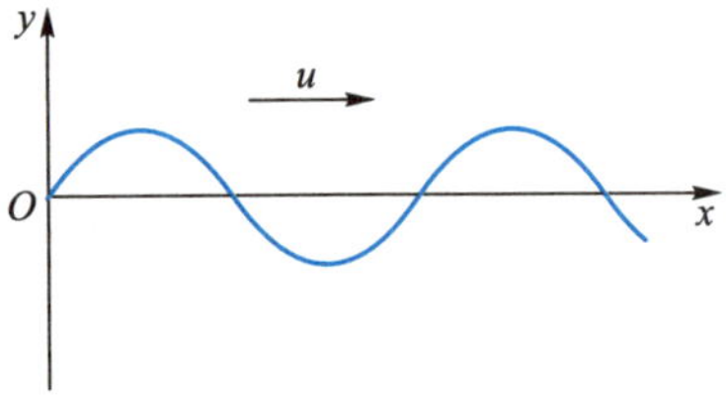

题 14.3(2) 图

(3) 一角频率为 ω 的平面简谐波沿 x 轴正方向传播，已知 $t=0$ 时刻的波形曲线如图(a)所示，试在图(b)上画出 $t=0$ 时刻 x 轴上各点的振动速度 v 与 x 轴坐标的关系图线.

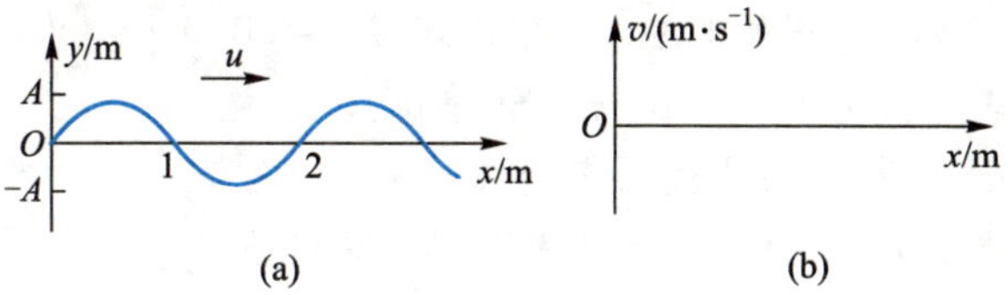

题 14.3(3) 图

14.4 已知波的表达式为

$$y=0.05\sin(10\pi t-0.6x)\ (\text{SI 单位})$$

(1) 求波长、频率、波速和周期;

(2) 说明 $x=0$ 时波的表达式的意义.

14.5 一横波沿绳子传播时的波动表达式为

$$y=0.05\cos(10\pi t-4\pi x)\ (\text{SI 单位})$$

(1) 求此波的振幅、波速、频率和波长.

(2) 求绳子上各质点振动的最大速度和最大加速度.

(3) 求 $x=0.2$ m 处的质点在 $t=1$ s 时的相位,它是原点处质点在哪一时刻的相位?

(4) 分别画出 $t=1$ s、1.25 s、1.50 s 各时刻的波形.

14.6 设有一平面简谐波

$$y=0.02\cos\left[2\pi\left(\frac{t}{0.01}-\frac{x}{0.3}\right)\right]\ (\text{SI 单位})$$

(1) 求振幅、波长、频率和波速.

(2) 求 $x=0.1$ m 处质点振动的初相位.

14.7 已知某一维平面简谐波的周期 $T=2.5\times10^{-3}$ s,振幅 $A=1.0\times10^{-2}$ m,波长 $\lambda=1.0$ m,沿 x 轴正向传播. 试写出此一维平面简谐波的波函数.(设 $t=0$ 时,$x=0$ 处质点在正的最大位移处.)

14.8 将一波源系在一螺旋形长弹簧上,使这波源沿着螺旋形长弹簧激起一连续的正弦纵波. 波源的频率为 25 Hz,而弹簧中相邻的两个稀疏区之间的距离为 24 cm.

(1) 试求这纵波的传播速率;

(2) 如果弹簧中质点的最大纵向振动位移为 0.30 cm,而这个波沿 x 轴的负方向传播,设波源在 $x=0$ 处,而 $x=0$ 处的质点在 $t=0$ 时恰在平衡位置处,且向 x 轴的正方向运动,试写出此正弦纵波的波动表达式.

14.9 已知一沿 x 轴正向传播的平面余弦波在 $t=\frac{1}{3}$ s 时的波形如图所示,且周期 $T=2$ s.

(1) 写出 O 点和 P 点的振动表达式.

(2) 写出该波的波动表达式.

(3) 求 P 点离 O 点的距离.

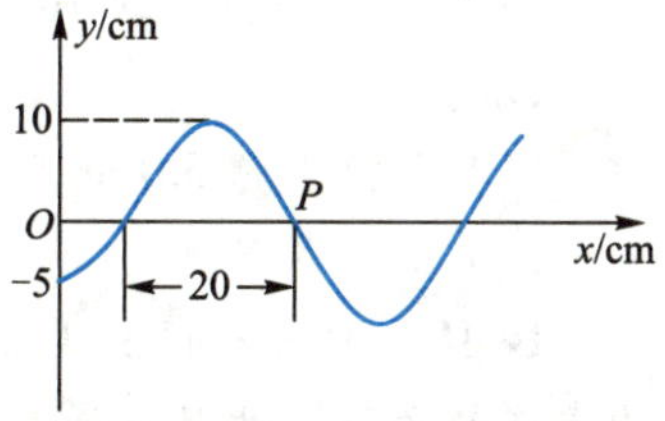

题 14.9 图

14.10 如图所示，一平面波在介质中以速度 $u=20\ \mathrm{m\cdot s^{-1}}$ 沿 x 轴负方向传播，已知 a 点的振动表达式为 $y_a=3\cos 4\pi t$(SI 单位).

(1) 以 a 为坐标原点，写出波动表达式.

(2) 以距 a 点 5 m 处的 b 点为坐标原点，写出波动表达式.

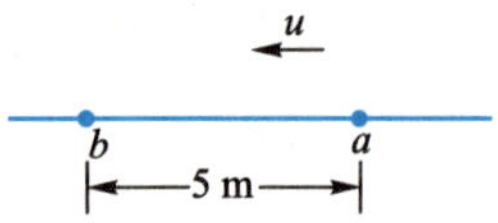

题 14.10 图

14.11 一平面简谐波在 $t=0$ 时的波形曲线如图所示，已知波速 $u=0.08\ \mathrm{m\cdot s^{-1}}$.

(1) 写出该波的波动表达式；

(2) 画出 $t=\dfrac{T}{8}$ 时的波形曲线.

14.12 一列沿 x 正向传播的简谐波，已知 $t_1=0$ 和 $t_2=0.25$ s 时的波形如图所示.

(1) 写出 P 点的振动表达式；

(2) 写出此波的波动表达式；

(3) 画出 O 点的振动曲线.

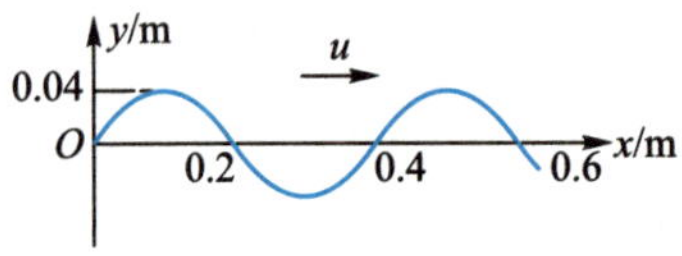

题 14.11 图

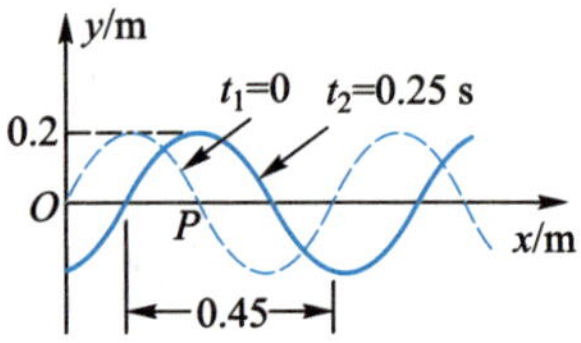

题 14.12 图

14.13 无线电波以 $3.0\times10^8\ \mathrm{m\cdot s^{-1}}$ 的速度在无吸收的介质中传播，求距功率为 50 kW 的波源 500 km 处，无线电波的平均能量密度(设无线电波是球面波).

14.14 功率为 4 W 的点波源，在无吸收的各向同性介质中向外发射球面波. 试求离波源为 2.0 m 处波的强度.

14.15 一扬声器的膜片，半径为 0.1 m，使它产生 1 kHz、40 W 的声辐射，则膜片的振幅应多大? 已知该温度下空气的密度为 $1.29\ \mathrm{kg\cdot m^{-3}}$，声速为 $344\ \mathrm{m\cdot s^{-1}}$.

14.16 一弹性波在介质中以速度 $u=10^3\ \mathrm{m\cdot s^{-1}}$ 传播，振幅 $A=1.0\times10^{-4}$ m，频率 $\nu=10^3$ Hz，若该介质的密度为 $800\ \mathrm{kg\cdot m^{-3}}$，求：

(1) 该波的平均能流密度；

(2) 1 min(分钟)内垂直通过面积 $S=4\times10^{-4}\ \mathrm{m^2}$ 的总能量.

14.17 距一点声源 10 m 的地方，声音的声强级是 20 dB. 若不计介质对声波的吸收，求：

(1) 距离声源 5.0 m 处的声强级；

(2) 距声源多远，声音就听不见了.

14.18 两人轻声说话时的声强级为 40 dB，闹市中的声强级为 80 dB，问闹市中的声强是轻声说话时声强的多少倍?

14.19 天线 P、Q 为两个以相同相位、频率和振幅振动的相干波源，它们在同一介质中，设频率为 ν，波长为 λ，P、Q 间距离为 $\frac{3}{2}\lambda$，R 为 PQ 延长线上离 Q 很远的一点：两波在该点的振幅可视为相等. 试求：

(1) 自 P 发出的波在 R 点的振动与自 Q 发出的波在 R 点的振动的相位差；

(2) R 点的合振动的振幅.

14.20 设 S_1 和 S_2 为两相干波源，相距 $\frac{1}{4}\lambda$，S_1 的相位比 S_2 的相位超前 $\frac{\pi}{2}$. 若两波在 S_1、S_2 连线方向上的强度相同均为 I_0，且不随距离变化，问 S_1、S_2 连线上在 S_1 外侧各点的合成波的强度如何？又在 S_2 外侧各点的强度如何？

14.21 如图所示，A、B 两点为同一介质中的两相干波源，其振幅皆为 0.05 m，频率为 100 Hz，但当 A 点为波峰时，B 点恰为波谷，设在介质中的波速为 $10\ \mathrm{m\cdot s^{-1}}$，试写出由 A、B 发出的两列波传到 P 点时干涉的结果.

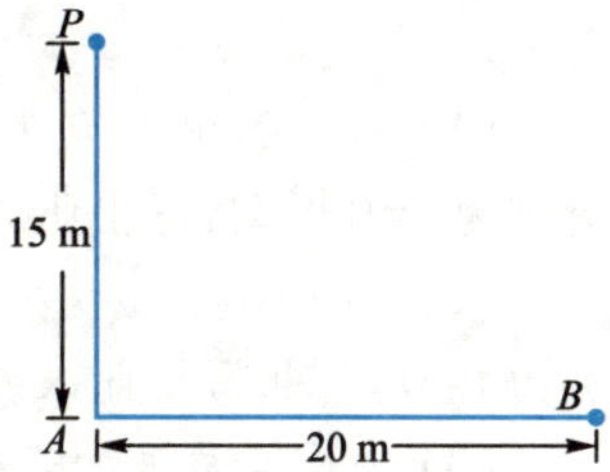

题 14.21 图

14.22 如图所示，地面上一波源 S，与一高频率波探测器所在 D 处的距离为 d，从 S 直接发出的波与从 S 发出经高度为 H 的水平层反射后的波，在 D 处加强. 当水平层逐渐升高 h 距离时，在 D 处未测到信号，如不考虑大气对波能量的吸收，试求此波源 S 发出波的波长 λ.

14.23 如图所示，两列平面简谐相干横波，在两种不同的介质中传播，在分界面上的 P 点相遇. 频率为 $\nu=100$ Hz，振幅 $A_1=A_2=1.00\times10^{-3}$ m，S_1 的相位比 S_2 的相位超前 $\pi/2$，在介质 1 中波速 $u_1=400\ \mathrm{m\cdot s^{-1}}$，在介质 2 中波速 $u_2=500\ \mathrm{m\cdot s^{-1}}$，$S_1P=r_1=4.00$ m，$S_2P=r_2=3.75$ m，求 P 点的合振幅.

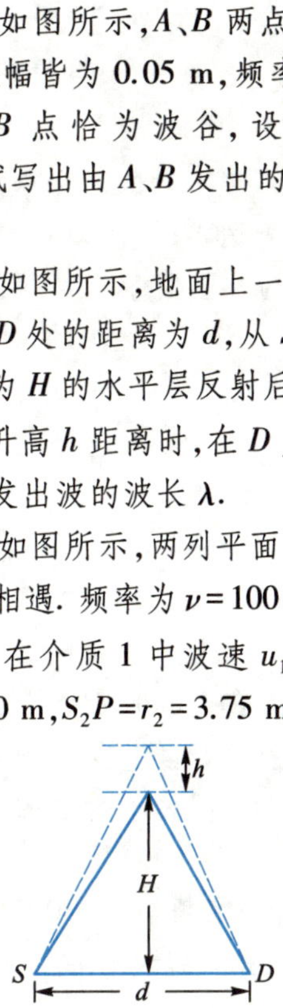

题 14.22 图

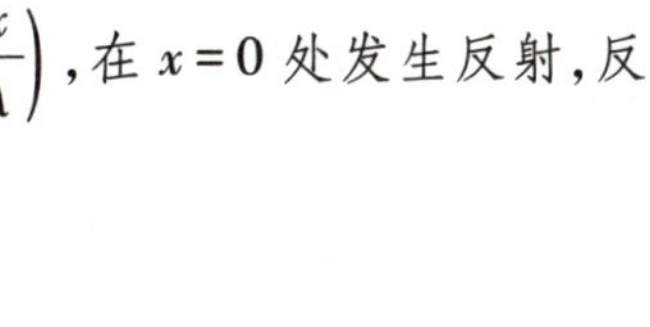

题 14.23 图

14.24 设入射波的 $y_1=A\cos 2\pi\left(\frac{t}{T}+\frac{x}{\lambda}\right)$，在 $x=0$ 处发生反射，反射点为一自由端.

(1) 写出反射波的表达式；

(2) 写出驻波表达式；

(3) 说明哪些点是波腹？哪些点是波节？

14.25 在一根线密度 $\rho_l=10^{-3}\ \mathrm{kg\cdot m^{-1}}$ 和张力 $F=10$ N 的弦线上，有一列沿 x 轴正方向传播的简谐波，其频率 $\nu=50$ Hz，振幅 $A=0.04$ m. 已知弦线上离坐标原点

$x_1=0.5$ m 处的质点在 $t=0$ 时刻的位移为 $+\dfrac{A}{2}$，且沿 y 轴负方向运动. 当传播到 $x_2=10$ m 处固定端时，被全部反射. 试写出：

(1) 入射波和反射波的波动表达式；

(2) 入射波与反射波叠加的合成波在 $0\leqslant x\leqslant 10$ 区间内波腹和波节处各点的坐标；

(3) 合成波的平均能流.

14.26 一平面简谐波某时刻的波形如图所示，此波以波速 u 沿 x 轴正方向传播，振幅为 A，频率为 ν_0.

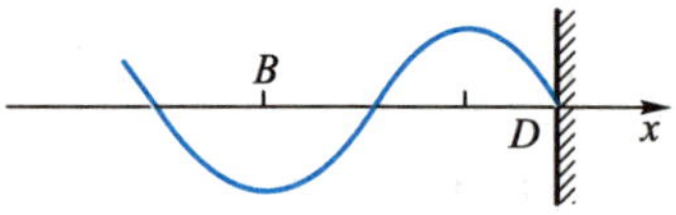

题 14.26 图

(1) 若以图中 B 点为 x 轴的坐标原点，并以此时刻为 $t=0$ 时刻，写出此波的表达式；

(2) 图中 D 点为反射点，且为一节点，若以 D 点为 x 轴的坐标原点，并以此时刻为 $t=0$ 时刻，写出此入射波的表达式和反射波的表达式；

(3) 写出合成波的表达式，并定出波腹和波节的位置坐标.

14.27 一弦线的振动表达式为

$$y=2.0\cos(0.16x)\cos(750t)$$

式中 x,y 以 cm 为单位，t 以 s 为单位. 试问：

(1) 组成此振动的两列波的振幅及波速各为多大？

(2) 相邻两节点间的距离为多长？

(3) $t=2.0\times10^{-3}$ s 时刻，位于 $x=5.0$ cm 处的质点的振动速度是多大？

14.28 正在报警的警钟，每隔 0.5 s 钟响一声，一声接一声地响着，有一个人在以 60 $\mathrm{km\cdot h^{-1}}$ 的速度向警钟行驶的火车中，问这个人在 1 min 内听到几响？

14.29 一观察者站在铁路旁，听到迎面开来的火车汽笛声的频率为 440 Hz，当火车驰过他身旁之后，他听到汽笛声的频率为 392 Hz，问火车行驶的速度为多大？已知空气中声速为 330 $\mathrm{m\cdot s^{-1}}$.

第 14 章习题参考答案

14.30 一固定的超声波探测器，在海水中发出一束频率 $\nu=30\ 000$ Hz 的超声波，被向着探测器驶来的潜艇反射回来，反射波与原来的波合成后，得到频率为 241 Hz 的拍. 求潜艇的速率. 设超声波在海水中的波速为 1 500 $\mathrm{m\cdot s^{-1}}$.

第十五章

波动光学

光学是物理学的一个分支,它主要研究光的本性,光的发射、传播和吸收的规律,光和其他物质的相互作用. 以光的直线传播性质为基础,研究光在透明介质中传播问题的光学,称为几何光学. 以光的波动性质为基础,研究光的传播及其规律的光学,称为波动光学. 以光和物质的相互作用时显示的粒子性为基础来研究光学,称为量子光学. 波动光学和量子光学又统称为物理光学. 本章讨论波动光学.

§15.1 光源 光的相干性

一、光是电磁波

实验指出,光与电磁波一样,都有表现波动特性的干涉现象和衍射现象,在两种不同介质分界面上都会发生反射和折射;光在真空中的传播速度等于电磁波在真空中的传播速度 c,这些结果说明了光是电磁波.

可见光是一种波长很短的电磁波,其波长范围为 0.40~0.76 μm,频率范围为 $7.5\times10^{14}\sim3.9\times10^{14}$ Hz,它是光学研究的对象. 可见光的一个重要特点就是引起人眼的视觉,人眼所看见的不同颜色,实际上是不同波长的可见光,白光则是各种颜色的可见光的混合. 在真空中,人眼不同颜色感光与光的不同波长范围之间的对应关系,大致如下:

红	760~620 nm
橙	620~597 nm
黄	597~577 nm
绿	577~492 nm
青	492~450 nm
蓝	450~435 nm
紫	435~400 nm

光是电磁波,电磁波以电磁场中的 $\boldsymbol{E}$ 和 $\boldsymbol{H}$ 来标志,但人们在实践中发现,无论从生理特性还是感光作用来看,起作用的是电磁波中的电场强度 $\boldsymbol{E}$. 因此,在研究光学时,我们只研究电场强度 $\boldsymbol{E}$ 而不提及磁场强度 $\boldsymbol{H}$,并将 $\boldsymbol{E}$ 矢量称为光矢量.

二、光源

凡是能发光的物体都称为光源. 光源可以分为普通光源和激光光源两大类. 普通光源按发光特点可以分为热光源、非热光源两大类,前者有太阳、白炽灯等,后者有气体放电管的电致发光、荧光、磷光、化学发光、生物发光等.

按照一般光源的发光机理,光是由光源中大量原子或分子(下面以原子为例)从较高的能量状态跃迁到较低的能量状态过程中对外辐射出来的,这种辐射有两个特点,一是各个原子辐射是彼此独立的、无规则的、间歇性进行的,因此,同一时刻不同原子所发的光其频率、振动方向和相位差都各不相同,是随机分布的. 二是光源中各个原子每次发光时间都很短(约 10^{-8} s),每次发出的光波都是一段有限长的、振动方向和频率一定的正弦波列,如图 15.1 所示.

图 15.1

按傅里叶分析,一个长度有限的波列实际是由许多不同频率的简谐波组成,因此,光源发出的光是大量简谐波叠加的光波. 在光学中,我们把具有单一波长的光称为单色光,由很多不同波长复合起来的光称为复色光. 显然,普通光源发出的光是复色光. 但在光学实验中却常常需要具有一定波长的单色光. 通常我们是用各种光谱分析仪或使用滤光片从复色光中获得近似单色的准单色光. 准单色光是由一些波长相差很小的单色光组成的,有一定的波长范围. 我们常用准单色光中光波强度大于最大强度的一半的波长范围 $\Delta\lambda$ 来表征单色光的单色程度,如图 15.2 所示. $\Delta\lambda$ 称为准单色光的谱线宽度. $\Delta\lambda$ 越小,谱线的单色性越好.

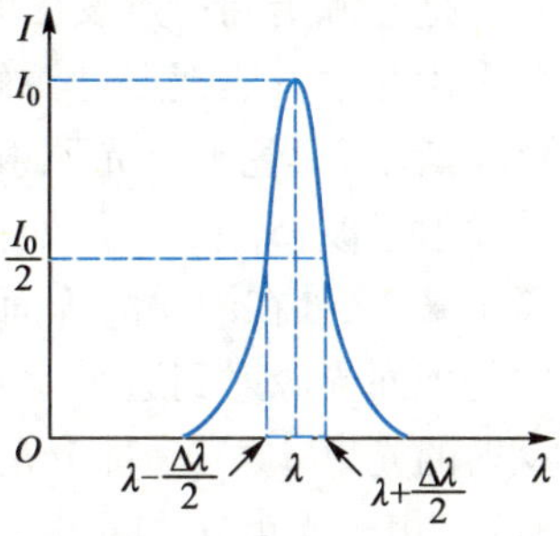

图 15.2

在实验中,经常采用钠光作为单色光源,实际上钠光光谱中包含黄色光的两条谱线(D 线),但这两条谱线靠得很近,其波长可视为近似相同,因此钠光可当作单色光.

20 世纪 60 年代初发明的激光器是一种新的光源,其发光机理与普通光源不同,它是一种方向性和单色性非常好的强光光源,因而在生产和技术上得到了广泛的应用.

三、光的相干性

根据光源的发光机理,我们知道两个独立的普通光源或同一光源的不同部分发出的光不是相干光,因为它们的频率一般不同,光矢量的振动方向及相位差随时间无规则地变化,不满足相干条件,各原子发出的光波波列彼此完全独立,如图 15.3(a)所示,这种非相干光源发出的光的叠加是不会产生稳定干涉图样的,如图 15.3(b)所示,称为非相干叠加.

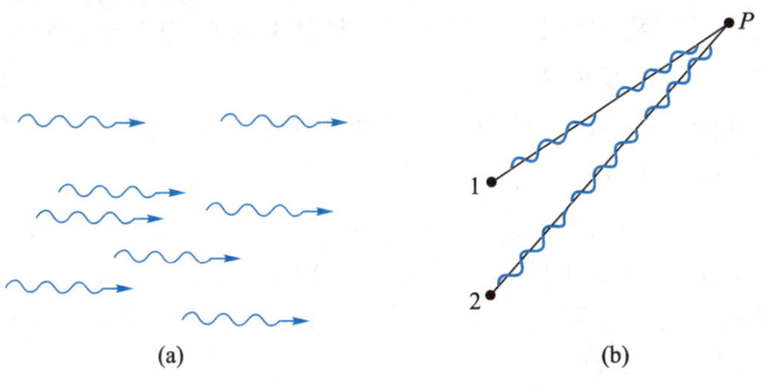

图 15.3

为了要实现光的干涉,必须把同光源同一点发出的光波分成两个光波,使它们经过不同的路径后再相遇,就可以产生干涉现象. 因为在这种情况下每个原子发出的每一光波列都被分成两个波列，由于这两个波列都是从同一波列分离出来的，它们的频率相同，振动方向相同，在相遇点有恒定的相位差，当原子辐射的初相位改变时，两个波列的初相位也作相应改变，所以两个光波在相遇点的相位差保持不变，因而满足相干条件，在相遇的区域可产生干涉现象，称为相干叠加. 由此可见，两列光波的干涉实质上就是从同一波列分离出来的两个波列的干涉.

把光源上同一点发出的光分成两部分的方法有两种：一种是**分波阵面法**，具体是采用光学方法把点光源发出的光波的同一波阵面上分割出两部分次光源，如图 15.4 所示，单色平行光照射到狭缝 S 上，根据惠更斯原理，S 可以看作新的波源，对外发射子波，S_1 和 S_2 是处在同一波阵面上的两个狭缝，由于它们是从同一光源分离出来，又处在同一波阵面上，所以必然满足相干条件. 另一种方法是**分振幅法**，具体是把面光源射到透明薄膜上的光束 a 分离为两部分，一部分是在薄膜的上表面反射的光束 a'，另一部分是在薄膜的下表面反射后再透射出来的光束 a''，如图 15.5 所示. 由于光束 a' 和光束 a'' 都是由光束 a 分离出来的，所以必然满足相干条件.

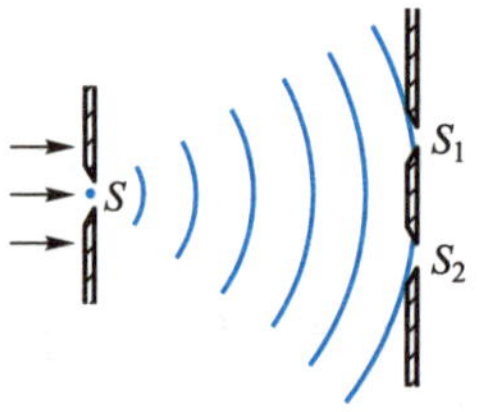

图 15.4

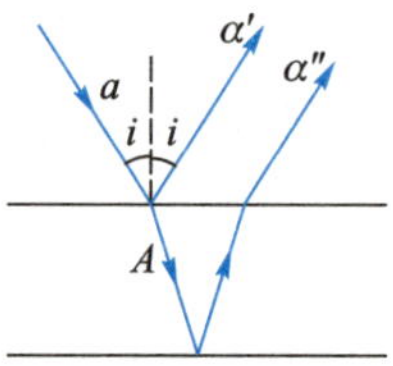

图 15.5

§ 15.2　分波阵面干涉

一、杨氏双缝实验

文档：托马斯·杨简介

杨氏双缝实验装置是典型的一种分波阵面的干涉装置，在历史上，它是判断光具有波动性的最早实验. 1801 年，托马斯·杨用此实验测出光的波长，从而成为历史上第一个测出光的波长的人.

实验装置如图 15.6 所示，单色平行光垂直照射开有狭缝 S 的不透明的遮光板（称为光阑），后面置有另一开有两个距离很小的平行狭缝 S_1 和 S_2 的光阑，S_1 和 S_2 到 S 距离相等，所有的装置在空气中. 由于 S_1 和 S_2 处在同一波阵面上，它们的相位差为零，所以 S_1 和 S_2 就成了两个相同相位的相干光源，它们发出的光在空间叠加将产生干涉现象，若在 S_1 和 S_2 后放一屏幕 E，在屏幕 E 上将出现一组稳定的明暗相间的条纹，称为干涉条纹.

下面对屏幕 E 上的干涉条纹分布进行定量分析，如图 15.7 所示，设相干光源 S_1 和 S_2 之间的距离为 d，其中点 M 到屏幕 E 上的距离为 D，令 P 为屏幕 E 上的任意一点，P 距 S_1 和 S_2 的距离分别为 r_1 与 r_2，从 S_1 和 S_2 发出的光到达 P 处的波程差是

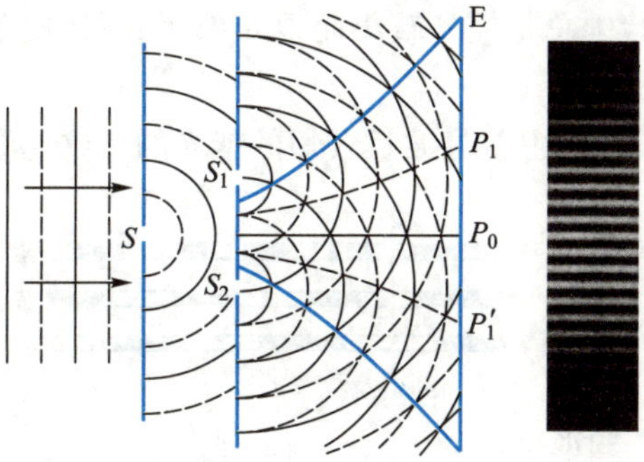

图 15.6

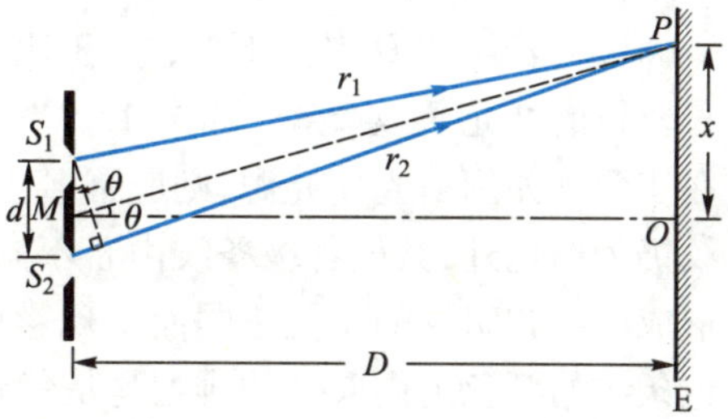

图 15.7

$$\delta = r_2 - r_1 \approx d\sin\theta \tag{15.1}$$

此处 θ 是 PM 和 M 处中垂线之间所成之角(见图 15.7),实验中使屏幕的距离足够远,满足 $D \gg d$ 和 $D \gg x$,此时 θ 角很小,则有 $\sin\theta \approx \tan\theta$. 由图可看到 $\tan\theta = \dfrac{x}{D}$,所以

$$\delta \approx d\sin\theta \approx d\tan\theta = d\,\frac{x}{D} \tag{15.2}$$

根据波的干涉加强与减弱条件可知,当

$$\delta = d\,\frac{x}{D} = \pm k\lambda \quad (k = 0, 1, 2, \cdots) \tag{15.3}$$

或

$$x = \pm k\,\frac{D\lambda}{d} \tag{15.4}$$

此时,P 处的光强极大,形成明纹,当 $k=0$,有 $x=0$,因此,通过 O 点的屏幕 E 上出现一平行于狭缝的明纹,称为中央明纹. 按顺序与 $k=1$,$k=2$,…相应的明纹称第一级、第二级……明纹. 当

$$\delta = d\,\frac{x}{D} = \pm(2k-1)\frac{\lambda}{2} \quad (k = 1, 2, \cdots) \tag{15.5}$$

或

$$x = \pm(2k-1)\frac{D\lambda}{2d} \tag{15.6}$$

P 处的光强极小,形成暗纹. 对应于 $k=1$,$k=2$,…,相应的暗纹称第一级、第二级……暗纹.

当波程差 δ 既不满足(15.3)式,又不满足(15.5)式,则 P 处的光强将介于最明和最暗之间.

由(15.4)式和(15.6)式可求得屏幕 E 上相邻明纹或暗纹中心的间距都是

$$\Delta x = x_{k+1} - x_k = \frac{D}{d}\lambda \tag{15.7}$$

可见,干涉条纹是一系列等距离分布的明暗相间的直条纹.

由(15.7)式可知:

(1) 若单色光的波长一定,双缝之间的间距 d 增大或双缝至屏的距离 D 变小,

则干涉条纹间距 Δx 变小,即条纹变密. 实验中总是使 d 较小而 D 足够远,不致使条纹过密而不能分辨.

(2) 若 d 与 D 保持不变,Δx 正比于波长 λ,也就是波长较短的紫光的条纹比波长较长的红光条纹要密. 如图 15.8 所示. 为此,在实验中如用白光作光源,则屏幕 E 上除中央明纹仍为白色外,其他各级条纹由于不同波长的光形成明纹和暗纹的位置不同而呈现彩色条纹;彩色条纹的颜色由内向外的排列是从紫到红. 当波程差 δ 满足关系

图 15.8

$$\delta = k_1 \lambda_1 = k_2 \lambda_2 \tag{15.8}$$

时,λ_1 的第 k_1 级条纹和 λ_2 的第 k_2 级条纹发生在同一位置,这种现象就是条纹的重叠.

(3) 若 Δx、d、D 由实验测出时,可利用(15.7)式来测定光的波长 λ.

二、劳埃德镜实验

杨氏双缝实验的缺陷是光强小(狭缝限制)因而使得屏幕上干涉条纹不够清晰. 后来又有许多相干光干涉现象更加明显的实验问世. 劳埃德镜实验就是其中的一个.

劳埃德镜实验应用一个光源直接发出的光与它在一个平面镜上反射光构成相干光. 图 15.9 表示的是劳埃德镜的实验装置图. S_1 是一狭缝光源,MN 为一块下表面涂黑的普通平板玻璃(称劳埃德镜),从 S_1 发出的光,一部分直接射到屏幕 E 上,另一部分以掠射角(近 90°的入射角)入射到平面镜 MN 后反射到屏幕 E 上,这部分反射光好像从 S_1 的虚像 S_2 发出的一样,S_1 和 S_2 形成一对相干光源,它们发出的光在屏幕上(斜线部分)相遇,产生明暗相间的干涉条纹.

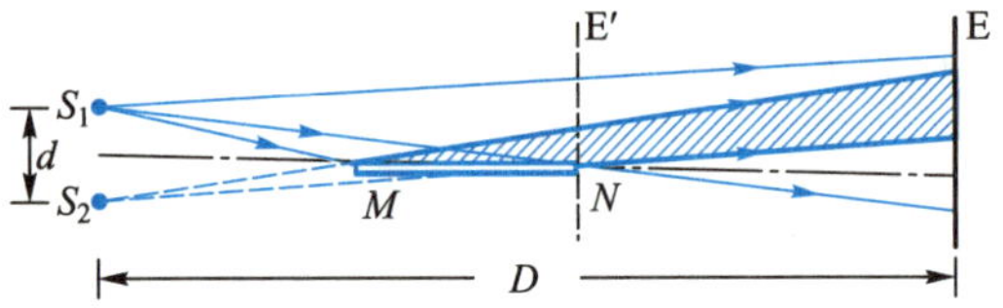

图 15.9

以上实验,干涉条纹的位置和间距的计算与杨氏双缝实验相同,但值得指出的是在劳埃德镜实验中,如果将屏幕平移到与劳埃德镜一端接触,即图 15.9 虚线所示的 E′,这时到达接触点处 N 的两光束的波程差为零. 理应在 N 点出现零级明纹,但实际却是一暗纹. 这是因为其中**反射光束从光疏介质**(空气)**到光密介质**(玻璃)**界面上反射时,反射光有大小为 π 的相位突变**造成的. 由波动理论知道,相位变化 π,相当于波程少了(或多了)半个波长$\frac{\lambda}{2}$,这种现象称为**半波损失**.

今后在讨论有关光学问题时,若有半波损失,在计算时必须计及,否则会得出

与实际情况不符的结果.

[**例 15.1**] 在杨氏双缝实验装置中,光源波长 λ 为 6.4×10^{-5} cm,两狭缝间距 d 为 0.4 mm,光屏离狭缝距离 D 为 50 cm,试求:

(1) 光屏上第一级明纹中心和中央明纹中心之间的距离;

(2) 若 P 点离中央明纹的中心距离 x 为 0.1 mm,问两光束在 P 点的相位差是多少?

[**解**] (1) 根据条纹间距公式(15.7)式

$$\Delta x=\frac{D}{d}\lambda=\frac{50}{0.04}\times6.4\times10^{-5}\ \text{cm}=8.0\times10^{-2}\ \text{cm}$$

(2) 两束光到达 P 点的波程差为

$$\delta=\frac{x}{D}d=\frac{0.01}{50}\times0.04\ \text{cm}=0.8\times10^{-5}\ \text{cm}$$

根据相位差与波程差关系得

$$\Delta\varphi=\frac{2\pi}{\lambda}\delta=\frac{2\pi}{6.4\times10^{-5}}\times0.8\times10^{-5}=\frac{\pi}{4}$$

[**例 15.2**] 在杨氏双缝实验中,设两缝间的距离 d 为 0.2 mm,屏与缝之间距离 D 为 100 cm,试求:

(1) 以波长为 5 890×10^{-10} m 的单色光照射时,第十级明纹中心距中央明纹中心的距离;

(2) 第十级干涉明纹的宽度;

(3) 以白光照射时,屏上出现彩色干涉条纹,求第二级光谱的宽度.

[**解**] (1) 任一级明纹中心与中央明纹中心的距离为

$$x=\pm k\frac{D}{d}\lambda$$

因求第十级明纹中心与中央明纹中心的距离,故取 $k=10$,所以

$$x_{10}=\frac{10\times1}{0.2\times10^{-3}}\times5\ 890\times10^{-10}\ \text{m}=2.945\times10^{-2}\ \text{m}$$

(2) 第十级明纹的宽度,则为第十级和第十一级暗纹的间距,由暗纹公式可知

$$d\frac{x}{D}=(2k-1)\frac{\lambda}{2}$$

任一级暗纹与中央明纹的距离为

$$x_{\text{暗}}=(2k-1)\frac{D\lambda}{2d}$$

$$\Delta x_{10}=x_{11\text{暗}}-x_{10\text{暗}}=\frac{D\lambda}{2d}[(2k_{11}-1)-(2k_{10}-1)]$$

$$=\frac{D}{d}\lambda=\frac{1}{0.2\times10^{-3}}\times5\ 890\times10^{-10}\ \text{m}=2.945\times10^{-3}\ \text{m}$$

(3) 由于 $x\propto\lambda$，则 $x_{紫}<x_{红}$，所以在同一级干涉光谱中，紫光比红光靠近中央明纹，离中央明纹由近到远的排列次序为紫、蓝、青、绿、黄、橙、红，第二级谱线取 $k=2$，由于

$$x_{紫}=\pm k\frac{D}{d}\lambda_{紫}$$

$$x_{红}=\pm k\frac{D}{d}\lambda_{红}$$

所以第二级光谱线宽度为

$$\begin{aligned}\Delta x&=x_{红}-x_{紫}=\pm k\frac{D}{d}(\lambda_{红}-\lambda_{紫})\\&=\frac{1}{0.2\times10^{-3}}\times2\times(7\ 600-4\ 000)\times10^{-10}\ \text{m}\\&=3.6\times10^{-3}\ \text{m}\end{aligned}$$

复习思考题

15.1 为什么说光是电磁波？根据是什么？

15.2 相干光的条件是什么？怎样获得相干光？

15.3 有人认为：相干叠加服从波的叠加原理，非相干光的叠加不服从波的叠加原理，对不对？相干光叠加与非相干光叠加有何区别？

15.4 用两平行的细灯丝作为杨氏双缝实验中的 S_1 和 S_2，是否能观察到干涉条纹？在杨氏双缝实验的 S_1 和 S_2 缝后分别放一红色和绿色滤色片，这样能否看到干涉条纹？

§ 15.3 光程和光程差

一、光程

上面所讨论的干涉实验中，两束相干光都在同一种介质（空气）中传播，光的波长不发生变化，因此两束相干光的相位差 $\Delta\varphi$ 取决于它们的波程差 Δr，其关系式为

$$\Delta\varphi=2\pi\frac{\Delta r}{\lambda}$$

但在不少实验仪器和常见的现象中，两束相干光往往是在不同的介质中传播，由于光通过不同介质时光波的波长要随介质的不同而变化. 所以在这种情况下就不能简单地用波传播的几何路程差来计算相位差了. 为了便于计算相干光在不同介质

中传播相遇的相位差,需要引入光程的概念.

设频率为 ν 的光波,在折射率为 n 的介质中,以速度 u 传播,经过时间 t 后通过的距离 r 为

$$r=ut$$

由于在折射率为 n 的介质中,光速 $u=\frac{c}{n}$,代入上式得

$$nr=ct \tag{15.9}$$

式中 nr 称为与 r 相应的光程. 由(15.9)式可知,光程在数值上等于在相同时间内光在真空中所通过的几何路程. 光程的物理意义就是光在介质中通过的几何路程 r 可折算为在相同时间 t 内光在真空中通过的几何路程 nr. 它实际上是把光在介质中通过的路程按相位变化等同折合成真空中的路程.

二、光程差

一束频率 ν 的光波,在不同介质中的频率不变,但其波长和波速改变. 设在折射率为 n 的介质中的波长为 λ_n,在真空中的波长为 λ,两者的关系为

$$\lambda_n=\frac{u}{\nu}=\frac{c}{n\nu}=\frac{\lambda}{n} \tag{15.10}$$

由于 $n\geqslant 1$,所以介质中的波长比真空中的波长短,为真空中波长的$\frac{1}{n}$.

这样光在介质中通过距离 r 引起的相位差为

$$\Delta\varphi=2\pi\frac{r}{\lambda_n} \tag{15.11}$$

将(15.10)式代入(15.11)式得

$$\Delta\varphi=2\pi\frac{nr}{\lambda}$$

其中 nr 为光程,两光束的光程之差称为光程差,用 δ 表示,光程差和相位差的关系式为

$$\Delta\varphi=2\pi\frac{\delta}{\lambda} \tag{15.12}$$

上式说明,引入光程的概念后,不管光在什么介质中传播,计算相位差都可以统一地用真空中的波长进行计算.

当

$$\delta=\pm k\lambda \quad (k=0,1,2,\cdots) \tag{15.13}$$

则

$$\Delta\varphi=\pm 2k\pi$$

此时干涉加强(最强).

而当

$$\delta=\pm(2k-1)\frac{\lambda}{2} \quad (k=1,2,\cdots) \tag{15.14}$$

则

$$\Delta\varphi=\pm(2k-1)\pi$$

此时干涉减弱(最弱).

(15.13)式和(15.14)式分别为形成明条纹和暗条纹的条件，显然，两束相干光经过的介质不同，对干涉效果起决定作用的不是两束光的几何路程差，而是光程差.

三、使用透镜不会引起附加的光程差

在观察干涉和衍射现象时，经常要使用透镜，一束平行光线通过透镜后会聚于焦点，会不会引起光程差呢？

一束平行光线通过透镜后会聚在焦点 F 处，相互加强成一亮点，如图 15.10(a)所示，这一实验事实说明垂直于入射光的任一平面上的各点 $A,B,C,\cdots$，到达 F 点都具有相同的光程. 关于这个事实可以这样来理解，虽然 $AA'F$ 或 $CC'F$ 的波程总大于 $BB'F$ 的波程，但由于 $AA'F$ 或 $CC'F$ 在透镜中通过的路径要小于 $BB'F$ 在透镜中通过的路径，而透镜的折射率总是大于 1 的，所以可以理解 $AA'F$、$BB'F$ 和 $CC'F$ 是等光程的. 对于斜入射的平行光，会聚于焦平面上 F'处，类似讨论可知，$AA'F'$、$BB'F'$、$CC'F'$也是等光程的，如图 15.10(b)所示. 因此，在观察干涉和衍射现象时，使用透镜不引起附加的光程差，这一性质称为透镜的等光程性.

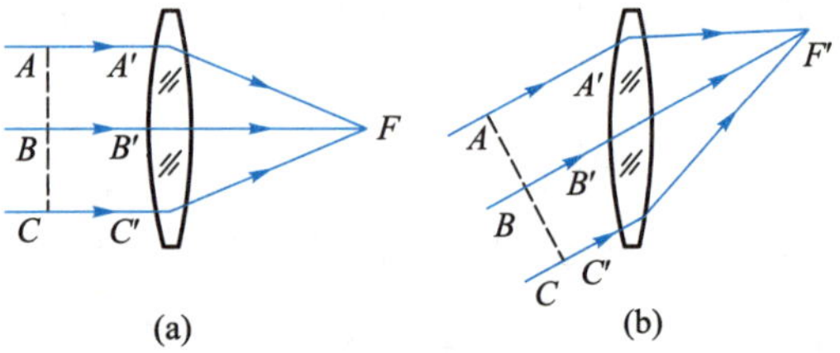

图 15.10

［例 15.3］ 在杨氏双缝实验中，如果用折射率 $n=1.58$ 的透明薄膜盖在一个缝上，如图 15.11 所示，并用 $\lambda=6.328\times10^{-7}$ m 的氦氖激光照射，发现中央明纹向上移动三条，试求薄膜的厚度.

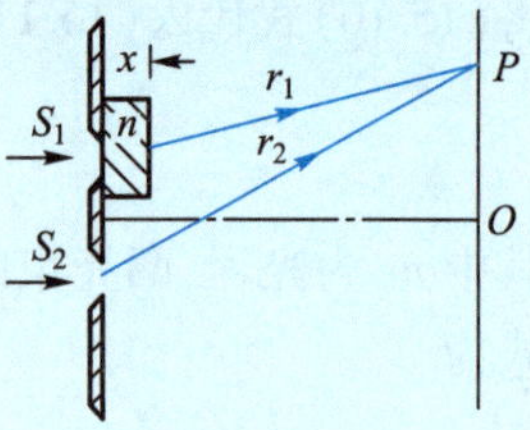

图 15.11

［解］ 由于 P 点是放入薄膜后，中央明纹中心的位置，显然 S_1 和 S_2 到达 P 点的两条光线的光程差为零. 设薄膜的厚度为 x，即

$$r_2-(r_1-x+nx)=k\lambda=0$$

P 点又是未放进介质前 N 级明纹的位置，所以

$$r_2-r_1=N\lambda=3\lambda$$

两式联解得

$$x=\frac{3\lambda}{n-1}=\frac{3\times6.328\times10^{-7}}{1.58-1}\text{ m}$$
$$=3.27\times10^{-6}\text{ m}$$

复习思考题

15.5 为什么要引进光程的概念？如何计算光程差？

15.6 写出光程差和相位差的关系式. 在讨论光的干涉现象时,为什么常用光程差的概念?

§ 15.4 分振幅干涉

最简单的分振幅装置是薄膜. 在日常生活中,人们发现肥皂泡或水面上的油膜在白光照射下呈现美丽的彩色条纹,这就是薄膜干涉的结果.

一、等倾干涉

有一块平行薄膜,厚度为 e,折射率为 n_2,置于折射率为 n_1 的介质中(设 $n_1<n_2$),如图 15.12 所示. 由宽面光源上某点 S_1 发生的一束光线射到薄膜表面 A 上分为两部分. 一部分在上表面反射,成为光线 a,另一部分折射进入薄膜,在另一界面上反射后又折射进入介质 n_1,成为光线 b. 由于 a 与 b 是由同一光线分离出来,满足相干条件,所以可看到干涉条纹.

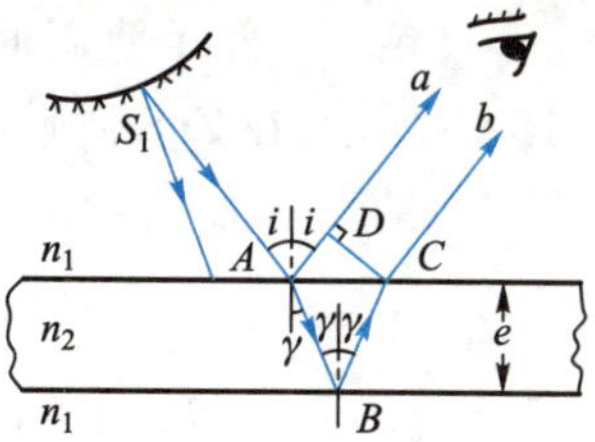

图 15.12

由于干涉而产生明暗条纹的条件取决于 a 与 b 两条光线的光程差. 为此,过点 C 作 CD 垂直于光线 a,由于 C 和 D 到观察点的光程相等,所以 b 光线比 a 光线多走的光程,即两条光线的光程差为

$$\delta=n_2(AB+BC)-n_1AD+\frac{\lambda}{2}$$

式中附加了$\frac{\lambda}{2}$,是由于光线 a 自光疏介质射到光密介质,在薄膜上表面反射时产生的半波损失,而光线 b 自光密介质射到光疏介质,在薄膜的下表面反射时不产生半波损失,因此光线 a、光线 b 因半波损失而产生的附加光程差为$\frac{\lambda}{2}$. 根据几何关系得

$$AB=BC=\frac{e}{\cos\gamma}$$

$$AD=AC\sin i=2e\tan\gamma\sin i$$

又根据折射定律

$$n_1\sin i=n_2\sin\gamma$$

由以上三式可得

$$\delta=2n_2\frac{e}{\cos\gamma}-2n_1e\tan\gamma\sin i+\frac{\lambda}{2}=2e\sqrt{n_2^2-n_1^2\sin^2 i}+\frac{\lambda}{2}$$

所以薄膜干涉的明、暗条件为

$$\delta=2e\sqrt{n_2^2-n_1^2\sin^2 i}+\frac{\lambda}{2}$$

$$=\begin{cases}k\lambda & (k=1,2,3,\cdots) \quad 明纹\\(2k+1)\dfrac{\lambda}{2} & (k=0,1,2,\cdots) \quad 暗纹\end{cases} \tag{15.15}$$

由(15.15)式可见，当介质和波长一定(即 n_1,n_2,e,λ 一定)时，光程差取决于倾角 i，同一级干涉条纹上的各点对应同一倾角，所以称为等倾干涉条纹.

在图 15.12 中，若所用光源是非单色的，则由于各种波长的光各自在薄膜表面形成自己的一套彩色干涉图样，而各套图样的干涉条纹互相错开，因而在薄膜表面形成彩色绚丽的花纹，这正是前面提到的薄膜干涉现象.

[例 15.4] 在某些光学玻璃上，为了增加反射光的强度，往往在玻璃上镀一层薄膜，这种薄膜称为增反膜. 今在 $n_3=1.52$ 的玻璃上镀层 ZnS 薄膜($n_2=2.35$)，为了使波长为 6.328×10^{-7} m 的单色光反射强度最大，ZnS 薄膜的最小厚度 e 应为多少？

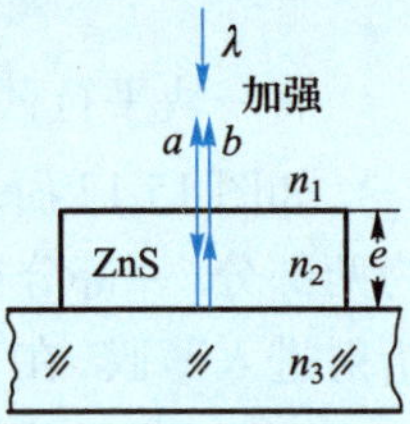

图 15.13

[解] 实际使用时，单色光垂直入射到薄膜上，如图 15.13 所示，在 ZnS 薄膜上、下表面反射光干涉加强的条件是

$$\delta=2n_2e+\frac{\lambda}{2}=k\lambda$$

式中$\dfrac{\lambda}{2}$为 ZnS 薄膜上、下表面反射时由于 $n_1<n_2$，$n_2>n_3$ 因半波损失而产生的附加光程差. 解得

$$e=\frac{(2k-1)\lambda}{4n_2}$$

根据题意，取 $k=1$ 时，e 最小，所以

$$e=\frac{\lambda}{4n_2}=\frac{6.328\times10^{-7}}{4\times2.35}\text{ m}$$
$$=6.73\times10^{-8}\text{ m}$$

[例 15.5] 为了增加照相机镜头(玻璃 $n_3=1.52$)的透射光强度，往往在镜头上镀一层氟化镁 MgF_2($n_2=1.38$)透明薄膜，这种薄膜称为增透膜，为使透镜对人眼和照相底片最敏感的波长为 550 nm 的绿光反射最小，试求氟化镁的最小厚度？

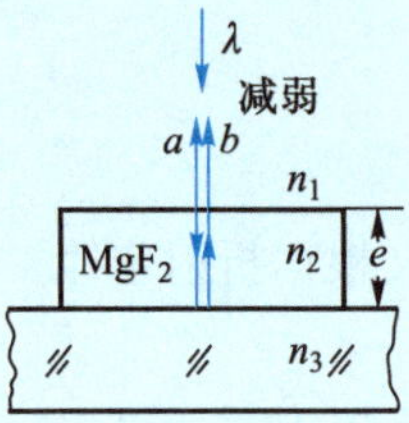

图 15.14

[解] 如图 15.14 所示，根据增透膜的条件，在 MgF_2 薄膜上、下表面反射光干涉减弱，由于 $n_3>n_2>n_1$，上、下表面反射光均有半波损失，所以光程差

$$\delta=2n_2e=(2k+1)\frac{\lambda}{2}$$

得

$$e=\frac{2k+1}{4n_2}\lambda$$

当 $k=0$ 时,e 最小,得

$$e=\frac{2k+1}{4n_2}\lambda=\frac{5.500\times10^{-7}}{4\times1.38}\ \mathrm{m}$$
$$=9.96\times10^{-8}\ \mathrm{m}=99.6\ \mathrm{nm}$$

二、等厚干涉

上面讨论的是单色光入射到平行平面薄膜时所产生的干涉现象. 现在讨论薄膜厚度不均匀时所产生的干涉现象. 为简单起见,我们只研究单色光在劈尖形状的薄膜上的干涉和牛顿环.

1. 劈尖的干涉

两块平面玻璃片,如果一端叠合,另一端夹一细丝,这样在两块玻璃片之间形成的空气薄膜称为空气劈尖,如图 15.15(a)所示,两玻璃片的交线称为棱边,与棱边平行的线上各点对应的劈尖厚度相等,两玻璃片的夹角称为劈尖角. 当平行光垂直入射时,在空气劈尖上、下表面反射的光线 a 与 b 将发生干涉,设劈尖某一点的空气膜厚度为 e,由(15.15)式,此时 $n_2=1$(空气),$i=0$(垂直入射),可得 a 与 b 两条光线的光程差为

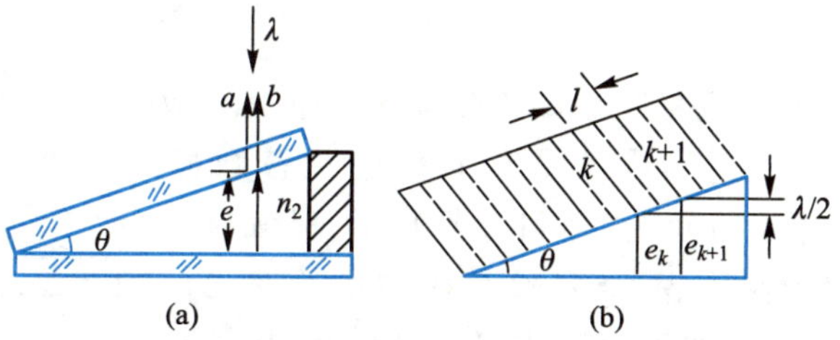

图 15.15

$$\delta=2e+\frac{\lambda}{2}=\begin{cases}2k\dfrac{\lambda}{2} & (k=1,2,3,\cdots)\quad 明纹\\[2ex](2k+1)\dfrac{\lambda}{2} & (k=0,1,2,\cdots)\quad 暗纹\end{cases}\qquad(15.16)$$

式中$\frac{\lambda}{2}$是附加光程差,这是由于空气劈尖的折射率比上、下两玻璃片的折射率都小,在空气劈尖上、下表面只有下表面的反射光有半波损失的缘故.

由(15.16)式可见,在单色光垂直入射的情况下,在干涉图样中同一条干涉条纹下的薄膜厚度相等,所以劈尖干涉是等厚干涉. 空气劈尖的棱边由于 $e=0$,光程差为$\frac{\lambda}{2}$,所以棱边为暗纹,劈尖表面出现与棱边平行的、明暗相间的、均匀分布的干涉条纹,如图 15.15(b)所示.

由(15.16)式可求得两相邻明纹(或暗纹)对应的空气层厚度差为

$$\Delta e=e_{k+1}-e_k=\frac{1}{2}(k+1)\lambda-\frac{1}{2}k\lambda=\frac{\lambda}{2}\qquad(15.17\mathrm{a})$$

设相邻明纹(或相邻暗纹)间的距离为 l,则由图 15.15(b)可知

$$l\sin\theta=\frac{\lambda}{2}\quad 即\quad l=\frac{\lambda}{2\sin\theta}$$

通常 θ 很小,所以 $\sin\theta\approx\theta$,则上式变为

$$l=\frac{\lambda}{2\theta}\tag{15.18a}$$

由此可见,劈尖角 θ 越小,条纹间距越大,若能测得相邻条纹间的距离 l,便可由(15.18)式求出入射光的波长或微小角度 θ.

若劈尖不是空气劈尖,而是由折射率为 n 的介质制成,则光程差的公式应为 $\delta=2ne+\frac{\lambda}{2}$,(15.17a)式和(15.18a)式分别变为

$$\Delta e=\frac{\lambda}{2n}\tag{15.17b}$$

$$l=\frac{\lambda}{2n\theta}\tag{15.18b}$$

劈尖干涉在实际中有很多应用,由(15.17a)式、(15.18a)式、(15.17b)式、(15.18b)式可知,利用劈尖干涉可以测定微小的角度、微小的厚度、单色光的波长和介质的折射率等.

[例 15.6] 为了测量一根细的金属丝直径 D,按图 15.16 办法形成空气劈尖,用单色光垂直照射形成等厚干涉条纹,用读数显微镜测出干涉明纹的间距,就可以算出 D,已知 $\lambda=0.589\ 3\ \mu\text{m}$,测量结果是:金属丝与棱边的距离 $L=28.880$ mm,第一条明纹到第三十一条明纹的距离为 4.295 mm,求 D.

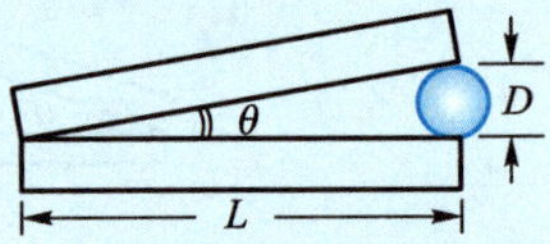

图 15.16

[解] 因角度 θ 很小,故可取 $\sin\theta\approx\frac{D}{L}$,于是得 $l\frac{D}{L}=\frac{\lambda}{2}$,故 $D=\frac{L}{l}\frac{\lambda}{2}$,设相邻两条明纹间的距离为 l,由题设有

$$l=\frac{4.295}{30}\ \text{mm}=0.143\ 2\ \text{mm}$$

故金属丝直径为

$$D=\frac{L}{l}\frac{\lambda}{2}=\frac{28.880}{0.143\ 2}\times\frac{0.589\ 3\times10^{-3}}{2}\ \text{mm}=0.059\ 42\ \text{mm}$$

[例 15.7] 利用空气劈尖的等厚干涉条纹,可以测量精密加工件表面极小纹路的深度. 在工件表面上放一平板玻璃,使其间形成空气劈尖,以单色光垂直照射玻璃表面,观察干涉条纹,由于工件表面不平,观察到干涉条纹如图 15.17(a)所示,试根据条纹形状,说明工件表面纹路是凹的或是凸的? 并证明纹路的深度可用下式表示:

$$H=\frac{a}{b}\cdot\frac{\lambda}{2}$$

式中 a,b 如图 15.17(a)所示.

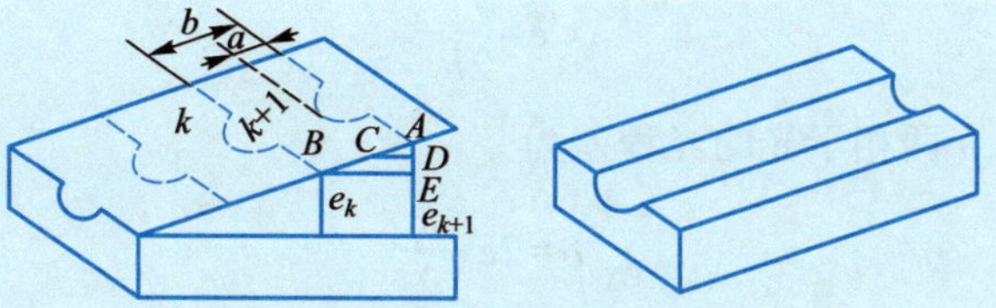

(a) (b)

图 15.17

［解］ 设 k 和 $k+1$ 级条纹对应空气劈尖的厚度分别为 e_k 和 e_{k+1},相邻两条纹对应的厚度差为

$$\Delta e=e_{k+1}-e_k=\frac{\lambda}{2}$$

由于同一级条纹对应同一空气劈尖厚度,根据图中 $k+1$ 级条纹向劈尖薄处弯曲,说明劈尖薄处有一空气层厚度与 e_{k+1} 相同,所以工件必有一个半圆形的凹槽,如图 15.17(b)所示,又根据 $\triangle ABE\backsim\triangle ACD$ 得

$$\frac{AC}{AB}=\frac{AD}{AE} \quad 即 \quad \frac{a}{b}=\frac{H}{\frac{\lambda}{2}}$$

所以

$$H=\frac{a}{b}\cdot\frac{\lambda}{2}$$

2. **牛顿环**

在一块平板玻璃板 A 上面,放一个曲率半径为 R 的平凸透镜,如图 15.18(a)所示,透镜与平板玻璃间形成一个环状的类似劈尖的空气层,当平行的单色光垂直入射时,在空气层上、下两表面的反射光 a 与 b 发生干涉,于是得到一组等厚条纹,该条纹是以接触处为中心的许多明暗相同的同心圆环,称为牛顿环,如图 15.18(b)所示.

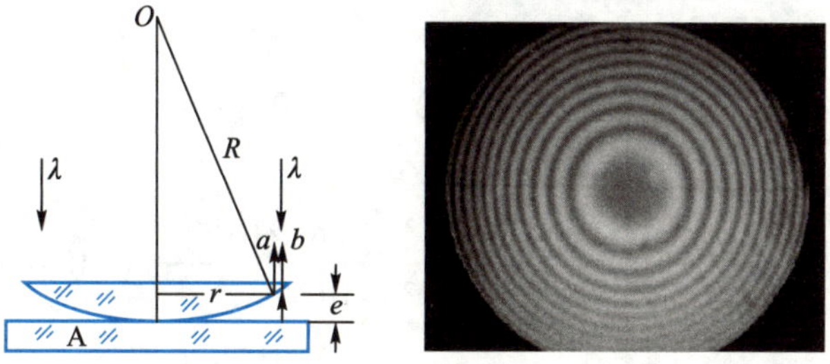

(a) (b)

图 15.18

若半径为 r 的环形干涉条纹下面的空气厚度为 e，由图 15.18(a)可知

$$r^2=R^2-(R-e)^2=2Re-e^2$$

由于 $R\gg e$，所以 e^2 项可略去，于是得

$$e=\frac{r^2}{2R}$$

在厚度为 e 处，a，b 两相干光的光程差为

$$\delta=2e+\frac{\lambda}{2}$$

根据(15.16)式可知，牛顿环的明、暗环条件为

$$2\cdot\frac{r^2}{2R}+\frac{\lambda}{2}=\begin{cases}k\lambda & (k=1,2,3,\cdots) \quad 明环\\ (2k+1)\dfrac{\lambda}{2} & (k=0,1,2,\cdots) \quad 暗环\end{cases}$$

所以干涉条纹的半径

$$r=\begin{cases}\sqrt{\dfrac{(2k-1)R\lambda}{2}} & (k=1,2,3,\cdots) \quad 明环\\ \sqrt{kR\lambda} & (k=0,1,2,\cdots) \quad 暗环\end{cases} \tag{15.19a}$$

若透镜凸面和平玻璃上表面之间不是空气层，而是折射率为 n 的介质，则(15.19a)式应为

$$r=\begin{cases}\sqrt{\dfrac{(2k-1)R\lambda}{2n}} & (k=1,2,3,\cdots) \quad 明环\\ \sqrt{\dfrac{kR\lambda}{n}} & (k=0,1,2,\cdots) \quad 暗环\end{cases} \tag{15.19b}$$

由(15.19a)式和(15.19b)式可知，在牛顿环实验中，若已知入射光的波长 λ，又测得某级暗环(或明环)所对应的半径 r，就可求出平凸透镜的曲率半径 R，若已知 R，也可求出 λ.

[例 15.8] 在牛顿环实验中，用氦氖激光器发出的波长为 0.633 μm 的单色光得到的测量结果如下：第 k 个暗环半径为 5.63 mm，第 $k+5$ 个暗环半径为 7.96 mm，求曲率半径 R.

[解] 应用(15.19a)式有

$$r_k=\sqrt{kR\lambda},\ r_{k+5}=\sqrt{(k+5)R\lambda}$$

可得

$$5R\lambda=(r_{k+5}^2-r_k^2)$$

$$R=\frac{(r_{k+5}^2-r_k^2)}{5\lambda}=\frac{(7.96\times10^{-3})^2-(5.63\times10^{-3})^2}{5\times6.33\times10^{-7}}\ \mathrm{m}=10.0\ \mathrm{m}$$

[例 15.9] 如图 15.19 所示的实验装置中，平面玻璃板片 MN 上放有一油滴，当油滴展开成圆形油膜时，在波长 $\lambda=600$ nm 的单色光垂直入射下，从反射光

中观察油膜所形成的干涉条纹. 已知玻璃折射率 $n_3=1.50$,油膜的折射率 $n_2=1.20$,试问:

(1) 此为等倾干涉还是等厚干涉?

(2) 当油膜中心最高点与玻璃片上表面相距 $h=1\ 250$ nm 时,看到条纹形状如何? 可以看到几级明纹? 明纹所在处的油膜厚度为多少? 中心点的明暗情况如何?

(3) 当油膜继续扩展时,条纹如何变化? 中心点条纹又如何变化?

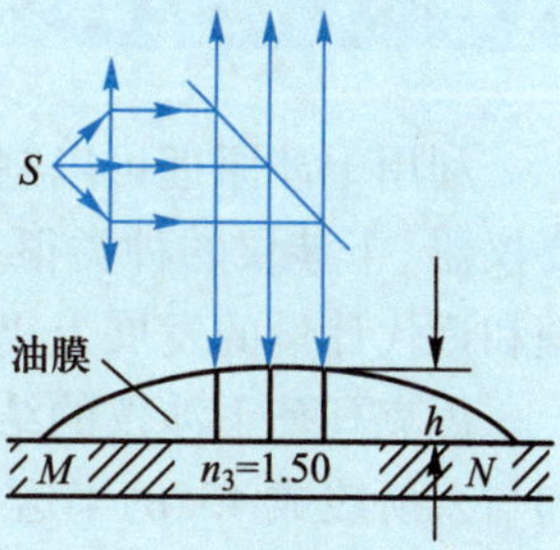

图 15.19

［解］ (1) 由于油滴成圆形,且油膜厚度 e 在改变,对不同厚度形成不同的干涉条纹,所以为等厚干涉.

(2) 由于 $i=0$,在空气与油膜和油膜与玻璃之间的反射光线均有半波损失,因此计算这两束反射光的光程差时,不产生附加光程差,所以油膜上、下表面反射光的光程差为

$$\delta=2n_2e=k\lambda \quad (k=0,1,2,\cdots)$$

$$e=\frac{k\lambda}{2n_2}(e\ \text{为第}\ k\ \text{级明纹对应的油膜厚度}) \quad \text{明纹}$$

$k=0$, $e_0=0$ nm;　　$k=1$, $e_1=250$ nm;

$k=2$, $e_2=500$ nm;　　$k=3$, $e_3=750$ nm;

$k=4$, $e_4=1\ 000$ nm;　　$k=5$, $e_5=1\ 250$ nm;

由上述讨论可知,由于对应同一厚度为一圆周,所以形成的干涉条纹是以最高点为中心,明暗相间的同心圆,且油膜边缘处为 0 级亮环,在 $e=h=1\ 250$ nm 处为一亮斑,共看到 5 条明环和中心一亮斑(分别对应 $k=0,1,2,3,4,5$).

(3) 当油膜逐渐展开时,此时油膜的半径扩大,厚度减小,圆形条纹级数减小,间距增大,中心点明暗交替变化.

复习思考题

15.7 在薄膜干涉中,反射光的光程差 δ 表示为

$$\delta=2e\sqrt{n_2^2-n_1^2\sin^2 i}$$

式中 e 是薄膜的厚度,n_2 和 n_1 是两种介质的折射率,i 是入射角,上式与书中公式比较,少了 $\frac{\lambda}{2}$ 一项,那么上式是否错了?

15.8 为什么劈尖的干涉条纹是等宽的,而牛顿环则随着条纹半径的增加而变密?

15.9 单色光从空气射入水中时,其频率、波长、波速、颜色是否改变? 怎样改变?

§15.5 迈克耳孙干涉仪

文档：迈克耳孙简介

利用干涉原理可以制成各种类型的干涉仪，它们是科学研究和精密测量的重要仪器. 干涉仪的种类很多，这里只介绍在科学发展史上起过重要作用并在近代物理和近代计量的发展上仍起着重要作用的迈克耳孙干涉仪.

迈克耳孙干涉仪的结构示意图如图 15.20 所示. 从单色光源 S 发出的光束，射到与入射线成 45°的半透半反平行玻璃板 G_1（一面镀有薄银层，其反射率为 50%），使光线一半反射，一半透射. 反射光线 a 射向与光线 a 垂直的平面反射镜 M_1，经反射后再穿过 G_1 向 P 处传播，透射的光线 b 穿过补偿板 G_2（补偿板是块厚度、折射率与 G_1 完全相同，且与 G_1 平行的玻璃板，其目的是起补偿光程的作用），射向与光线 b 垂直的平面反射镜 M_2，经反射又穿过 G_2，再从 G_1 表面反射后也向 P 处传播，所以在 P 处可观察到干涉条纹. 图中 M_2'为 M_2 经 G_1 所成的虚像，其原理如图 15.21 所示.

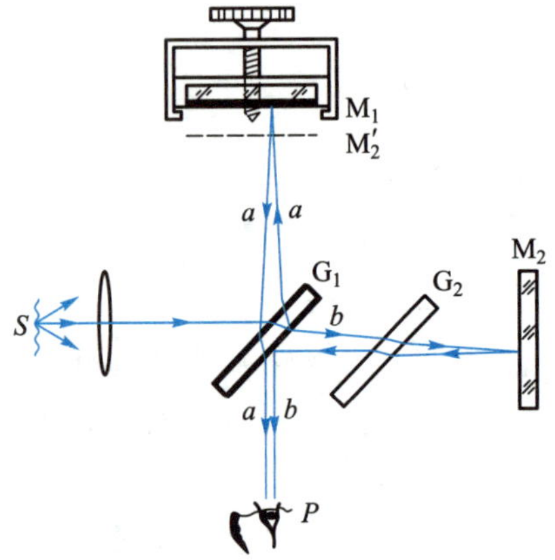

图 15.20

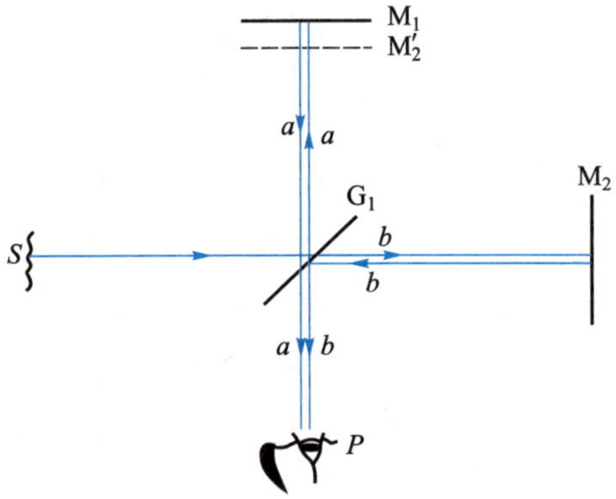

图 15.21

如果 M_1 与 M_2 严格垂直，则 M_2'与 M_1 之间的空气层可等效成一等厚的空气薄膜，P 处可观察到等效于通过空气层上、下表面反射的相干光发生的等倾干涉，入射角相同的光线的光程差相同，满足同样的干涉条件，这些倾角相同的光线将同时干涉加强（或减弱），结果是在 P 处可看到一组环形的等倾干涉条纹.

如果 M_1 与 M_2 并不严格垂直，则 M_1 与 M_2'就不严格平行，M_1 与 M_2'之间的空气层可等效成一空气劈尖，这时在 P 处可观察到一组平行等距，明暗相间的等厚干涉条纹，若 M_1 平移的距离为 d，则在视场中移过的条纹的数目为 N，就可求得 M_2 移动的距离

$$d=N\frac{\lambda}{2} \tag{15.20}$$

复习思考题

15.10 迈克耳孙干涉仪是如何获得相干光并实现等倾干涉和等厚干涉的.

§ 15.6 光的衍射现象 惠更斯–菲涅耳原理

一、光的衍射现象

在日常生活经验中,人们对水波和声波的衍射是比较熟悉的. 人们在房间里,能听到窗外传来的喧闹声;在一高墙两侧的人,能互相听到对方说的话. 这些现象表明,声波能绕过障碍物传播. 即当波遇到障碍物时,偏离直线传播,这种现象称为波的衍射.

但在日常生活中光的衍射现象不常见,通常给人的印象是光的直线传播,这是由于光的波长很短,以及普通光源是不相干的面光源. 但是当光通过很窄的狭缝时,甚至经过物体的边缘,在不同程度上会发生光在几何阴影处出现明暗不均的分布. 这种光绕过障碍物偏离直线传播而进入几何阴影,并在光屏上出现光强分布不均匀的现象,即是光的衍射现象. 光的衍射现象显示了光的波动特性.

二、惠更斯–菲涅耳原理

前面我们已讨论过,惠更斯提出了“子波”的概念,可以讨论波的偏离直线传播现象,但是该原理不能解释屏上出现的明暗条纹的分布现象. 菲涅耳接受了惠更斯的“子波”假设,并进一步补充了描述子波的基本特征——相位和振幅,增加了“子波相干叠加”的概念,从而发展为**惠更斯–菲涅耳原理**. 该原理内容如下:**同一波阵面上的任一点都可看作新的“子波源”,并发射子波,在空间某点的振动是所有子波在该点的相干叠加.**

文档:菲涅耳简介

根据这个原理,如果已知某时刻的波阵面 S,则空间任意点 P 的光振动就是该波阵面 S 上每个面元 $\mathrm{d}S$ 发出的子波在该点引起的振动的叠加. 如图 15.22 所示,$t=0$ 时刻的波阵面 S 分为许多小面元 $\mathrm{d}S$,每个面元发出的子波的振幅与面元的大小 $\mathrm{d}S$ 成正比,与 $\mathrm{d}S$ 到 P 点的距离成反比,且与倾角 θ 有关,由于同一波阵面上各点振动相位相同,即各 $\mathrm{d}S$ 产生的子波的初相相同,假设为零. 因此有 $\mathrm{d}S$ 发出的子波传到 P 点的振动为

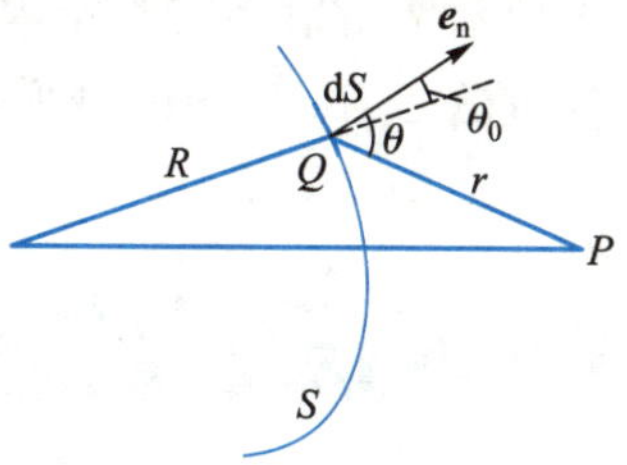

图 15.22

$$\mathrm{d}E(P)=FK(\theta)\,\mathrm{d}SE_0(Q)\frac{1}{r}\cos(kr-\omega t)$$

式中 $K(\theta)$ 称为倾斜因子,是 $\mathrm{d}S$ 的法线方向 $\boldsymbol{e}_n$ 和 Q 点到 P 点方向间的夹角 θ 的函数,菲涅耳假设当 $\theta=0$ 时,$K(\theta)=1$,当 $\theta\geqslant 90°$ 时,$K(\theta)=0$;$\mathrm{d}S$ 是面元的大小,

$E_0(Q)$是波阵面 S 上 Q 点处振幅的大小,kr 是从 dS 传播到 P 点间的相位因子,F 为比例系数. P 点的总振动为

$$E(P)=F\int_S K(\theta)E_0(Q)\frac{\cos(kr-\omega t)}{r}dS \tag{15.21}$$

这就是惠更斯-菲涅耳原理的数学表达式,称为**菲涅耳衍射积分公式**. 原则上可以用此式计算任何波的衍射现象. 但对于一般的衍射问题,这个积分相当复杂,计算是很困难的. 因此菲涅耳提出用半波带法做近似处理,该方法物理图像清晰. 本书后面主要通过半波带法研究光的衍射.

三、菲涅耳衍射和夫琅禾费衍射

可以在两种特定的情况下观察光遇到障碍物后产生的衍射,一是假定入射光是平行光,且用来观察衍射花样的屏距离障碍物很远,这时射向屏上的光线可以看成是平行光,如图 15.23 所示. 具体实现时,可以在障碍物两边加上透镜,光源放在前一透镜的主焦点上,观察屏放在后透镜的焦平面上,如图 15.24 所示,这种衍射称为**夫琅禾费衍射**.

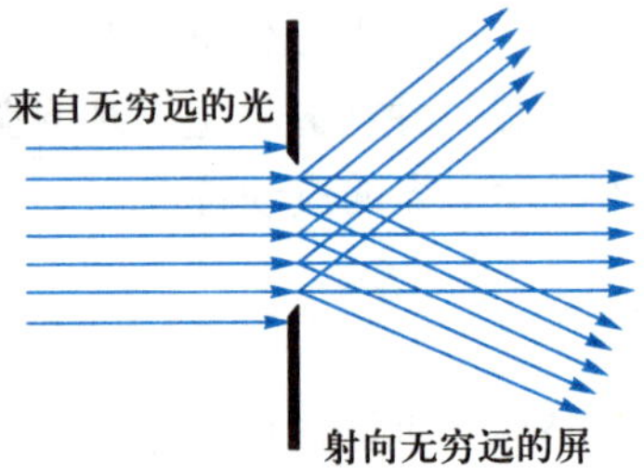

图 15.23

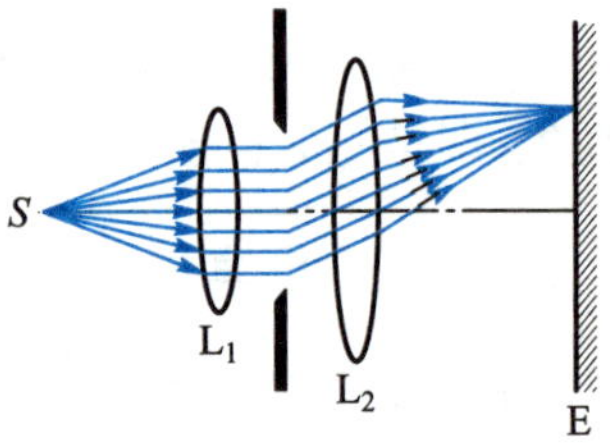

图 15.24

另一种衍射是光源和观察屏离障碍物的距离都是有限远,或其中一个为有限远,如图 15.25 所示,这种衍射称为**菲涅耳衍射**. 菲涅耳衍射在自然现象和日常生活中较为常见,但衍射图样较复杂;夫琅禾费衍射在实验室中较为常见,其衍射图样分布稳定. 在本书中,我们仅讨论夫琅禾费衍射.

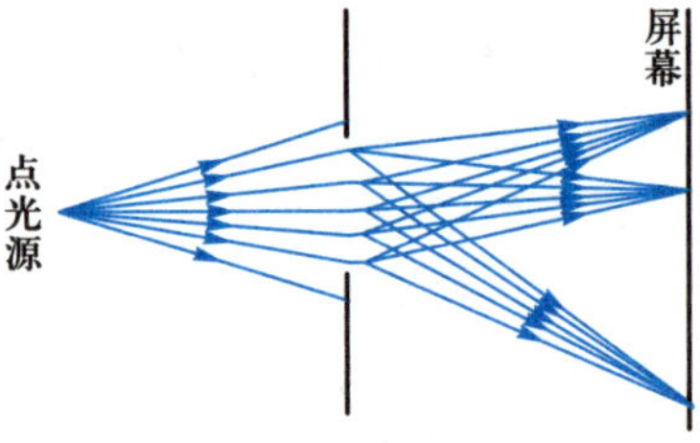

图 15.25

§ 15.7 单缝夫琅禾费衍射

现讨论一细长矩形狭缝形成的夫琅禾费衍射,图 15.26(a)是实验装置,置于透镜 L_1 主焦点上的点光源 S 发出的光经 L_1 变为平行光垂直入射到狭缝 K 上,缝平面与入射光波面重合,波面上各面元都发出子波,由各面元 dS 发出的向不同方向传播的平行光射向透镜 L_2,再经 L_2 聚焦在观察屏 E 上,在屏上形成如图 15.26(b)所示的衍射图样,图样中心是一个很亮的亮斑,中央亮斑的亮度是其他亮斑宽度的两

倍,衍射斑分布在垂直于缝长方向的直线上.

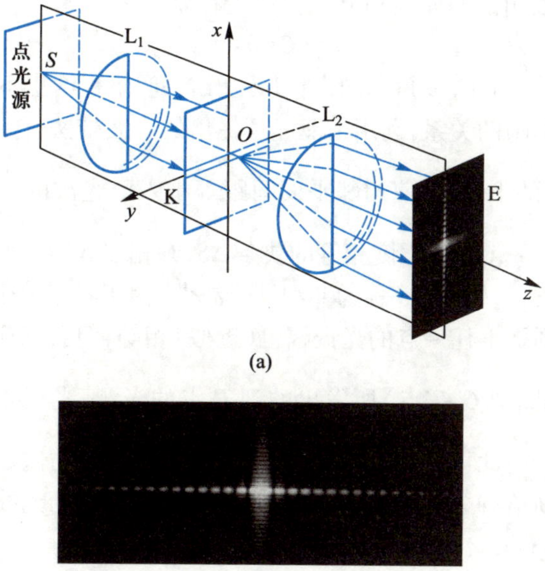

图 15.26

现用菲涅耳**半波带法**来定性分析夫琅禾费衍射,为便于讨论,将图 15.26(a)简化为图 15.27(a),一束平行光垂直入射于狭缝,设缝宽为 a,单缝平面恰为一波面,其上各点振动相位相同. 由惠更斯原理可知,狭缝上各点都向空间各个方向发出子波,衍射角 φ 相同的子波平行光经透镜 L_2 会聚于 L_2 焦平面处的观察屏上的不同点,并在屏上产生相干叠加,屏上某点 P 的光强取决于同一衍射角 φ 的平行光束中各光线间的光程差. 由图 15.27(a)中可见,图中标有 1 的各光线都与透镜主轴平行,经透镜后会聚于 P_0 点,由于透镜不产生附加的光程,光束 1 中各光线到达 P_0 点时光程都相同,结果在 P_0 点各光线形成相长干涉,P_0 点出现亮斑. 但对于光束 2 则有所不同,该光束中各条光线到 P 点时光程不同,因此相干叠加结果由光程差大小决定.

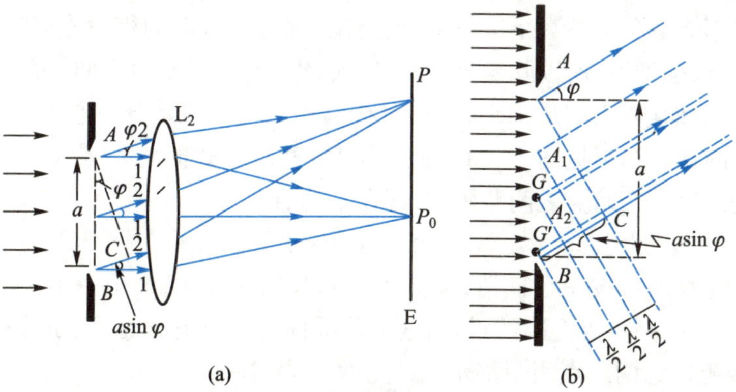

图 15.27

由图 15.27(b),作向 φ 方向出射的光束的波面 AC,可见 AC 垂直于 BC,则由狭缝两端点 A 和 B 发出的两光线到 P 点时的光程差为

$$\delta = BC = a\sin\varphi$$

屏上不同的点对应的 φ 角不同,所以叠加结果明暗程度也不同. 为了定性分析光程差 δ 和 P 点明暗的关系,利用由菲涅耳提出的半波带法,作一系列如图中虚线所示的平行于 AC 的平面,并使相邻平面间距等于入射光波的 $\frac{\lambda}{2}$,这些平面把狭缝分割为 AA_1、A_1A_2、…、A_nB 等宽度相等的狭条 ΔS,则相邻 ΔS 各对应点发出的光线的光程差为半个波长,这样的 ΔS 称为菲涅耳半波带. 由于各半波带的面积相等,所以由它们发出的射到屏上任一点的光振幅也(近似)相等,但我们应注意,相邻两波带上的两对应点(如图中 G、G' 点)所发出的到 P 点的光,其光程差为 $\frac{\lambda}{2}$,即相位差为 π,因而互相抵消. 由此可见,当 BC 的长度刚好为半波长的偶数倍时,即对于某个衍射角 φ,单缝 AB 恰好分为偶数个半波带,所有波带发出的光线成对地互相抵消,导致在 P 点出现暗点.

上述结果用数学表达式表示,则为:如满足

$$\delta = a\sin\varphi = \pm 2k\frac{\lambda}{2} \quad (k=1,2,\cdots) \quad 暗点 \tag{15.22}$$

则衍射角 φ 方向为暗点,k 表示暗点的级次,正负号表示各暗点对称地分布在 P_0 的两侧.

如 BC 为半波长的奇数倍,即单缝分为奇数个半波带,则最后结果是只留下一个半波带未被抵消,P 处出现亮斑. 即

$$a\sin\varphi = \pm(2k+1)\frac{\lambda}{2} \quad (k=1,2,\cdots) \quad 亮斑中心 \tag{15.23}$$

当 $\varphi=0$ 时,为平行主光轴的一组衍射光,会聚于主焦点 P_0,形成中央亮斑中心,即

$$a\sin\varphi = 0 \quad 中央亮斑中心 \tag{15.24}$$

除满足上述式子的衍射角 φ 外,对其余的衍射角 φ,BC 不能恰好分割为整数个半波长,即狭缝不能被分为整数个半波带,也是说,对于 φ 方向的衍射光来说,或多或少有部分光线未被抵消,所以除满足(15.22)式之外的所有 φ 角方向,都将是亮的,只不过亮度不同而已,当满足(15.23)式时得到相应的 k 级最强(这个公式是近似成立的,严格的计算结果见图 15.28),而当满足(15.24)式时将是零级极大. 实际上,在 P_0 两侧的第一个暗点之间范围内,即在 φ 适合

$$-\lambda < a\sin\varphi < \lambda \tag{15.25}$$

的范围内,光都没有被完全抵消,屏上各处都有光强分布,经历一个由中心最亮逐渐变暗到第一级暗点处全暗的过程,这个范围称为中央亮斑宽度,也称衍射零级亮斑宽度. 相应任意两暗点间距都是亮斑宽度.

单缝衍射条纹的光强分布如图 15.28 所示,由图可见,中央亮斑光强最强,分布

也最宽,为其他亮斑宽度的两倍. 在中央亮斑中心两侧,光强由最大变到零,形成第一级暗点,然后再经过第一级亮斑区,到第二级暗点……各级亮斑的光强随级数的上升而下降,这是因为 k 越大,φ 越大,BC 分割的半波带数越多,每个半波带的面积越小,因而最后未被抵消的光强也就越弱.

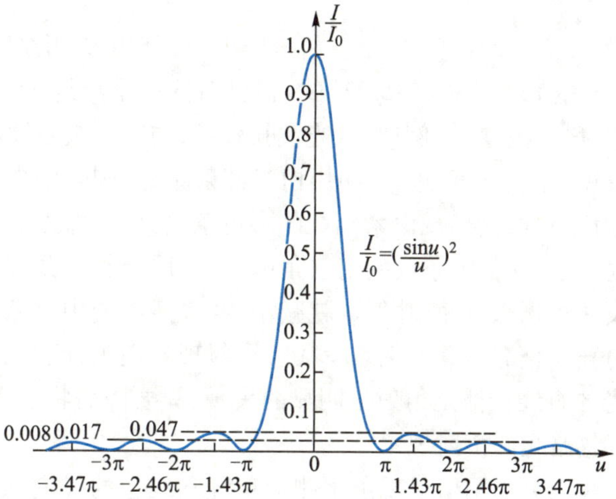

图 15.28

在观察单缝衍射时,常采用线光源而不是点光源,线光源位于透镜 L_1 的前焦面上并与狭缝相平行,经 L_1 后的平行光入射到狭缝上,如图 15.29(a)所示. 线光源可以看做一系列非相干发光点的集合,其上任一发光点都产生一组独立的衍射光斑,各组衍射斑在线光源方向有一平移,各个点光源产生的衍射斑非相干地叠加在一起就得到一组与狭缝平行的衍射条纹,如图 15.29(b)所示.

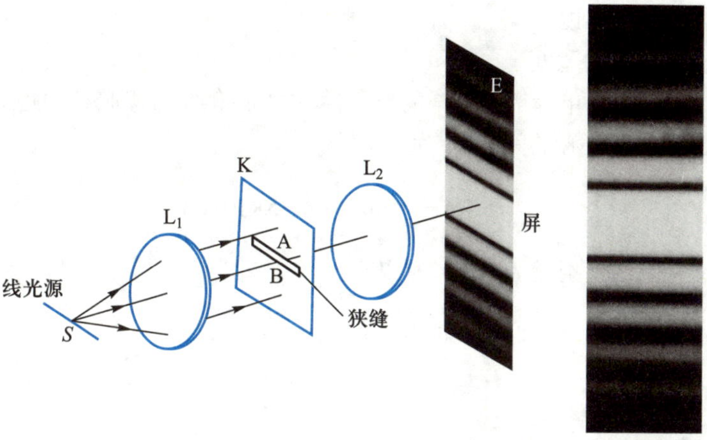

图 15.29

由于线光源的衍射图样是由线光源上各发光点产生的衍射斑非相干叠加而成,所以关于点光源衍射图样的公式、结论及光强分布曲线对线光源也都适用,只需在表述上将亮斑和暗点改为明纹和暗纹,亮斑中心改为明纹中心,亮斑宽度改为明纹宽度即可. 例如线光源衍射图样上明暗纹中心线出现的方位,可由(15.22)式、(15.23)式及(15.24)式得出为

$$a\sin\varphi=\begin{cases}\pm k\lambda \quad (k=1,2,3,\cdots) & \text{暗纹} \quad (15.26)\\ \pm(2k+1)\dfrac{\lambda}{2} \quad (k=1,2,3,\cdots) & \text{明纹}\\ 0 & \text{中央明纹} \quad (15.27)\end{cases}$$

由明暗条纹公式(15.26)式、(15.27)式可见,对同一个单缝,入射光的 λ 越长,则对应同一级衍射角 φ 也越大. 例如,红光波长较长,与同一级条纹对应的衍射角 φ 也大;紫光波长较短,相应 φ 角也小. 如用白光照射单缝,则除中央明纹外(各种波长光的光程差均为零),两侧出现由紫到红的彩色条纹分布,即光谱. 对同一波长的单色入射光,缝宽 a 越小,各级条纹的衍射角越大,在屏上相应条纹间距也越大,即衍射效果明显. 反之如增大 a,衍射角 φ 就减小,各级条纹向中央靠拢,衍射就不明显. 当 a 增大到分辨不清各级条纹时($a\gg\lambda$),衍射现象消失,此时的光可看成是直线传播的. 可见光的直线传播是衍射不明显的表现,只要障碍物的大小远大于入射光的波长时,就可忽略光的衍射现象.

实际工作中,我们可利用衍射现象来测量狭缝和线丝的线度,如入射光波长已知,通过测量 φ 角,就可算出狭缝或线丝的线度 a 的大小,如 a 已知,可测量入射光波长.

[例 15.10] 如图 15.27(a)所示,用波长为 0.50 μm 的单色光测量一单缝的宽度,若测得中央明纹两侧第五级暗纹间距为 5 cm,单缝后透镜焦距为 $f=5.0$ m,试求:

(1) 单缝宽度;

(2) 中央明纹宽度;

(3) 第一级明纹宽度.

[解] (1) 根据单缝衍射图样的对称性,中心两侧第五级暗纹间距为 5.0 cm,所以第五级暗纹到中心的间距 x_5 为

$$x_5=5.0\times10^{-2}\ \text{m}\times\frac{1}{2}=2.5\times10^{-2}\ \text{m}$$

第五级暗纹对应的衍射角 φ 很小,所以有

$$\sin\varphi\approx\tan\varphi=\frac{x_5}{f}$$

由单缝衍射公式得

$$\begin{aligned}a&=\frac{5\lambda}{\sin\varphi}=\frac{5\lambda}{x_5}f\\&=\frac{5\times0.5\times10^{-6}}{2.5\times10^{-2}}\times5.0\ \text{m}\\&=5\times10^{-4}\ \text{m}\end{aligned}$$

（2）中央明纹宽度为第一级暗纹到中心距离 x_1 的两倍，即

$$\begin{aligned}\Delta x_0 &= 2x_1 = 2f\frac{\lambda}{a}\\ &= 2\times5.0\times\frac{0.5\times10^{-6}}{5.0\times10^{-4}}\ \mathrm{m}\\ &= 1.0\times10^{-2}\ \mathrm{m}\end{aligned}$$

（3）第一级明纹宽度为 $k=1$ 和 $k=2$ 两暗纹的间距，即

$$\begin{aligned}\Delta x_1 &= x_2-x_1 = f(\tan\varphi_2-\tan\varphi_1)\\ &\approx f(\sin\varphi_2-\sin\varphi_1)\\ &= 5.0\times(2\times10^{-3}-10^{-3})\ \mathrm{m}\\ &= 5\times10^{-3}\ \mathrm{m}\end{aligned}$$

复习思考题

15.11 单缝衍射图样和双缝干涉图样的光强分布是否有差异？为什么？

15.12 在单缝的夫琅禾费衍射中，入射光的波长和缝宽各对衍射图样产生什么样的影响？

15.13 用白光垂直入射单缝时，白光中各色光成分的衍射有何不同？

15.14 将单缝衍射实验装置放入水中时，其衍射图样与在空气中的图样有何变化？

15.15 试分析单缝衍射公式 $a\sin\varphi=\pm k\lambda$ 和双缝干涉公式 $d\sin\varphi=\pm k\lambda$ 的异同.

§ 15.8 圆孔衍射 光学仪器的分辨本领

一、圆孔衍射

大多数光学仪器中所用的透镜的边缘（即光阑）通常都是圆形的，而且大多是通过平行光或近似的平行光成像的，所以夫琅禾费圆孔衍射具有重要意义.

在观察单缝夫琅禾费衍射的装置中[图 15.26(a)]，如用一开有小圆孔的屏代替开有单缝的屏，那么在 L_2 的焦平面上即可得到圆孔的夫琅禾费衍射图样，如图 15.30(b)所示，可见衍射图样是一组同心的明环和暗环，可以证明在第一暗环范围内的中央亮斑的光强占全部入射光强的 84%，这个中央亮斑称为艾里斑. 艾里斑的半角宽度为

$$\theta_0\approx\sin\theta_0=0.61\frac{\lambda}{R}=1.22\frac{\lambda}{D} \tag{15.28}$$

式中 $D=2R$ 为小圆孔的直径，λ 是入射光波长. D 越小或 λ 越大，艾里斑半径越大，即衍射现象越明显.

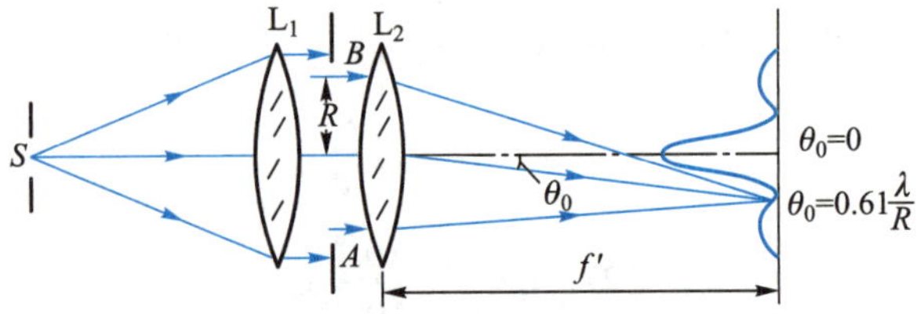

(a)

(b)

图 15.30

二、光学仪器的分辨本领

光学助视仪器所用的光阑和透镜通常都是圆形的，所以研究圆孔的夫琅禾费衍射，对评价仪器的成像质量具有重要意义. 实际光束受光阑的限制，一个点状物发出的光成的像不是几何光学中的一个点，而是有一定大小的艾里斑. 两个相隔很近物点所成的像的中心不重合，见图 15.31(a)，我们则能分辨出这是两个物点；若中心像斑大部分重叠，见图 15.31(c)，我们仅看这个像就无法分辨这是两个物点还是一个物点成的像了，此种状况称不能分辨. 为了给光学仪器规定一个最小分辨角的标准，通常采用瑞利判据. 这个判据规定，当一个物点的艾里斑中心恰好在另一个物点的艾里斑边缘时，则恰能分辨，见图 15.31(b). 由公式(15.28)可知，这时两

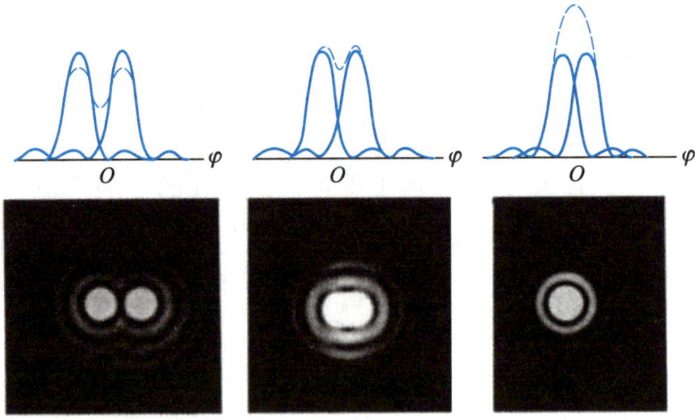

(a) 能分辨　(b) 恰能分辨　(c) 不能分辨

图 15.31

像斑中心的角距离为 $\theta_m \approx 1.22\dfrac{\lambda}{D}$,这个角也就是两物点对仪器的张角,称为光学仪器的最小分辨角,用下式表示:

$$\delta\varphi = 1.22\frac{\lambda}{D} \tag{15.29}$$

公式表明,最小分辨角 $\delta\varphi$ 与仪器的通光孔径 D 和入射光波长 λ 有关,通光孔径大则仪器分辨率高.

通常人们将最小分辨角的倒数称为光学仪器的分辨本领或分辨率. 因此,光学(助视)仪器的分辨本领 R 为

$$R = \frac{1}{\delta\varphi} = \frac{1}{1.22}\frac{D}{\lambda} \tag{15.30}$$

由此可见,光学助视仪器物镜的分辨本领与其通光孔径成正比,与入射光波长成反比.

夜晚远处汽车的头灯,在汽车距离观察者很远时,观察者看到的是一只灯,随着距离的接近,我们可看到灯由一只灯逐渐变为两只灯,这个事例就是一个很好的不能分辨、恰能分辨、能分辨事例.

§ 15.9 衍射光栅和光栅光谱

一、衍射光栅

利用单缝衍射可以测量单色光的波长,但单缝衍射所产生的衍射条纹很宽,除了中央明纹之外,其他各级明纹的光强都很小,各级明纹间分开得也不很清楚,因而很难测得准确结果. 为克服这一矛盾,人们制作了光栅. 广义地说,任何具有空间周期性的衍射屏都可以叫做光栅. 光栅的种类很多,有透射光栅、平面反射光栅和凹面光栅等等. 光栅是光谱仪、单色仪等许多光学精密测量仪器中起分光作用的重要元件.

用金刚石尖在一块透明的光学玻璃表面刻上大量宽度相等、间距相等的平行刻痕,就得到光栅,当入射光射向光栅时,由于刻痕表面凹凸不平,入射光向各方向散射,不易透过,而相邻两刻痕间玻璃平面是可以透光的,相当于一个狭缝. 因此,这种光栅是由大量等间距的平行狭缝组成的,利用透射光工作的光栅称透射光栅,还有利用两刻痕间的反射光工作的光栅,称为反射光栅. 若刻痕宽度为 b,相邻两刻痕边缘间距即狭缝宽度为 a,则 $d=a+b$ 称为**光栅常量**. 常见的光栅每厘米宽度内刻有数千条刻痕,如每厘米内有 5 000 条刻痕,则此时

$$d = a+b = \frac{1\ \text{cm}}{5\ 000} = 2\times10^{-4}\ \text{cm}$$

二、光栅的透射场分布

如图 15.32(a)所示,平行单色光垂直照射在光栅上,光栅狭缝透过的光束通过透镜后会聚在透镜的焦平面上,并在屏上产生一组明暗相间的衍射条纹. 这些条纹与单缝的衍射条纹有显著的差别[图 15.32(b)]:明条纹很亮很窄,相邻的两条明纹间有较暗较宽的背景,且随光栅缝数的增加,明条纹越来越窄,越来越亮,相应明条纹间的暗背景也越来越暗(见图 15.33). 光栅衍射条纹与单缝衍射条纹如此不同,原因是前者是透过缝的光两种作用的综合结果,如图 15.34 所示. 一是各个狭缝自身都要产生衍射,这种衍射产生的条纹分布与缝宽为 a 的单缝在屏上产生的衍射条纹分布完全相同,且各条缝的衍射光经透镜后在屏上的光强分布位置完全重合. 二是不同狭缝间的光要产生相互干涉现象,对原衍射光强分布产生影响,光栅显示出的条纹即是这两种作用的综合效果,习惯上称为光栅的衍射条纹.

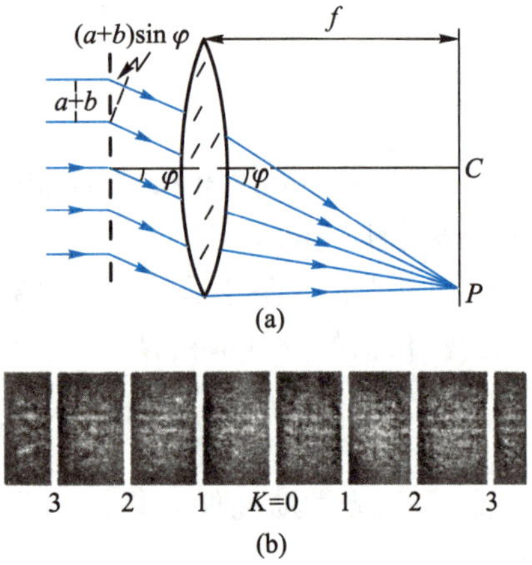

图 15.32

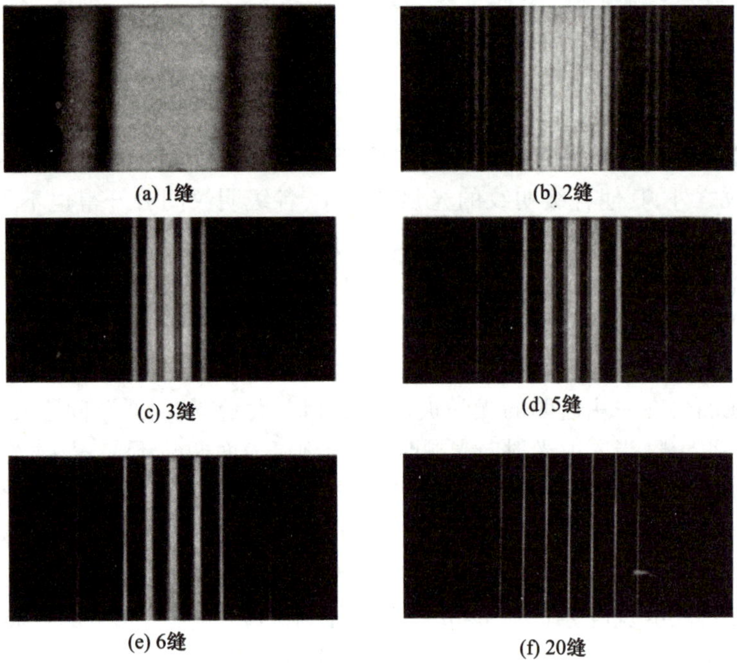

图 15.33

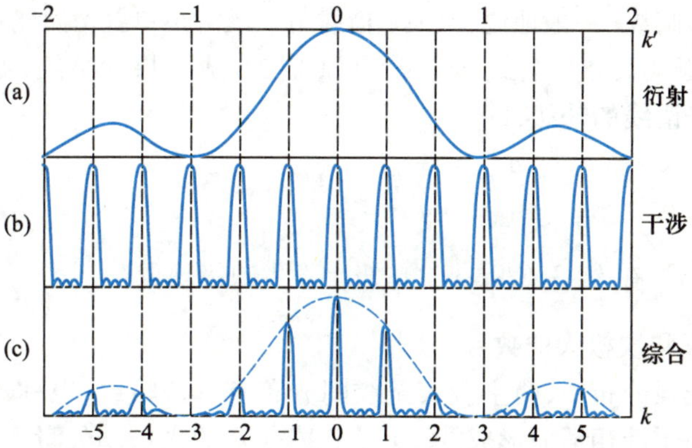

图 15.34

1. 光栅方程

光栅的不同缝发出的光要产生相互干涉，由前面讨论可知，当相邻两缝发出的光到达 P 点的光程差为 λ 的整数倍时，各缝射出的光会聚于屏上 P 点时因相干叠加而加强，形成明纹. 对光栅来说，两缝中心距为 $d=a+b$，因此，光栅衍射明纹的条件是，φ 角必须满足公式：

$$(a+b)\sin\varphi=\pm k\lambda \quad (k=0,1,2,3,\cdots) \tag{15.31}$$

此式称单色光正入射时的**光栅方程**，它是研究光栅衍射规律的重要公式.

满足光栅方程的明纹称主极大条纹，也称光谱线，k 称为主极大级数. $\varphi=0$ 时，公式满足 $k=0$，称中央主极大(明纹). 式中±表示各级明纹对称地分布于中央明纹的两侧，当 $k=1,2,\cdots$，分别称为第一级、第二级……主极大条纹. 这里的主极大位置由干涉产生.

由光栅方程可知，d 越小，则同一级次明纹的衍射角 φ 越大，即明纹分得越开. 对于给定长度的光栅，总缝数越多，明纹越亮越细，对于同一干涉级次，波长越长，衍射角 φ 越大，这就是光栅的分光作用. 在光栅方程中，衍射角 $|\varphi|$ 不可能大于 $\frac{\pi}{2}$，$|\sin\varphi|$ 不可能大于 1，因此能观察到的主极大的最高级次为 $k<\frac{d}{\lambda}=\frac{a+b}{\lambda}$，例如当 $\lambda=0.40d$ 时，单色光垂直入射光栅表面(因为斜入射时可有更高级次)，只可能有 $k=0$，±1，±2 级主极大，而没有别的更高级次的主极大；如果 $\lambda\geqslant d$，则除 0 级外无其他主极大.

2. 谱线的缺级

光栅的每条缝都要产生衍射，由图 15.32(a)可知，各条狭缝发出的同一衍射角 φ 的光经透镜后都会会聚于屏上同一点 P，故所有狭缝的衍射条纹在屏幕上完全重合，形成统一的单缝衍射条纹，其分布与其中任一条单缝形成的条纹分布相同，衍射暗纹位置由下式给出：

$$a\sin\varphi=\pm k'\lambda \quad (k'=1,2,3,\cdots)$$

但应当注意，在图 15.34(b)中，当 $(a+b)\sin\varphi=\pm k\lambda$ 处有一干涉明纹，但单缝衍射图

像上该处正好为暗纹. 一般地说,当某个衍射角 φ 既满足单缝衍射暗纹公式 $a\sin\varphi=\pm k'\lambda$,又满足光栅明纹条件公式 $d\sin\varphi=\pm k\lambda$ 时,合成结果为暗纹,见图 15.34(c),这一现象称为**光谱线的缺级**,即

$$k=\frac{d}{a}k'=\frac{a+b}{a}k' \quad (k'=1,2,3,\cdots) \tag{15.32}$$

例如,当$\dfrac{a+b}{a}=3$ 时,在 $k=3,6,9,\cdots$这些级上发生缺级现象.

3. 暗纹位置和次极大的数目

光栅衍射光强分布中,两主极大条纹间分布有一些暗纹,也称极小. 这些暗纹是各缝衍射光因干涉相消而形成的. 在屏上某点 P 的光振动矢量 $\boldsymbol{E}$ 应是来自各缝的光振动矢量 $\boldsymbol{E}_1$、$\boldsymbol{E}_2$、$\boldsymbol{E}_3$、…、$\boldsymbol{E}_n$ 之和. 由于各缝宽度相等,且对应于同一衍射角 φ,见图 15.35(a),因此,屏上 P 点来自各缝的光矢量大小相等. 只要知道来自相邻各缝的光矢量间的夹角,就可以用矢量多边形法求出合矢量[见图 15.35(b)]. 相邻两缝沿 φ 角方向发出的光的光程差均等于 $(a+b)\sin\varphi$,相应的相位差 $\Delta\varphi$ 均为

$$\Delta\varphi=\frac{2\pi(a+b)\sin\varphi}{\lambda}$$

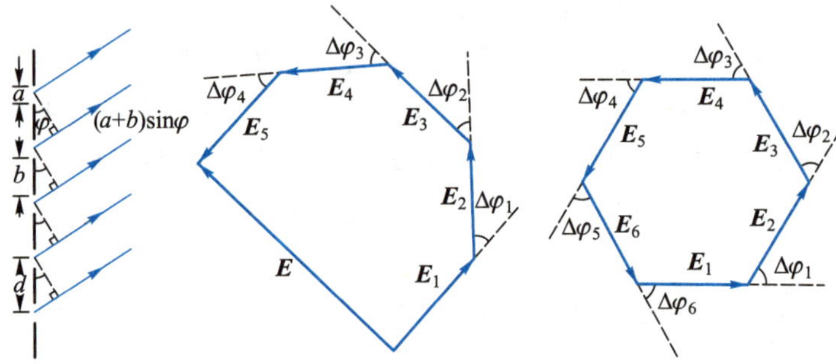

图 15.35

显然,$\Delta\varphi$ 即为各缝光矢量间依次的夹角,如果合矢量 $\boldsymbol{E}=0$,即矢量多边形是封闭的,见图 15.35(c),则 P 点处为暗纹. 因此,当光栅总缝数为 N 时,暗纹位置的条件为

$$N\Delta\varphi=\pm m\cdot 2\pi \quad (m\text{ 为除 }N\text{ 的整数倍外的自然数})$$

或改写为

$$N(a+b)\sin\varphi=\pm m\lambda \tag{15.33}$$

式中 $m=1,2,\cdots,N-1,N+1,\cdots,(2N-1),(2N+1),\cdots$.

当 $m=kN(k=1,2,\cdots)$ 时,即 m 为 N 的整数倍时,相邻两缝沿衍射角 φ 方向发射的光相位恰好为 2π 的整数倍,因此相干叠加加强,正好是光栅方程确定的主极大条纹位置.

所以每两个主极大之间有 $N-1$ 条暗纹,相邻两条暗纹间有一个次极大,故共有 $N-2$ 个次极大. 当 N 越大,则主极大的宽度越小,次极大的强度降低,实际形成了两个主极大之间的一片暗区(见图 15.36).

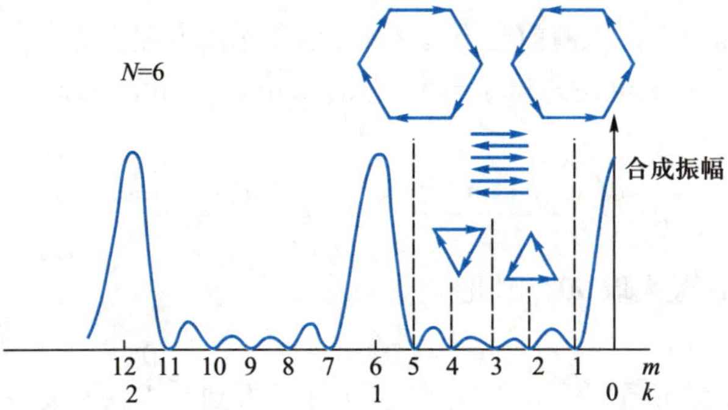

图 15.36

三、衍射光谱

由光栅方程可知，除了 $k=0$ 级明条纹以外，其他各级明条纹的位置均与入射光的波长有关，波长越长，条纹与中央零级条纹距离越远. 当用白光入射时，中央零级条纹仍为白色，在中央零级条纹两侧分布着由紫色到红色的条纹，称为光栅光谱. 但从第二级光谱开始，各级光谱发生重叠现象，因此，在实际应用中，一般只观察第一级光谱. 如果入射光波长成分不连续分布，如用钠灯照明，将可见到与各波长对应的线状光谱.

一定物质发出的光波长成分是一定的，测定其光栅光谱中各谱线的波长及相对光强分布，再与已知物质的特征谱线对照，即可确定发光物质的成分与含量，这就是光谱分析的方法.

［例 15.11］ 已知某光栅的 $d=3a$，当用 $\lambda=0.6\ \mu m$ 的光垂直照射该光栅时，可在 30°衍射角方向观察到第二级干涉明纹，问：

（1）当用 $\lambda=0.55\ \mu m$ 的光垂直照射此光栅共可见到几条明纹；

（2）当用 $\lambda=0.55\ \mu m$ 与光栅平面法线间夹角为 30°的入射光时，最多能看到第几级光谱？共可见几条明纹？

［解］（1）按题意有

$$d\sin 30^\circ=2\lambda \quad 即 \quad d\times\frac{1}{2}=2\times0.6\ \mu m$$

所以

$$d=2\times2\times0.6\ \mu m=2.4\ \mu m$$

$$a=\frac{d}{3}=0.8\ \mu m$$

k 的最大可能值相应于衍射角 φ 为 90°，即 $\sin\varphi=1$，由光栅方程

$$k=\frac{d\sin\varphi}{\lambda}=\frac{2.4}{0.55}=4.36$$

故 k 最大可能值为 4，最多能看到第 4 级光谱线. 又据 $d=3a$，知光谱的第 3,6,9,…缺级，故实际能看到 0 级、1 级、2 级、4 级谱线共 7 条.

（2）斜入射时，在光栅前已有光程差，相应光栅方程变为

$$d\sin\theta + d\sin\varphi = k\lambda \quad 和 \quad d\sin\varphi - d\sin\theta = k'\lambda$$

故有

$$k = \frac{d(\sin\theta + \sin\varphi)}{\lambda} \quad 和 \quad k' = \frac{d(\sin\varphi - \sin\theta)}{\lambda}$$

式中 θ 为 30°，φ 最大取 90°，因此

$$k_{max} = 6, k_{min} = 2$$

故斜入射时，最多可看到第 6 级光谱线，实际可看到 0 级、±1 级、±2 级、+4 级、+5 级共 7 条光谱线.

*四、X 射线在晶体上的衍射

文档：伦琴简介

X 射线又称伦琴射线，是德国科学家伦琴于 1895 年在做阴极射线实验过程中发现的. X 射线用 X 射线管产生，它可使某些物质发出荧光，使气体电离、底片感光，并具有很强的穿透能力. 这些特点使 X 射线在医疗、金属探伤等领域得到了广泛的应用. 实验证明，X 射线是波长很短的电磁波，波长约为 0.1 nm. 由于它波长很短，长期未观察到它的衍射现象.

1912 年德国物理学家劳厄想到，晶体中的原子或分子排列成有规则的空间点阵（见图 15.37），原子间距约为 0.1 nm 的量级，和 X 射线波长量级相同，因此可将晶体作为三维正交光栅来观察 X 射线的衍射. 他用天然晶体进行实验，圆满地获得了 X 射线衍射图样，开创了用 X 射线进行晶体结构分析的方法. 但他所用方法较复杂.

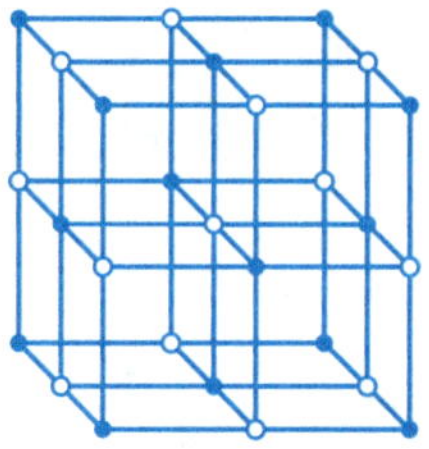

图 15.37

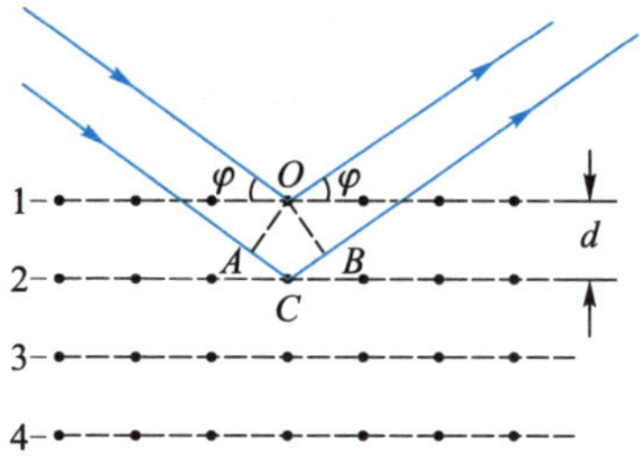

图 15.38

不久英国布拉格父子提出了一种比较简单的方法来进行 X 射线衍射实验，他们将晶体看作一系列平行的称为晶面的原子层构成，当波长为 λ 的 X 射线掠射到晶体上时，晶体中每个原子都将吸收 X 射线，并立即向各个方向散射，对任一晶面而言，在满足反射定律的方向上，这些散射波叠加的强度最大，这些晶面相当于一个镜面. 而不同晶面发出衍射波也将发生相干叠加. 如图 15.38 所示，设两晶面间距为 d，当一束平行相干的 X 射线以掠射角 φ 投射时，相邻两层反射线的光程差为

$$\delta = AC + CB = 2d\sin\varphi$$

显然，当满足下述条件

$$2d\sin\varphi = k\lambda \quad (k=1,2,3,\cdots) \tag{15.34}$$

时,不同层的反射线相干加强. 即在该方向出现 X 射线的亮点,上式就是著名的**布拉格公式**.

从布拉格公式可知,如果已知入射的 X 射线的波长,通过对衍射亮点的位置与强度的测量分析,测定出 φ 角,就可确定晶面间距 d(称晶格常量),从而确定晶体的结构. 此种方法称为 X 射线晶体结构分析. 反之,如已知晶体结构,也可通过测定 φ 值,确定入射的 X 射线的波长,这类工作称为 X 射线光谱分析,可研究物质的原子结构.

复习思考题

15.16 光栅的衍射条纹是怎样形成的,这种条纹和单缝衍射条纹及双缝干涉条纹的联系与区别是什么?

15.17 光栅衍射明纹公式 $(a+b)\sin\varphi = \pm k\lambda$,而单缝衍射暗纹公式是 $a\sin\varphi = \pm k\lambda$,上述两个公式有矛盾吗? 为什么?

15.18 何谓光栅缺级? 其原因是什么?

15.19 用单色光斜入射于光栅上时,与垂直照射情况相比得到的干涉条纹级数能否上升? 能看到的总条纹数有否变化?

§ 15.10 偏振光 马吕斯定律

一、自然光

普通光源发的光是由组成这光源的大量分子或原子发出的,各分子或原子均各自独立地自发地进行发光,它们各自独立发出的光矢量在相位、振动方向上完全各自独立. 但按统计平均来说,从垂直于传播方向的平面上看,各个方向都有光振动,而且光矢量的振幅都相等,这样的光称为自然光. 如图 15.39(a)所示,在任一时刻,我们总可以把自然光中任一光矢量分解为互相垂直的振动,则在每个方向上的时间平均值相等. 由于自然光振动的无规则性,这两个互相垂直的振动之间没有恒

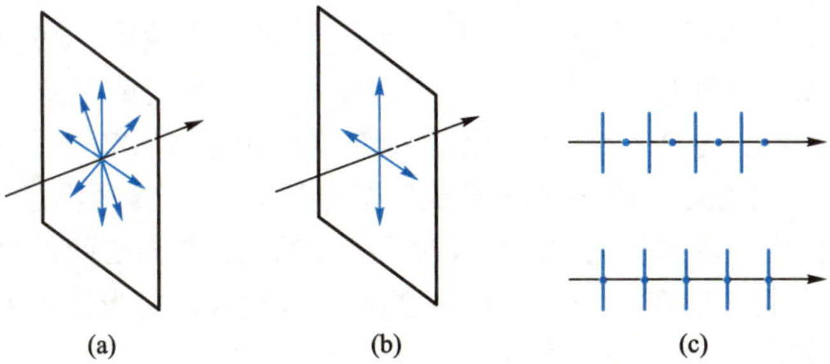

图 15.39

定的相位差，是互相独立的，不能合成一个线偏振光. 所以可把自然光用两个互相独立的、等振幅的、振动方向互相垂直的线偏振光表示. 常用和传播方向垂直的短线表示在纸面内的光振动，用点表示和纸面垂直的光振动，见图 15.39(c)，短线和点数量相同表示两个方向的线偏振光的光强各占自然光强度的一半.

二、线偏振光

如果某束光只含有一个方向的光振动，如图 15.40(a)和(b)所示，就称为**线偏振光**，简称**偏振光**. 由于偏振光的 $\boldsymbol{E}$ 矢量限制于一个平面内振动，故线偏振光又称为平面偏振光，偏振光的振动方向和传播方向构成的平面叫振动平面. 还有一种偏振光叫部分偏振光，其中一个方向的光振动比与之垂直方向的光振动占优势. 图 15.40(c)和(d)是两种部分偏振光的表示法.

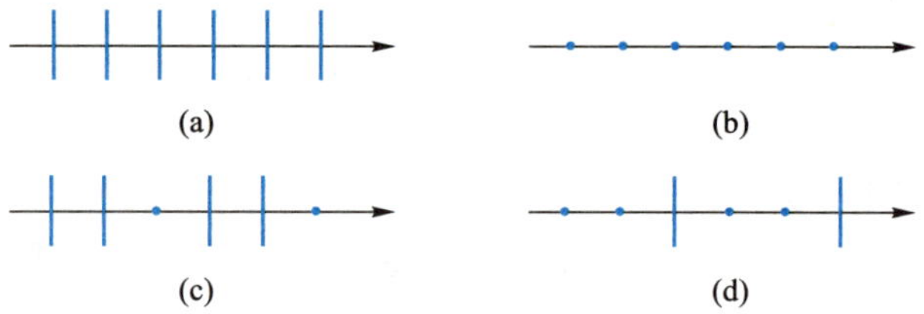

图 15.40

三、偏振光的起偏与检偏

从自然光获得偏振光的过程称为起偏，获得线偏振光的器件或装置称为起偏器. 起偏器有多种，如玻璃片堆、尼科耳棱镜，利用晶体的二向色性的各类偏振片. 最简单的起偏方法是让自然光通过一块偏振片 A，如图 15.41 所示.

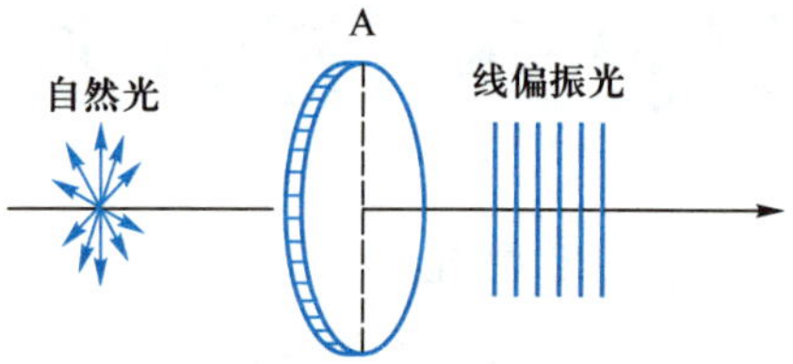

图 15.41

偏振片是用某种晶体按一定方式涂布在一层透明基片上制成的，它只能透过沿某个方向的振动的光矢量或光矢量在该方向的分量，这个方向称为偏振片的偏振化方向或起偏方向. 与此方向相垂直的振动被偏振片强烈吸收. 自然光通过偏振片后，透射光即成为和偏振片偏振化方向一致的线偏振光.

由偏振片的性质可知，偏振片可用于起偏，也可用于检偏，检偏就是检验某束光是否为偏振光. 如图 15.42 中，自然光经起偏器 A 得到线偏振光，将偏振片 B 放置得与 A 的偏振化方向平行时，则偏振光全部通过 B[图 15.42(a)]；如偏振片 A、B 的偏振化方向互相正交，则偏振光全部被偏振片 B 吸收，完全通不过 B，出现所谓消光现象. 当偏振片 B 的偏振化方向与入射偏振光的矢量方向之间的角度改变时，透射偏振光的强度将相应变化. 所以利用偏振片可以检查入射光是否为偏振光，此时偏振片为检偏器.

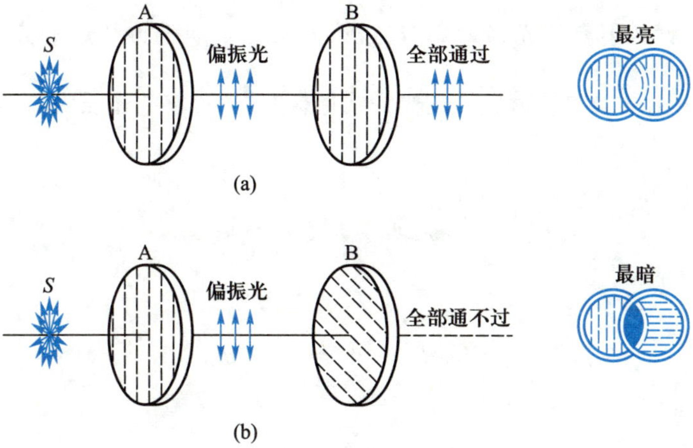

图 15.42

四、马吕斯定律

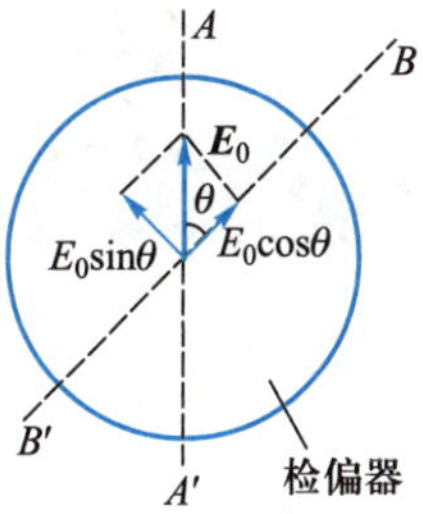

图 15.43

文档：马吕斯简介

如上所述，当检偏器的偏振化方向与偏振光的光振动取不同夹角 θ 时，透过检偏器后光的强度不同，现推导它们的定量关系. 如图 15.43 所示，圆盘是检偏器，其偏振化方向为 BB'. 设入射线偏振光强度为 I_0，线偏振光矢量 $\boldsymbol{E}_0$ 的振幅为 E_0，方向为 AA'，光的传播方向为垂直纸面向里，设检偏器的偏振化方向 BB' 与 AA' 的夹角为 θ. 现将 $\boldsymbol{E}_0$ 分解为 $E_0\sin\theta$ 和 $E_0\cos\theta$ 两个分量. 分量 $E_0\cos\theta$ 与 BB' 平行，完全通过检偏器；$E_0\sin\theta$ 垂直于 BB'，完全被检偏器吸收，不能通过检偏器. 已知光强与光的振幅成正比，因此，透过检偏器的光强 I 为

$$\frac{I}{I_0}=\frac{E_0^2\cos^2\theta}{E_0^2} \tag{15.35}$$

于是得

$$I=I_0\cos^2\theta \tag{15.36}$$

这个关系式是马吕斯于 1809 年得到的，称为**马吕斯定律**. 由此定律可知，当 $\theta=0°$ 或 $180°$ 时，$I=I_0$；当 $\theta=90°$ 或 $270°$ 时，$I=0$，这时没有光从检偏器透过，出现消光现象；当 θ 为任意值时，光强 I 随 θ 角而变化.

如果是自然光入射，自然光可分解为互相垂直的两个分量，其振幅为入射光的 $\dfrac{\sqrt{2}}{2}$ 倍，偏振片只允许通过其中一个分量，所以当自然光通过偏振片后，光强总是变为原入射光的一半.

［例 15.12］　一束自然光入射到互相重叠的三块偏振片上，每块偏振片的偏振化方向相对于前一块偏振片的偏振化方向沿顺时针转过 45°，问透过这三块偏振片后的光强是入射光强的几分之几？

[解] 设入射自然光强为 I_0，透过第一、二、三块偏振片后的光强为 I_1、I_2、I_3，则 $I_1=\frac{I_0}{2}$，射入第二块偏振片的光为线偏振光，透过它的光强为 I_2，根据马吕斯定律为

$$I_2=I_1\cos^2\theta=\frac{1}{2}I_0\cos^2\theta$$

同理可得 I_3 为

$$I_3=I_2\cos^2\theta=\frac{1}{2}I_0\cos^4\theta$$

所以有

$$I_3=\frac{1}{2}I_0\cos^4 45°=\frac{1}{2}I_0\left(\frac{\sqrt{2}}{2}\right)^4=\frac{I_0}{8}$$

即只有八分之一的入射光能透过偏振片组.

§ 15.11 反射和折射时产生的偏振 布儒斯特定律

一、反射和折射起偏

实验表明，当自然光以入射角 i 从折射率为 n_1 的介质射向 n_2 介质的分界面时，在界面上发生反射和折射，反射光和折射光都是部分偏振光. 如图 15.44(a)所示，γ 为折射角，入射光为自然光. 图中圆点表示垂直于入射面的光振动，短线表示平行于入射面的光振动. 反射光是垂直入射面振动较强的部分偏振光，而折射光则是平行入射面振动较强的部分偏振光.

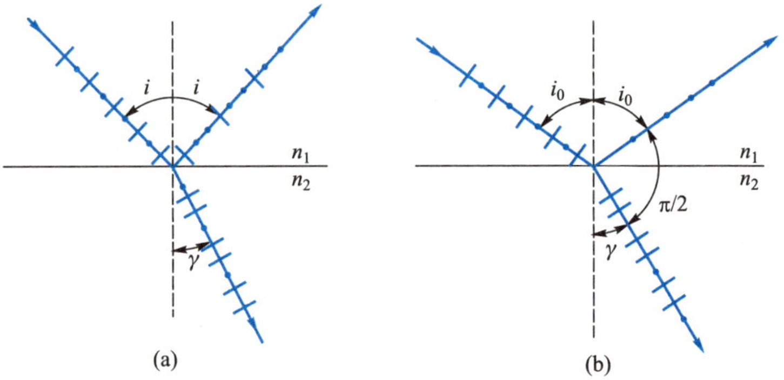

图 15.44

二、布儒斯特定律

当改变入射角 i 时，反射光的偏振化程度也发生变化. 当入射角 i 满足一特定

角度 i_0 时,如图 15.44(b),反射光中就只有垂直于入射面的光振动,而没有平行于入射面的光振动,这时反射光为偏振光,而折射光仍为部分偏振光. 由实验得到这一特定入射角 i_0 满足

$$\tan i_0=\frac{n_2}{n_1} \tag{15.37}$$

此式是在 1812 年由布儒斯特通过实验发现的,称为**布儒斯特定律**,式中 i_0 称为布儒斯特角,也称起偏角. 当入射角为 i_0 时,折射角 γ 与 i_0 之间存在确定的关系,由布儒斯特定律和折射定律可知

$$\tan i_0=\frac{n_2}{n_1},\sin i_0=\frac{n_2}{n_1}\sin\gamma$$

得到

$$\sin\gamma=\cos i_0 \quad 即 \quad i_0+\gamma=90^\circ \tag{15.38}$$

可见反射光与折射光互相垂直.

三、反射和折射产生偏振的应用

当自然光以 i_0 入射到玻璃表面时,反射光成为偏振光,但反射光光强仅占入射光光强的 7%左右,大部分光将透过玻璃,折射光仍是部分偏振光. 为得到完全偏振的折射光,可让自然光通过多片玻璃平行组合成的玻璃片堆(图 15.45),经多层界面的反射,出射光中垂直于入射面光振动的成分就很少了,从而使透过玻璃片堆的光中,几乎只有平行于入射面的光振动了,因而透射光可近似看作线偏振光.

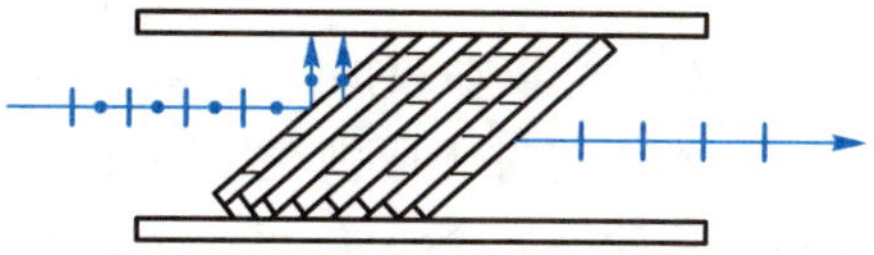

图 15.45

§ 15.12 双折射现象

一、双折射现象

光波射在两种各向同性介质的分界面上时,发生反射和折射,在入射面内仅有一束折射光,并由折射定律决定其出射方向:

$$n_1\sin i=n_2\sin\gamma$$

式中 i 为入射角,γ 为折射角,n_1、n_2 分别为入射、折射介质的折射率.

但当一束光射向各向异性介质(晶体)时,发生特殊的折射现象;射入晶体内部的折射光不是一束,而分为传播方向不同的两束光,见图 15.46,这种现象称为**晶体的双折射现象**;产生双折射的

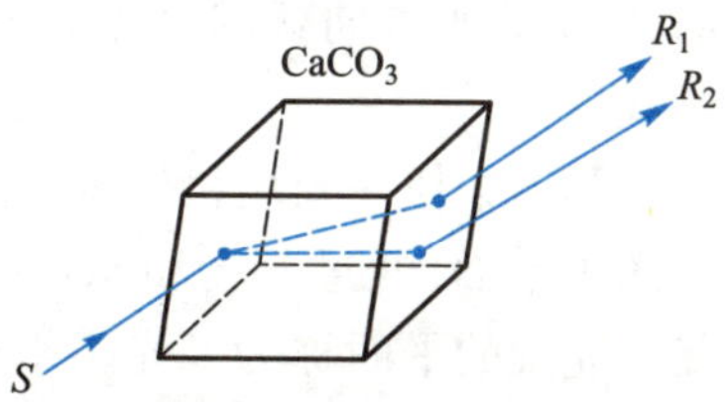

图 15.46

晶体称为双折射晶体.

实验表明:两束折射光都是线偏振光,它们的光矢量互相垂直. 且其中一束光始终位于入射面内,完全遵守折射定律,对于一定的晶体,折射率与 i、γ 无关,为一常量,这束光称为寻常光,简称 o 光;另一束折射光一般不在入射面内,不遵守折射定律,对于一定的晶体,其折射率和折射光的传播速度与折射光线在晶体内的传播方向有关,这束光称为非常光,简称 e 光,见图 15.47. 因为 e 光不遵从折射定律,所以即使在入射角 $i=0$ 时,e 光折射角一般也不会等于 0.

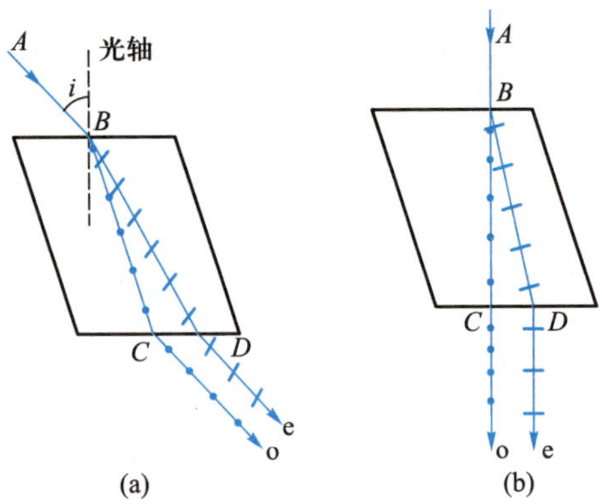

图 15.47

o 光、e 光仅在双折射晶体内才有意义,此时,o 光、e 光的传播速度不同,但在本质上 o 光、e 光并无区别,射出晶体后,就无所谓 o 光、e 光了. o 光在晶体中各个方向的传播速度完全一样,可 e 光的传播速度,不但随传播方向而异,并且一般也和 o 光的传播速度不同.

在方解石一类晶体中,存在一个特殊的方向,当入射光沿此方向入射时,在晶体内折射成的 o 光、e 光传播速度方向和大小都相同,不发生双折射现象,这一特殊的方向称为晶体的光轴. 对晶体来说,光轴仅是其一个特定的方向,任何平行于这一方向的直线都是晶体的光轴. 只有一个光轴的晶体称单轴晶体;有些晶体有两个光轴,这类晶体称双轴晶体. 方解石和石英是最常见的单轴晶体,云母、蓝宝石等晶体则是双轴晶体.

天然方解石晶体是平行六面体,晶体的每个面都是角度为 101°52′和 78°08′的平行四边形,六面共有八个顶角,其中 A、D 两顶点各棱边的夹角均是 101°52′,实验表明,方解石晶体的光轴方向平行于 A、D 两顶角的等分角线,当它的各棱边长相等时,它的光轴方向就成为 A、D 对角线,图 15.48 画出了三条光轴线.

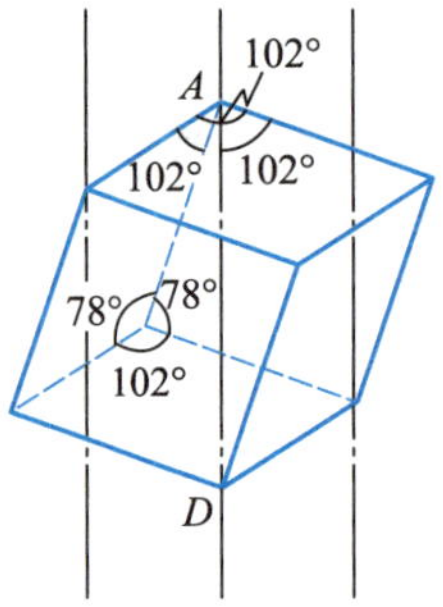

图 15.48

晶体中任一光线和晶体光轴构成的平面,称为这条光线对应的主平面,通过 o 光和光轴的平面称为 o 光主平面,通过 e 光和光轴的平面称为 e 光主平面. 如前所述,o 光永远在入射面内,所以 o 光主平面即为入射面;e 光不一定在入射面内,所以 o 光、e 光的主平面一般不重合. 实验证明:o 光、e 光都是线偏振光,o 光振动方向垂直其主平面,e 光的振动在其主平面内. 含晶体光轴并与任一晶面正交的平面称主截面,在特殊情形,入射光在主截面内,即入射面和主截面重合时,o 光、e 光及它们的主平面都在主截面内,这时 o 光、e 光严格互相垂直.

二、尼科耳棱镜

晶体的双折射产生的 o 光和 e 光都是偏振光,所以可以用晶体做起偏器,产生高质量的线偏振光. 尼科耳棱镜,简称尼科耳,是尼科耳(W. Nicol,1768—1851)于 1828 年创制出的,就是利用晶体的双折射性质制成的获得线偏振光的器件. 一般双折射后 o 光和 e 光分开的角度不大,很难将它们分开,尼科耳是用将晶体进行切割再黏合的方法,使 o 光和 e 光分开一个较大的角度,从而得到单纯的线偏振光.

如图 15.49 所示,用一块长宽比约为 3 : 1 的方解石晶体,将两端面磨掉一部分,使原主截面平行四边形的角度由 71°变为 68°,然后再沿对角线切开成两块直角棱镜,把剖面磨成光学表面,最后再用透明的加拿大树胶粘合起来,就成了尼科耳棱镜. 尼科耳棱镜可用于起偏,也可用于检偏.

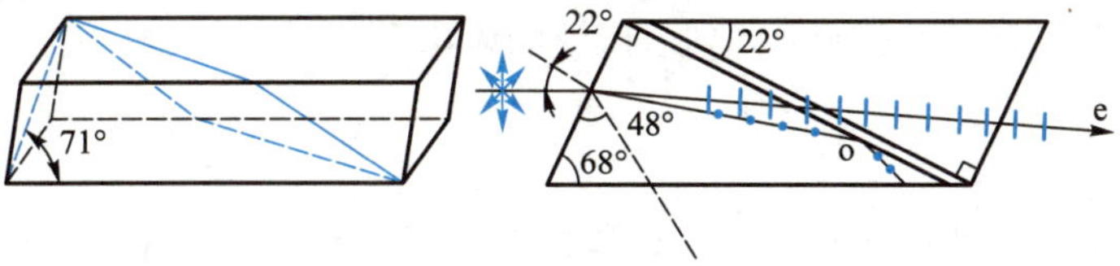

图 15.49

一束平行于底面的自然光入射于尼科耳,分裂成 o 光和 e 光,以波长为 589.3 nm 的钠黄光为例,方解石对 o 光的折射率为 1.658,对 e 光的折射率为 1.516,而加拿大树胶的折射率为 1.550,介于两者之间,所以对 o 光而言,树胶为光疏介质,方解石为光密介质. 平行于底面的入射光,入射角为 22°,o 光折射角为 13°,射向加拿大树胶的入射角为 77°,大于全反射的临界角(69°15′),故产生全反射,射向棱镜涂黑的侧面被吸收. 对 e 光而言,方解石为光疏介质,树胶为光密介质,e 光不产生全反射,从第二块棱镜透出. 所以从尼科耳透出的光是与 e 光相应的线偏振光.

在图 15.50 中,尼科耳棱镜 N 为起偏器,N′为检偏器. 图 15.50(a)中,两尼科耳棱镜主截面共面,光线经 N 起偏产生的 e 光进入第二个尼科耳棱镜后仍是 e 光,故能全部透过;如图 15.50(b)所示,N′主截面绕光线传播方向转过 90°,则 N、N′主截面正交,第一个尼科耳棱镜起偏后得到 e 光进入第二个尼科耳棱镜后成为 o 光,完全不能透过;当 N、N′主截面夹角成任意角时,透射光强度按马吕斯定律变化,因此,通过转动 N′主截面方向观察透射光强的变化可达到检偏的目的.

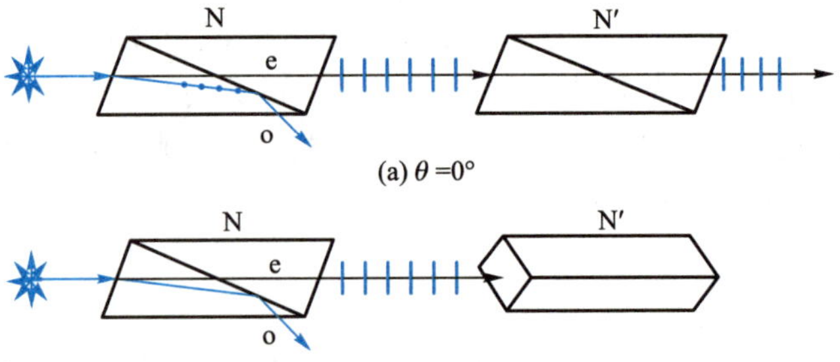

(a) $\theta=0°$

(b) $\theta=90°$

图 15.50

三、偏振片

有些晶体具有强烈的对 o 光、e 光的选择吸收特性,如电气石能在约 1 mm 厚度内,几乎完全吸收掉 o 光,对 e 光只略微吸收. 晶体的这种对 o 光、e 光的选择吸收特性,称为晶体二向色性. 具有这种性质的晶体称二向色性晶体.

利用晶体的二向色性,可制成起(检)偏器,即偏振片. 将二向色性很强的定向排列的细微晶体物质涂布在透明基板上即可制成偏振片;聚乙烯醇薄膜浸入碘溶液中,在较高的温度下经拉伸、烘干也可制成 H 偏振片. 这类偏振片尺寸大,价格低廉,可大量生产,所以在实际中得到了广泛的应用.

复习思考题

15.20 要使一束线偏振光通过偏振片之后振动方向转过 90°,至少需要让这束光通过几块理想偏振片?在此情况下,透射光强将是入射光强的几倍?

15.21 一束自然光入射在平板玻璃上,设玻璃板两侧都是空气,当其上表面的反射光线 1 为完全偏振光时,其下表面的反射光线 2 是什么光线?

15.22 何谓双折射晶体的光轴?一块晶体有几条光轴?

15.23 e 光在双折射晶体中的传播速度是否是一定的?

15.24 一束光线入射到光学单轴晶体后,成为两束光线,沿着不同方向折射. 这样的现象称为双折射现象. 其中一束折射光称为寻常光,另一束光线称为非常光,它们的区别何在?是否有本质上的不同?

15.25 在下列各图中,光线由空气入射于界面上,其状态可由图上入射光线符号看出是自然光或线偏振光,试在图上画出反射光线和折射光线的状态. 图中 $i_0=\arctan n$, $i\neq i_0$.

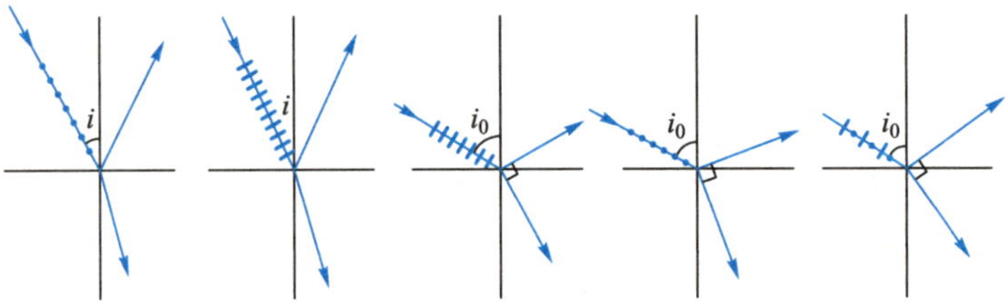

思考题 15.25 图

* § 15.13 偏振光的干涉

一、椭圆偏振光和圆偏振光的获得

两个同频率、相位差恒定、振动方向相互垂直的谐振动叠加在一点时，则该点的合成轨迹为椭圆或圆. 在光学中，各向异性晶体内所产生的 o 光和 e 光是同频率且振动方向相互垂直的两偏振光，如果它们之间存在一个固定的相位差，则这样的 o 光和 e 光在其相遇点合成光矢量的末端的轨迹可以是椭圆、圆或直线. 如果合成光矢量的末端的轨迹是椭圆，则称为椭圆偏振光；如果是圆，则称为圆偏振光.

利用图 15.51(a)所示的装置可以获得椭圆偏振光和圆偏振光.

一束自然光通过偏振片 M 后成为线偏振光，然后再垂直入射到一光轴与晶体表面平行的双折射晶体上，设入射线偏振光的振幅为 A，振动方向与晶体光轴间的夹角为 θ，则线偏振光进入晶体后产生双折射，其 o 光的振动方向垂直于光轴，e 光的振动方向平行于光轴，如图 15.51(b)所示. 两者的振幅分别为

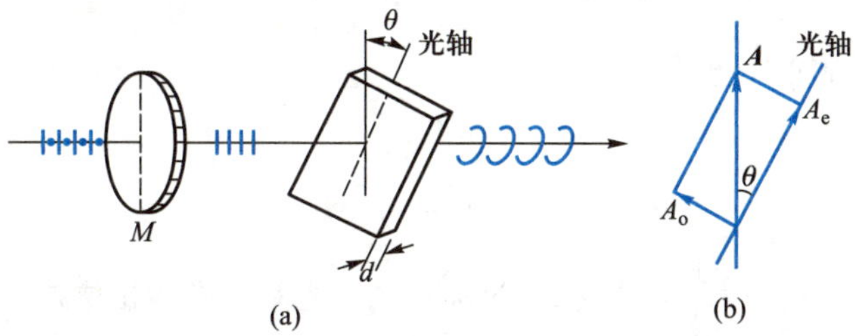

图 15.51

$$\begin{cases} A_e = A\cos\theta \\ A_o = A\sin\theta \end{cases} \tag{15.39}$$

由于光轴平行晶面且垂直入射，所以 o 光和 e 光在晶体中沿同一方向传播，但两者速度不同，所以当它们透过厚度为 d 的晶片时，其光程差为$(n_o - n_e)d$，相应的相位差为

$$\Delta\varphi = \frac{2\pi}{\lambda}(n_o - n_e)d \tag{15.40}$$

由于 o 光和 e 光是振动方向相互垂直的两个偏振光，当它们射出晶体表面时，若两者相位差 $\Delta\varphi \neq k\pi$，其合成光是椭圆偏振光；如果 o 光和 e 光振幅相等，其合成光是圆偏振光. 若两者的相位差 $\Delta\varphi = k\pi$，其合成光轨迹成为一条直线. 这时椭圆偏振光退化为线偏振光.

图 15.52 示出了当在晶体后面迎着光线射来的方向观察时，合光矢量端点轨迹随 $\Delta\varphi$ 不同而不同的各种情况.

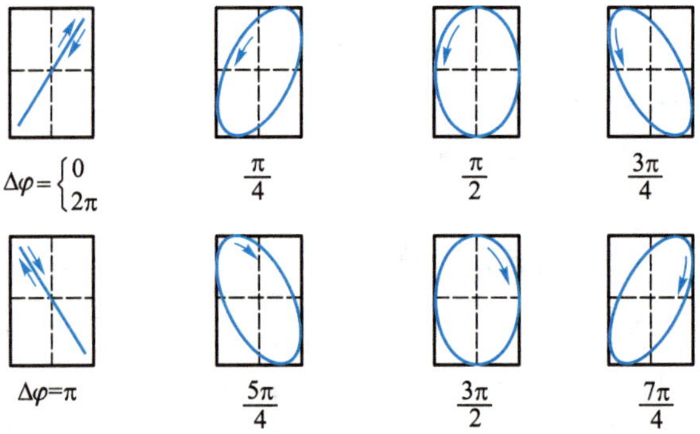

图 15.52

二、波片

表面与光轴平行的晶体薄片称为波片，波片一般用石英、方解石等晶体切割而成.

当晶体的厚度恰能使 o 光和 e 光的光程差为$\dfrac{\lambda}{4}$的晶片，称$\dfrac{1}{4}$波片，即

$$\delta=(n_o-n_e)d=\frac{\lambda}{4} \tag{15.41}$$

显然，$\dfrac{1}{4}$波片的最小厚度为

$$d=\frac{\lambda}{4(n_o-n_e)} \tag{15.42}$$

一束线偏振光垂直入射$\dfrac{1}{4}$波片时，透过晶片的 o 光和 e 光的相位差

$$\Delta\varphi=\frac{2\pi}{\lambda}(n_o-n_e)d=\frac{\pi}{2} \tag{15.43}$$

由图 15.52 可见，入射线偏振光将变为椭圆偏振光，如图 15.53(a)所示. 如果入射线偏振光振动方向与$\dfrac{1}{4}$波片的夹角 $\theta=45°$，则 $A_e=A_o$，此时入射线偏振光为圆偏振光.

反之，如果一束圆偏振光通过$\dfrac{1}{4}$波片后，相位改变$\dfrac{\pi}{2}$，由图 15.52 可见，圆偏振光变为线偏振光，如图 15.53(b)所示.

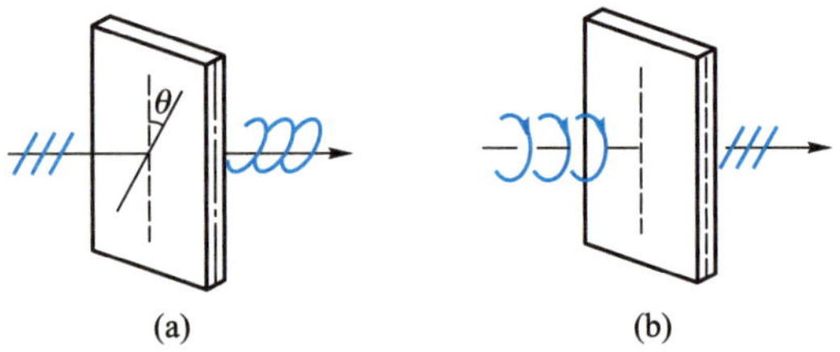

图 15.53

当晶体的厚度恰能使 o 光和 e 光产生$\frac{\lambda}{2}$光程差的晶片，称$\frac{1}{2}$波片，也称半波片，即

$$\delta=(n_o-n_e)d=\frac{\lambda}{2} \tag{15.44}$$

显然，$\frac{1}{2}$波片的最小厚度为

$$d=\frac{\lambda}{2(n_o-n_e)} \tag{15.45}$$

当一束线偏振光垂直入射$\frac{1}{2}$波片时，透过晶片后 o 光和 e 光的相位差

$$\Delta\varphi=\frac{2\pi}{\lambda}(n_o-n_e)d=\pi \tag{15.46}$$

由图 15.52 可见，入射的线偏振光仍然为线偏振光，不过振动方向与原振动方向转过 2θ 角，其中 θ 为入射光的振动方向和晶体光轴间的夹角，如图 15.54(a)所示. 反之，圆偏振光通过$\frac{1}{2}$波片相位改变 π，由图 15.52 可见，圆偏振光仍为圆偏振光，不过转动方向与原来相反，如图 15.54(b)所示.

图 15.54

还需指出，$\frac{1}{4}$波片、$\frac{1}{2}$波片都是对特定波长而言，同样的晶体，对不同波长的光来说，$\frac{1}{4}$波片的厚度是不同的. 例如，对 $\lambda=589.3$ nm 的黄光，方解石的折射率差值为 $n_o-n_e=0.172$，透射$\frac{1}{4}$波片的最小厚度 $d=8.6\times10^{-5}$ cm；对入射光 $\lambda=463.2$ nm 的蓝光，$n_o-n_e=0.184$，这时$\frac{1}{4}$波片的最小厚度 $d=6.3\times10^{-5}$ cm.

三、偏振光的检验

光的偏振态共有五种，即：自然光，线偏振光，部分偏振光，圆偏振光和椭圆偏振光. 下面介绍它们的检验方法.

首先让这五种光分别通过一个检偏振片，让检偏振片转动一周，若发现光强始终不变，则入射光为自然光或圆偏振光；若发现光强两次最大，两次最小但不为零，

则入射光为部分偏振光或椭圆偏振光.

为了区别自然光和圆偏振光,可在检偏振片前放一块$\frac{1}{4}$波片,旋转检偏振片,发现有光强变化的就是圆偏振光,没有光强变化的就是自然光.

为了区别部分偏振光和椭圆偏振光,可先旋转检偏振片找出光强最大和最小的位置,然后将$\frac{1}{4}$波片放在检偏振片前,并使波片的光轴与光强最大或最小位置重合,再旋转检偏振片一周,如果发现光强为零的位置是椭圆偏振光,如果没有光强为零的位置则是部分偏振光.

四、偏振光的干涉

偏振光的干涉在采矿、冶金、材料工业等方面都有着重要的应用. 如图 15.55(a)所示,M、N 是两个偏振化方向正交的偏振片,C 是一块光轴平行晶体表面的双折射晶片,一束自然光垂直入射到偏振片 M 上,透过偏振片后成为线偏振光,再经晶片 C 后,由于双折射,将入射的线偏振光分解为振动方向相互垂直,频率相同,且有恒定相位差的两束线偏振光,即 o 光和 e 光,如果把它们再射入偏振片 N,就得到在偏振化方向上振动的两束相干光,这两束相干光叠加可发生光的干涉现象,称为偏振光的干涉.

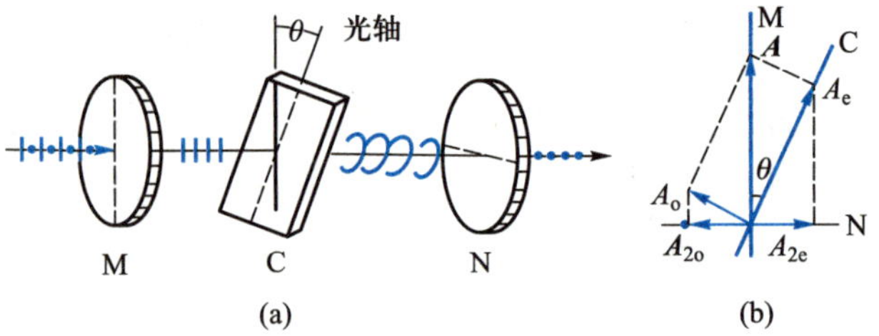

图 15.55

下面我们对干涉条件做定量分析.

设通过偏振片 M 的线偏振光的振幅为 A,振动方向与晶体光轴夹角为 θ,晶体的厚度为 d,则线偏振光通过晶片 C 后 o 光与 e 光的振幅分别为

$$\begin{cases} A_o = A\sin\theta \\ A_e = A\cos\theta \end{cases}$$

二者的相位差为

$$\Delta\varphi = \frac{2\pi}{\lambda}(n_o - n_e)d$$

这两束光通过偏振片 N,只允许与偏振光方向相同的分量通过,如图 15.55(b)所示,其通过的分振幅分别为

$$\begin{cases} A_{2e} = A_e\sin\theta = A\sin\theta\cos\theta \\ A_{2o} = A_o\cos\theta = A\sin\theta\cos\theta \end{cases}$$

由此可见,这两束光是由同一线偏振光所产生的同频率、同振幅,且在同一直线上

振动的相干光，由于 A_{2e} 与 A_{2o} 方向相反，产生附加相位差，所以总的相位差为

$$\Delta\varphi=\frac{2\pi}{\lambda}(n_o-n_e)d+\pi \tag{15.47}$$

这样，我们得到两偏振片 M、N 正交时，干涉条件为

$$\Delta\varphi=\frac{2\pi}{\lambda}(n_o-n_e)d+\pi=\begin{cases}2k\pi & (\text{明})\\(2k+1)\pi & (\text{暗})\end{cases} \tag{15.48}$$

式中 $k=1,2,3,\cdots$.

由(15.48)式可知，一定厚度晶片对于不同波长引起相位差不同，因此，如果是白光照射，某些波长符合干涉加强，而某些波长又符合干涉相消，所以，视场中将出现色彩，这种现象称为色偏振.

若两个偏振片 M、N 的偏振化方向平行，由图 15.56(a)可见，振幅为 A 的线偏振光经晶片 C 再通过检偏振片 N 后，两束光的振幅分别为

$$\begin{cases}A_{2e}=A_e\cos\theta=A\cos^2\theta\\A_{2o}=A_o\sin\theta=A\sin^2\theta\end{cases}$$

由图 15.56(b)可见，A_{2e} 与 A_{2o} 方向相同，没有引起附加的相位差，其总相位差就等于晶体厚度引起的相位差，即

$$\Delta\varphi=\frac{2\pi}{\lambda}(n_o-n_e)d$$

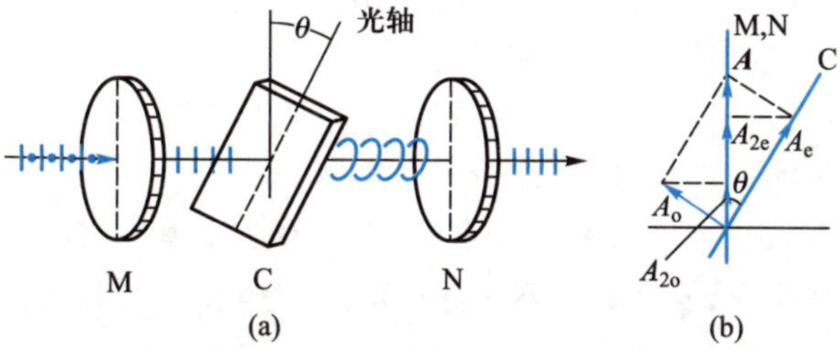

图 15.56

这样，我们就得到两偏振片 M、N 平行时的干涉条件为

$$\Delta\varphi=\frac{2\pi}{\lambda}(n_o-n_e)d=\begin{cases}2k\pi & (\text{明})\\(2k+1)\pi & (\text{暗})\end{cases} \tag{15.49}$$

式中 $k=1,2,3,\cdots$.

习题

15.1 选择题

(1) 一束波长为 λ 的单色光从空气垂直入射到折射率为 n 的透明薄膜上，要使反射光线得到增加，薄膜的厚度应为 [ ]

(A) $\frac{\lambda}{4}$;　　(B) $\frac{\lambda}{4n}$;　　(C) $\frac{\lambda}{2}$;　　(D) $\frac{\lambda}{2n}$.

(2) 在迈克耳孙干涉仪的一条光路中,插入一折射率为 n,厚度为 l 的透明介质片,则两束光的光程差的改变量为　　[　　]

(A) $2(n-1)l$;　　(B) nl;　　(C) $2nl$;　　(D) $(n-1)l$.

(3) 在双缝干涉实验中,用单色自然光,在屏上形成干涉条纹. 若在两缝后放一个偏振片,则　　[　　]

(A) 干涉条纹的间距不变,但明纹的亮度加强;

(B) 干涉条纹的间距不变,但明纹的亮度减弱;

(C) 干涉条纹的间距变窄,且明纹的亮度减弱;

(D) 无干涉条纹.

(4) 一束光强为 I_0 的自然光,相继通过三个偏振片 A、B、C 后,出射光的光强为 $I=\frac{I_0}{8}$. 已知 A 和 C 的偏振化方向相互垂直,若以入射光线为轴,旋转 B,要使出射光的光强为零,B 最少要转过的角度是　　[　　]

(A) 30°;　　(B) 45°;　　(C) 60°;　　(D) 90°.

15.2 填空题

(1) 真空中波长为 λ 的单色光,在折射率为 n 的透明介质中从 A 沿某路径传播到 B,若 A、B 两点相位差为 3π,则此路径 AB 的光程为________.

(2) 两束相干光产生干涉的条件是________,________,________. 为了得到相干光必须从同一________发出的光通过分________或分________的方法使它们重新叠加在一起才能产生干涉现象.

(3) 惠更斯引入________的概念提出了惠更斯原理,菲涅耳再用________的思想补充了惠更斯原理,发展成了惠更斯-菲涅耳原理. 惠更斯-菲涅耳原理的基本内容是:波阵面上各面积元所发出的子波在观察点 P 的________,决定了 P 点的合振动及光强.

(4) 波长为 600 nm 的单色平行光,垂直入射到缝宽为 $a=0.60$ mm 的单缝上,缝后有一焦距 $f=60$ cm 的透镜,在透镜焦平面上观察衍射图样. 则中央明纹的宽度为________,两个第三级暗纹之间的距离为________.

(5) 一束单色光垂直入射在光栅上,衍射光谱中共出现五条明纹. 若已知此光栅缝宽度与不透明部分宽度相等,那么这五条明纹分别是第________级谱线.

(6) 光的干涉和衍射现象反映了光的________性质. 光的偏振现象说明光波是________波.

(7) 一束自然光从空气投射到玻璃表面上(空气折射率为 1),当折射角为 30°时,反射光是完全偏振光,则此折射光线在玻璃板中的传播速率等于________.

(8) 一束自然光以布儒斯特角入射到平板玻璃片上,就偏振状态来说则反射光为________,反射光 $\boldsymbol{E}$ 矢量的振动方向在________,透射光为________.

(9) 一束自然光从折射率为 n_a 的介质入射到折射率为 n_b 的介质的交界面上,

发生反射和折射. 已知反射光是完全偏振光,那么折射角 γ 的值为________. 应用布儒斯特定律可以测介质的折射率. 今测得此介质的起偏振角 $i_0=56.0°$,这种物质的折射率为________.

(10) 一束线偏振的平行光,在真空中波长为 589 nm,垂直入射到方解石晶体上,晶体的光轴和表面平行,已知方解石晶体对此单色光的折射率为 $n_o=1.658$,$n_e=1.486$. 这种晶体中的寻常光的波长 $\lambda_o=$________,非常光的波长 $\lambda_e=$________.

(11) 在光学各向异性晶体内部有一确定的方向,沿这一方向寻常光和非常光的________相等,这一方向称为晶体的光轴. 只具有一个光轴方向的晶体称为________;具有两个光轴的晶体称为________.

15.3 一广播电台的广播辐射功率是 10 kW,假定辐射场均匀分布在以电台为中心的半球面上.

(1) 求距离电台为 $R=10$ km 处的平均能流密度;

(2) 若在上述距离处的电磁波可看作平面波,求该处的电场强度和磁场强度的振幅.

15.4 用白光垂直照射间距很小的双缝,在屏上测得第一级彩色条纹的宽度为 7.2×10^{-2} mm,求第三级彩色条纹的宽度.

15.5 在杨氏双缝干涉装置中,双缝到屏幕的距离为 $D=2.00$ m,所用光的波长为 $\lambda=589$ nm,测得第 10 级明纹到零级明纹中心的距离为 3.44 cm,求双缝的间距,如果把整个装置浸入折射率为 1.33 的水中,相邻明纹之间的距离是多少?

15.6 在劳埃德镜装置中,狭缝光源 S_1 和它的虚像 S_2 在离镜左边 20 cm 的平面内,见图 15.9. 镜长 30 cm,在镜的右端放置一毛玻璃屏 E′,如 S_1 到镜面的垂直距离为 2.00 mm,使用波长为 7.2×10^{-7} m 的红光,试计算镜面右端到第一级明条纹的距离.

15.7 有一劈尖,折射率 $n=1.4$,夹角 $\theta=10^{-4}$ rad,用平行光垂直照射,测得明条纹间距离为 0.25 cm,求:

(1) 此单色光在空气中的波长;

(2) 如果劈尖长 3.5 cm,那么总共可以出现多少条明纹? 多少条暗纹?

15.8 利用牛顿环的干涉条纹,可以测定凹曲面的曲率半径,方法是:将已知半径的平凸透镜的凸面放置在待测的凹面上,如图所示,在两镜面之间形成空气层,可以观察到环状的干涉条纹,试证明第 k 个暗环半径 r_k,凹面半径 R_2 和凸面半径 R_1 以及光波波长 λ 之间的关系为

$$r_k^2=\frac{R_1R_2}{R_2-R_1}k\lambda$$

这个方法在透镜磨制中经常使用.

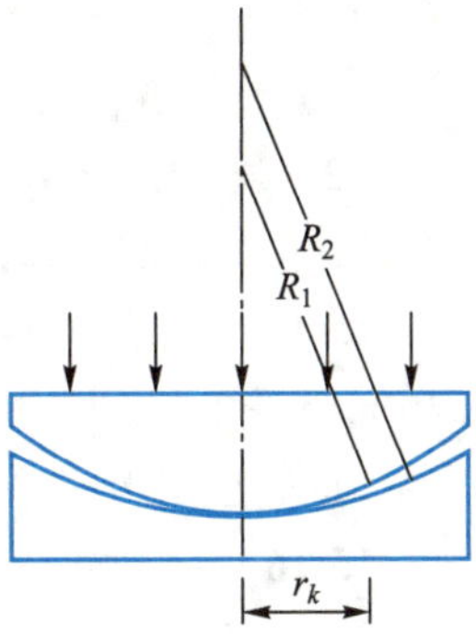

题 15.8 图

15.9 在牛顿环装置中,如果在透镜与玻璃平板间充满某种液体后,第 10 个明环极大的直径由 1.4 cm 变为 1.27 cm,求该液体的折射率.

15.10 一束白光垂直照射到空气中一层厚度为 380 nm 的肥皂膜上,设肥皂膜的折射率为 1.33,试问该膜在正面呈什么颜色,在背面呈什么颜色?

15.11 白光垂直照射在空气中厚度为 0.40 μm 的玻璃片上,玻璃片的折射率为 1.50,试问在可见光范围内:

(1) 哪些波长的光在反射中加强?

(2) 哪些波长的光在透射中加强?

15.12 用氦氖激光器($\lambda=632.8$ nm)作光源,迈克耳孙干涉仪中的 M_1 反射镜移动一段距离,这时数得干涉条纹移动了 792 条,试求 M_1 移动的距离.

15.13 图示是测定气体折射率的雅敏干涉仪的光路图. 图中 S 为光源,L 为聚光透镜,G_1、G_2 为两块等厚而且平行的玻璃板,T_1、T_2 为等长的两个玻璃管,长度为 l,进行测量时,先将 T_1、T_2 抽空,然后将待测气体极缓慢地充入 T_2 管中,就可在 E 处观察到由 G_2 所射出的两条光线的干涉条纹的变化,从而求出待测气体的折射率,设某次测量某种气体时,将气体徐徐放入 T_2 管中,自开始进气到标准状态时,在 E 处共看到有 98 条干涉条纹移动,所用的钠光波长为 589.3 nm(真空中),$l=20$ cm,求气体在标准状态下的折射率.

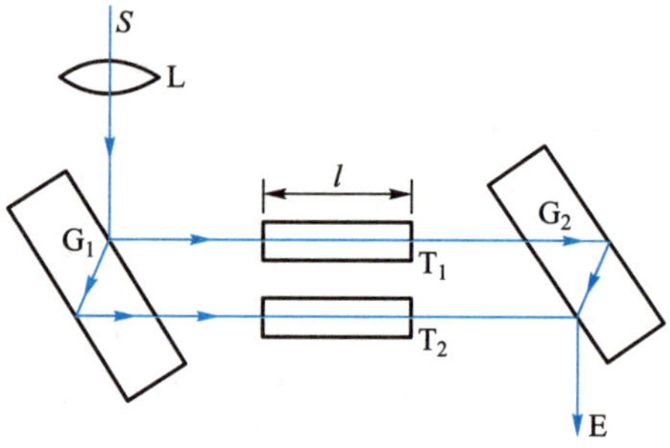

题 15.13 图

15.14 在用白光做单缝夫琅禾费衍射的实验中,缝宽 $a=1\times10^{-4}$ m,透镜焦距 $f=0.5$ m,测得波长为 λ 的第三级明纹中心与波长为 $\lambda'=630$ nm 的红光的第二级明纹中心相重合,求:

(1) 波长 λ;

(2) 波长 λ 衍射中央明纹的宽度;

(3) 波长 λ'第二级明纹宽度.

15.15 一单缝 $a=0.1$ mm,在缝后放一会聚透镜,其焦距为 50 cm,平行光($\lambda=546$ nm)垂直照射单缝,求透镜焦平面上第二级衍射明纹的宽度. 如将此装置放入水中,该宽度变为多少?(假设 $n_{水}=1.33$.)

15.16 一单色平行光($\lambda=600$ nm),垂直照射在一单缝上,在缝后放一焦距为 $f=2.0$ m 的会聚透镜. 已知位于透镜焦平面上的衍射中央明纹宽度为 2.4 mm,求该单缝宽度.

15.17 某望远镜的通光孔径为 0.05 m,试求晚上在多远处的头灯相距 1 m 的汽车恰能被该望远镜分辨. 已知灯光中心波长 $\lambda=500$ nm.

15.18 波长 $\lambda=400$ nm 的单色光垂直入射到一光栅上，测得第二级主极大的衍射角为 30°，且第三级是缺级，求：

(1) 光栅常量 $a+b$；

(2) 透光缝宽度 a；

(3) 可能观察到的全部主极大的级次.

15.19 白光通过一个每厘米 5 000 条刻线的光栅，问能看到多少级完整的光谱？（可见光范围 400~760 nm.）

15.20 (1) 在单缝夫琅禾费衍射实验中，垂直入射的光有两种波长，$\lambda_A=400$ nm，$\lambda_B=760$ nm. 已知单缝宽度 $a=1.0\times10^{-3}$ cm，透镜焦距 $f=50$ cm. 求：

(1) 两种光第一级衍射明纹中心之间的距离.

(2) 若用光栅常量 $d=1.0\times10^{-3}$ cm 的光栅替换单缝，其他条件与上一问相同，求两种光第一级主极大之间的距离.

15.21 一衍射光栅，每厘米有 400 条透光缝，且 $2a=b$，在光栅后放一焦距 $f=1$ m 的凸透镜，现以 $\lambda=400$ nm 的单色平行光垂直照射光栅，求：

(1) 透光缝 a 的单缝衍射中央明纹宽度为多少？

(2) 在该宽度内，有几个光栅衍射主极大？

15.22 将两个偏振片叠放在一起，此两偏振片的偏振化方向之间的夹角为 60°，一束光强为 I_0 的线偏振光垂直入射到偏振片上，该光束的光矢量振动方向与两偏振片的偏振化方向皆成 30°角.

(1) 求透过每个偏振片后的光束强度；

(2) 若将原入射光束换为强度相同的自然光，求透过每个偏振片后的光束强度.

15.23 两块偏振片叠在一起，其偏振化方向成 60°. 由自然光和线偏振光混合而成的光束垂直入射在偏振片上. 已知两种成分的入射光透射后最大强度相等.

(1) 若不计偏振片的反射和吸收，求入射光中两种光强之比；

(2) 若每个偏振片对透射光的吸收率为 20%，再求透射光与入射光的强度之比.

15.24 一束自然光以起偏角 $i_0=50°$ 自水（$n_水=1.33$）中入射到玻璃表面上，反射光是完全偏振光. 求：

(1) 该玻璃的折射率；

(2) 折射角.

第 15 章习题参考答案

第十六章

量子物理

19 世纪最后几年,一些新的实验事实使经典物理遇到了致命的困难,这些新的实验事实是:迈克耳孙-莫雷实验否定了绝对参考系的存在;热辐射现象用经典物理解释出现“紫外灾难”;放射性现象的发现,说明了原子不是物质的基本单元,它是可分的.

面对经典物理的困境,一些物理学家敢于摆脱传统观念的束缚,重新思考经典物理的一些基本概念和思路,终于在 20 世纪初建立了相对论和量子力学. 这是近代物理学的两大理论支柱. 关于相对论前面已经做过介绍,本章主要讨论:光的量子性、玻尔氢原子理论以及量子力学的基本知识.

§16.1 黑体辐射 普朗克量子假设

一、黑体辐射

任何物体在任何温度下都会不断地向周围空间发射各种波长的电磁波(电磁辐射). 实验表明,单位时间内物体辐射能的多少及其按波长的分布与物体的温度有关. 例如在室温下,物体在单位时间内辐射的能量就少些,且大多分布在波长较长的部分,随温度升高,辐射的能量会迅速增加,且辐射能量中短波的比例会增大. 这种由温度所决定的电磁辐射称为**热辐射**,也叫**温度辐射**.

物体在辐射电磁波的同时,也吸收投射到其表面上的电磁波. 理论和实验表明,对于同一物体,它的辐射能力越强,其吸收能力也越强,反之亦然. 当辐射和吸收达到平衡时,物体的温度不再变化而处于热平衡状态,这时的热辐射称为**平衡热辐射**. 本章只讨论平衡热辐射.

为了描述物体热辐射能按波长的分布规律,引入**单色辐射出射度**(简称**单色辐出度**)$M_\lambda(T)$这一物理量:当温度为 T 时,在单位时间内从物体表面单位面积上发射的波长在 $\lambda \sim \lambda+\mathrm{d}\lambda$ 范围内的辐射能为 $\mathrm{d}M_\lambda$,我们把

$$M_\lambda(T)=\frac{\mathrm{d}M_\lambda}{\mathrm{d}\lambda} \tag{16.1}$$

称为物体的单色辐出度. 实验指出,对于给定物体,它除了与温度和波长有关外,还与物体的材料性质和表面情况有关.

在一定的温度下,在物体表面单位面积每单位时间内发出的各种波长的总辐射能,称为该物体在温度 T 的**辐射出射度** $M(T)$,简称**辐出度**,可见

$$M(T)=\int_0^\infty M_\lambda(T)\,\mathrm{d}\lambda \tag{16.2}$$

单色辐出度 $M_\lambda(T)$的单位是 $\mathrm{W\cdot m^{-3}}$,辐出度的单位是 $\mathrm{W\cdot m^{-2}}$.

投射到物体表面的电磁波,可能被物体吸收,也可能被反射和透射,如果一物体能够完全地吸收投射在它上面的电磁波,这样的物体称为**绝对黑体**,简称**黑体**. 黑体是一种理想的模型,在自然界中是不存在的,然而我们可以人为地制造黑体,

只需用不透明材料制作一开小孔的空腔，如图 16.1 所示，则因任何辐射通过小孔进入空腔后，在其空腔中进行多次反射和吸收，能量几乎全部被腔壁吸收，能从小孔逃逸出来的极少. 另外，如前所述，此空腔处于某一温度时，应有电磁辐射从小孔发射出来，从小孔发出的电磁辐射就可作为黑体的辐射. 所以，无论从吸收和发射电磁辐射来看，这种开小孔的空腔都可以近似看作一个绝对黑体.

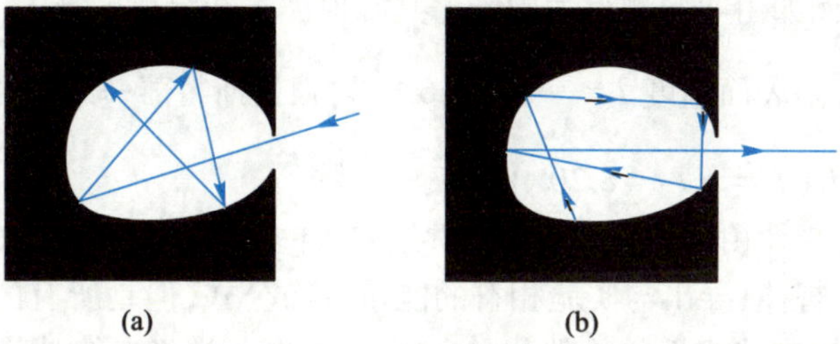

图 16.1

由实验得出黑体单色辐出度 $M_{B\lambda}(T)$ 随波长 λ 的变化关系曲线如图 16.2 所示，可以看出，曲线下面积即为(16.2)式定义的对应温度为 T 的黑体辐出度 $M_B(T)$ 的大小，随着温度的增高，曲线下面积迅速增大，而曲线极大值对应的峰值波长 λ_m 将向波长减小的方向位移.

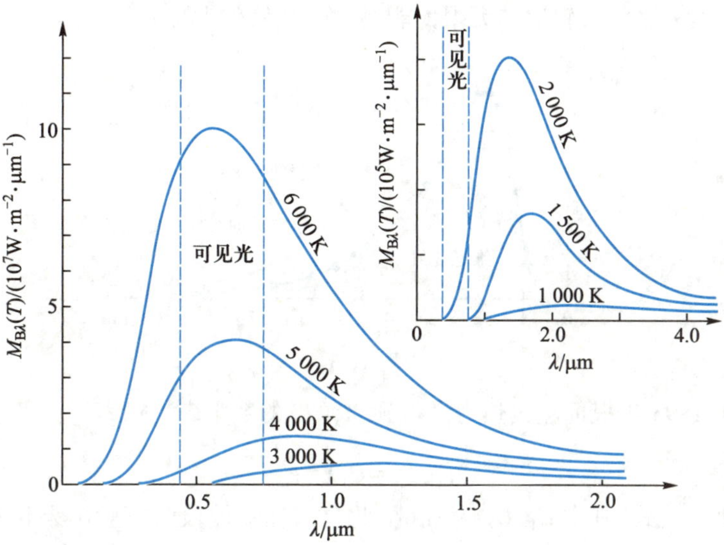

图 16.2

斯特藩于 1879 年通过实验得出黑体辐出度 $M_B(T)$ 与温度的数量关系；而玻耳兹曼于 1884 年从热力学理论出发也得出同样的结果：黑体辐出度与绝对温度的四次方成正比，即

$$M_B(T)=\int_0^\infty M_{B\lambda}(T)\,d\lambda=\sigma T^4 \tag{16.3}$$

称为**斯特藩-玻耳兹曼定律**. 公式中普适常量 $\sigma=5.670\,4\times10^{-8}\ W\cdot m^{-2}\cdot K^{-4}$ 称为**斯特藩-玻耳兹曼常量**.

图 16.2 上的曲线都有它的峰值,维恩于 1893 年由热力学理论推导出峰值相对应的波长 λ_m 与热力学温度 T 的关系,即**维恩位移律**:

$$\lambda_m T=b \tag{16.4}$$

式中普适常量 $b=2.897\ 8\times10^{-3}$ m · K,称为**维恩常量**.

热辐射规律在星球表面温度的估算、高温测量、红外追踪、遥感等科学技术中有广泛的应用. 例如由实验测得太阳光谱其峰值波长在绿色区域 $\lambda_m=470$ μm,由维恩位移律可得太阳表面温度 $T=\dfrac{b}{\lambda_m}=6\ 166$ K,再根据斯特藩-玻耳兹曼定律,算出太阳表面辐出度 $M_B(T)=\sigma T^4=8.20\times10^7$ W · m^{-2}.

黑体辐射的规律由实验得出后,19 世纪末,许多物理学家都企图从经典物理学来证明能量分布规律,导出与实验相符的能量分布公式,但是所有的这些尝试都以失败而告终. 其中有代表性的是瑞利和金斯于 1900 年按经典统计物理得出 $M_\lambda(T)$ 的数学表达式为

$$M_\lambda(T)=\frac{2\pi c}{\lambda^4}kT \tag{16.5}$$

(16.5)式称为瑞利-金斯热辐射公式,式中 k 为玻耳兹曼常量,c 为光速,(16.5)式在长波波段与实验结果相一致,而在短波波段即紫外区与实验不符(图 16.3),由(16.5)式在紫外区将会辐射出无限大能量,称为“紫外灾难”.

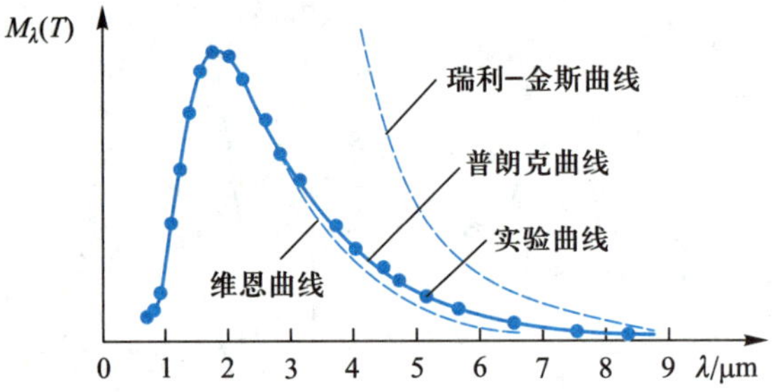

图 16.3

维恩于 1893 年根据经典热力学得到 $M_\lambda(T)$ 的数学表达式为

$$M_\lambda(T)=C_1\lambda^{-5}e^{-\frac{C_2}{\lambda T}} \tag{16.6}$$

此式称为维恩公式,其中 C_1、C_2 为常量. 此公式在短波段与实验结果相符,但在长波段与实验不符.

可见,经典物理学在解释黑体辐射实验时显得无能为力. 因此,1900 年 4 月英国物理学家开尔文把黑体辐射实验比喻为物理学晴朗天空上一朵令人不安的乌云.

二、普朗克量子假设

为了推导出与实验相符的黑体辐射公式,德国物理学家普朗克抛弃了经典物理学中能量连续取值的概念,大胆提出了能量量子化假设:

组成黑体空腔壁的分子或原子可视为频率为 ν 的带电线性谐振子,其能量取值只能为 $\varepsilon=h\nu$ 的整数倍,$h\nu$ 称为**能量子**. 这一能量分立的概念,称为**能量量子化**. 其中 $h=6.621\ 76\times10^{-34}\ \mathrm{J\cdot s}$ 称为普朗克常量. 而这些谐振子和空腔中的辐射场相互作用过程中吸收或发射的能量是量子化的,只能取一些分离值: $\varepsilon,2\varepsilon,\cdots,n\varepsilon$.

文档:普朗克简介

普朗克提出经典物理学家不可思议的量子假设后,于 1900 年 12 月 14 日导出了一个全新的公式:

$$M_{\mathrm{B}\lambda}(T)=\frac{2\pi hc^2\lambda^{-5}}{\mathrm{e}^{hc/\lambda kT}-1} \tag{16.7}$$

与黑体辐射实验结果符合得很好,称为普朗克辐射公式. 式中 h 为普朗克常量,c 为真空中光速,k 为玻耳兹曼常量.

普朗克的量子假设,大胆突破了经典物理学的观点,第一次提出了微观粒子具有分立的能量值,打开了认识微观世界的大门,在物理学的发展史上具有划时代的意义,普朗克获得了 1918 年诺贝尔物理学奖.

复习思考题

16.1 什么是热辐射?什么是单色辐出度和辐出度?

16.2 试说明图 16.2 中 $M_{\mathrm{B}\lambda}(T)-\lambda$ 曲线的极大值及曲线下面积的意义,由曲线的特点可总结出些什么?

16.3 普朗克量子假设的内容是什么?它在物理学的发展中具有什么意义?

§ 16.2 光的量子性

一、光电效应及爱因斯坦光量子理论

当波长较短的可见光或紫外线照射到某些金属表面上时,就会有电子从金属表面逸出这一现象,叫作**光电效应**. 研究光电效应的实验装置如图 16.4 所示,金属阴极 K 和阳极 A 密封在真空玻璃管内,在两极间加数百伏的电势差. 由于 A、K 之间绝缘,电路中没有电流. 当光束照射在阴极 K 上时,其表面发出电子,称为**光电子**,而电路中出现的电流称为**光电流**. 改变电势差 U_{AK},测量光电流 i,可得光电效应的伏安特性曲线,如图 16.5 所示.

光电效应有如下的实验规律:

(1) 入射光频率一定时,饱和光电流与入射光强成正比;

(2) 当 $U_{\mathrm{AK}}=0$ 时,$i\neq0$,只有在 A、K 之间加上一定的反向电势差后,光电流才降为零,这一反向电势差的绝对值称为**遏止电压**,用 U_{a} 表示,这表明光电子逸出时就有一定的初动能,由功能关系可知,逸出的光电子的最大动能为

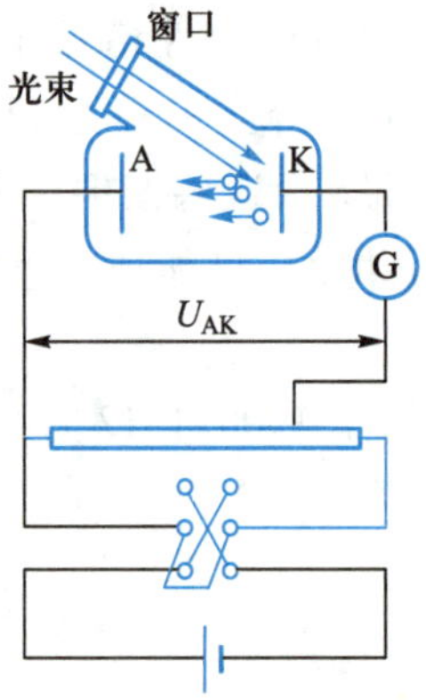

图 16.4

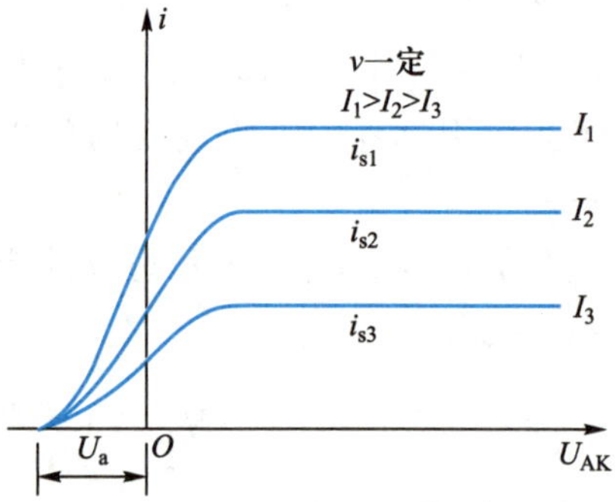

图 16.5

$$\frac{1}{2}mv_{max}^2=eU_a \tag{16.8}$$

（3）实验还发现，遏止电压与光强 I 无关，而是照射光的频率呈线性关系，对于不同金属的 U_a-ν 图像如图 16.6 所示，可知对各种不同的金属，图线皆为直线且斜率相同，其函数关系可表示为

$$U_a=k(\nu-\nu_0)\quad(\nu\geqslant\nu_0) \tag{16.9}$$

式中 k 是一个与金属材料无关的常量，ν_0 是图线在横轴上的截距. 将(16.9)式代入(16.8)式有

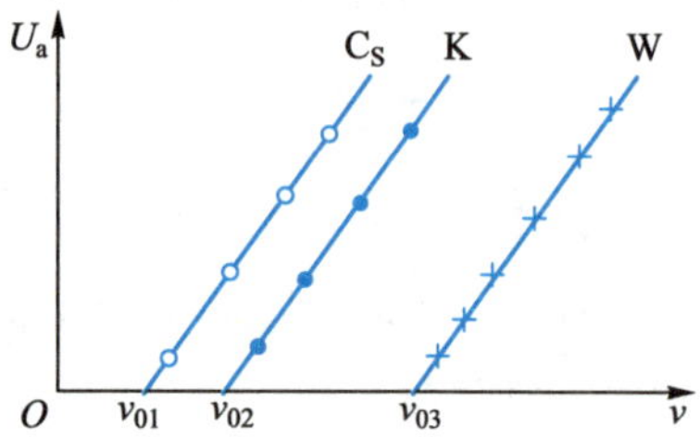

图 16.6

$$\frac{1}{2}mv_{max}^2=ek\nu-ek\nu_0 \tag{16.10}$$

可见光电子的最大初动能随入射光的频率增大而线性增大，与入射光的强度无关.

(16.10)式表明，光电子初动能$\frac{1}{2}mv^2>0$时，才能发生光电效应，则 $\nu\geqslant\nu_0$. 实验事实也指出，若入射光的频率 $\nu<\nu_0$，不论入射光的强度多大，照射时间多长，均不会发生光电效应. ν_0 称为金属的光电效应**红限频率**，也叫截止频率. 不同的金属对应有各自的红限频率.

（4）只要入射光的频率 $\nu>\nu_0$，无论光强如何，光电子逸出与光照金属表面的延迟时间不超过 1 ns，几乎是同时发生.

按经典的电磁波理论，无论频率是多少的光照射，电子在电磁波的作用下，总可积累足够能量，均可发生光电效应，不存在红限频率；且光电子的初动能应随着光强增大而增大，而与入射光的频率无关. 另外，如果光强很小，物质中的电子应经过较长时间积累到足够能量才能逸出，因而光电子发射不可能是即时的. 这一切经典理论的预言都被实验事实击得粉碎.

爱因斯坦首先注意到量子假设有可能解决经典物理学在解释光电效应中所碰到的困难. 1905 年他在普朗克量子假设的基础上，进一步提出了**光量子（光子）**概念. 他认为光（辐射场）由光子组成，每一个光子的能量 E 与辐射场的频率 ν 有如下关系：

$$E=h\nu \tag{16.11}$$

在不同频率的辐射场的光子具有不同的能量，光子不但以粒子的形式发出，而且还以粒子的形式在空间传播和与物质相互作用.

当光射到金属表面上时，能量为 $h\nu$ 的光子被电子所吸收. 电子吸收的能量一部分用来克服金属表面对它的束缚而做功，此功称为逸出功，记为 A；另一部分就是电子离开金属表面后的初动能. 设电子具有的初动能为$\frac{1}{2}mv_{\mathrm{m}}^2$，根据能量守恒定律可以写为

$$h\nu=A+\frac{1}{2}mv_{\mathrm{m}}^2 \tag{16.12}$$

这就是爱因斯坦光电效应方程. 由这个方程可以圆满地解释光电效应的实验规律.

如果电子所吸收的光子的能量 $h\nu$ 小于 A，则电子不能逸出金属表面，因而没有光电子产生. 可见光电效应的红限频率 $\nu_0=A/h$，它与电极材料的逸出功 A 成正比. 光的频率决定光子的能量，光的强度只决定光子的数目，光子多，产生的光电子也多. 又由于光子对电子吸收的过程需要时间极短，因此光电子的发射几乎是瞬时的. 由于发现光电效应的规律，爱因斯坦获得 1921 年诺贝尔物理学奖.

光电效应不仅有重要的理论意义，而且在科学和技术许多领域都有着广泛的应用. 如光电管、光电倍增管等各种光电器件，在有声电影发声、自动控制、自动保护、弱光探测、辐射图像转换或增强为可观察、记录、传输、储存的图像等技术领域起重要作用，被广泛地应用于冶金、电子、机械、化工、地质、医疗、核工业、天文、宇宙空间以及物理、化学、生物等基础科学研究中.

二、康普顿效应及光量子理论解释

电磁辐射与物质相互作用时，因入射光子的能量不同，可能发生若干种不同的效应. 入射光子能量较低时（$h\nu<0.5$ MeV），以光电效应为主；高能 γ 光子（$h\nu>1.02$ MeV）可以与原子核发生作用，产生正负电子对；当入射光子（如 X 射线）具有中等能量时，产生康普顿效应的概率较大.

文档：康普顿简介

1923 年，美国物理学家康普顿发现，单色 X 射线被物质散射时，散射线中除原有波长外，还有一种波长比入射线的长，且波长改变量与入射线波长无关，随散射角的增大而增大，这种波长变大的散射现象称为**康普顿散射**，或称**康普顿效应**.

康普顿散射实验装置如图 16.7 所示，单色 X 射线（如 $\lambda_0\approx0.1$ nm 的电磁波）入

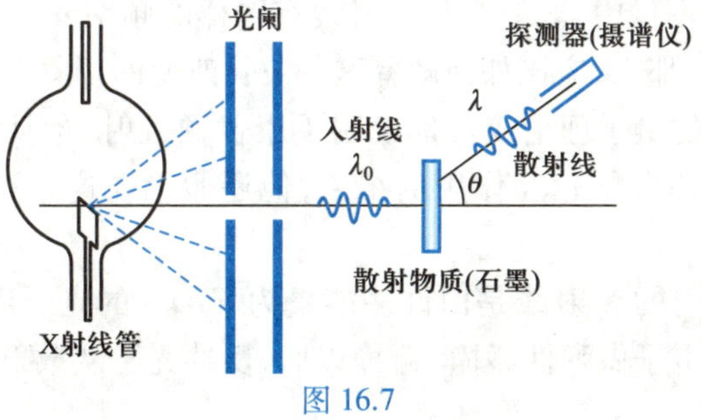

图 16.7

射到散射体石墨上,用摄谱仪测出不同散射角 θ 的散射线的波长及相对强度.

实验结果如图 16.8 所示,对任一(非零)散射角 θ 都测出两种波长的散射线,除有波长和入射线 λ_0 相同波长的成分外,还有一种波长 $\lambda'>\lambda_0$ 的成分,$\Delta\lambda=\lambda'-\lambda_0$ 随 θ 角增大而增大,而与 λ_0 及散射物质无关,但对于同一散射角,当散射物原子量减少时,波长变长的散射线强度增加,而与入射波长相同散射线的强度减弱. 如图16.9所示.

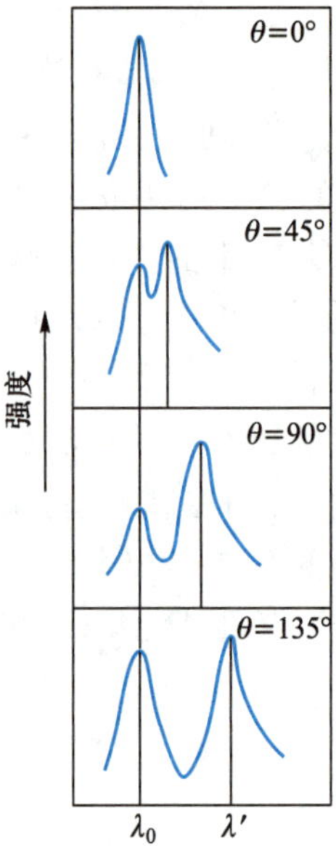

图 16.8

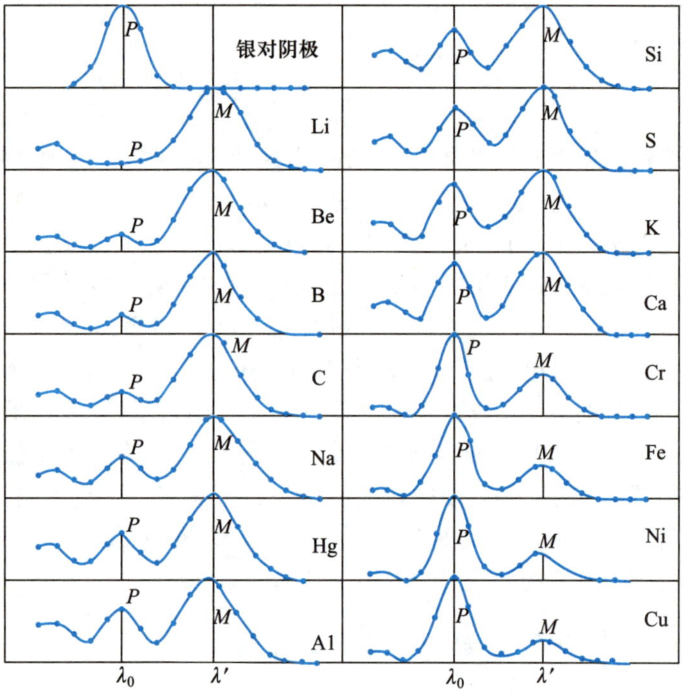

图 16.9

我国物理学家吴有训在 1925—1926 年间曾观察银的射线在同一散射线被一系列元素散射的情况,图 16.9 是观察的结果. 这里可以看到,新谱线的移动与散射物的性质无关;当散射物的原子序数增加时,原谱线的强度增加,移动的谱线的强度减低.

经典理论不能解释康普顿效应. 按照经典电磁理论,频率为 ν 的电磁波入射到自由的带电粒子上(如自由电子),带电粒子将吸收电磁波的能量而做同频率的振动. 所以,在经典的图像中,散射线与入射线有同样的频率 ν,经典理论只能说明波长不变的散射现象. 那么,应该如何解释这一波长改变的现象呢?

康普顿根据光的量子理论成功地说明了康普顿散射. 他认为上述效应是单个光子与物质中弱束缚电子相互作用的结果;他还假设在这个过程中,动量和能量守恒.

康普顿假设入射的 X 射线是由许多能量为 $E=h\nu$ 的光子组成,这些光子与散射物质中的弱束缚电子做弹性碰撞. 碰撞以后,反冲光子从散射物质中弹出而形成散射光. 因为入射的光子在与电子碰撞时传递一些能量给电子,所以散射的光子能量 E' 必小于 E,这样根据光子能量的公式,散射的 X 射线频率减小了,相应的波长就要变长了. 下面我们定量地分析康普顿效应.

设射线原有频率为 ν,散射后改变为 ν',那么碰撞前后光子的能量分别为 $h\nu$ 和 $h\nu'$,它的动量分别为 $p=\dfrac{h\nu}{c}$ 和 $p'=\dfrac{h\nu'}{c}$. 电子在碰撞前如果近似地看作是静止的,按照相对论原理,与它的静质量 m_0 相联系的能量为 m_0c^2;碰撞后它的速度为 v,质量为 $m=\dfrac{m_0}{\sqrt{1-v^2/c^2}}$,它的能量为 mc^2,这些式子中的 c 是真空中的光速,电子碰撞前的动量是零,碰撞后的动量是 $m\boldsymbol{v}$,引用能量守恒和动量守恒,可以列出两个关系式:

$$h\nu+m_0c^2=h\nu'+mc^2 \tag{16.13}$$

$$\boldsymbol{p}=\boldsymbol{p}'+m\boldsymbol{v} \tag{16.14}$$

(16.14)式表示动量的矢量关系,如图 16.10 所示,把它改为标量式:

$$(mv)^2=p^2+p'^2-2pp'\cos\theta$$

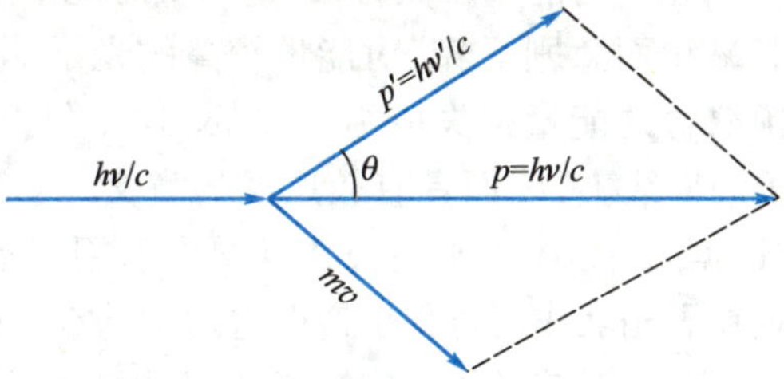

图 16.10

把动量数值代入

$$(mv)^2=(h\nu/c)^2+(h\nu'/c)^2-2(h\nu/c)(h\nu'/c)\cos\theta$$

改写为

$$m^2c^2v^2=h^2\nu^2+h^2\nu'^2-2h^2\nu\nu'\cos\theta \tag{16.15}$$

把(16.13)式移项后平方得

$$m^2c^4=h^2\nu^2+h^2\nu'^2-2h^2\nu\nu'+2m_0c^2h(\nu-\nu')$$

将上式减去(16.15)式得

$$m^2c^4(1-v^2/c^2)=m_0^2c^4-2h^2\nu\nu'(1-\cos\theta)+2m_0c^2h(\nu-\nu')$$

注意到质速关系式,上式左边等于 $m_0^2c^4$,于是上式可写为

$$\frac{c}{\nu'}-\frac{c}{\nu}=\frac{h}{m_0c}(1-\cos\theta)$$

$$\lambda'-\lambda=\Delta\lambda=\frac{h}{m_0c}(1-\cos\theta) \tag{16.16}$$

(16.16)式表示在康普顿散射线波长的改变与原来波长的大小无关,只与散射角 θ 有关. 当 $\theta=90°$ 时,$\Delta\lambda=\dfrac{h}{m_0c}=\lambda_C$ 代入数值得

$$\lambda_C=\frac{h}{m_0c}=\frac{6.63\times10^{-34}}{9.1\times10^{-31}\times3\times10^{8}}\text{m}=0.002\ 4\ \text{nm} \tag{16.17}$$

λ_C 称为**康普顿波长**.（16.16）式也可改写为

$$\Delta\lambda=\lambda'-\lambda=\frac{2h}{m_0c}\sin^2\frac{\theta}{2}=2\lambda_C\sin^2\frac{\theta}{2} \tag{16.18}$$

根据光的量子理论和动量、能量守恒定律推出的（16.18）式与实验符合得很好.

前面讲过，在散射线中还有一种波长不变的成分，这可以用入射 X 射线光子和原子内层电子的碰撞来解释. 由于内层电子被原子核紧紧束缚着，入射光子相当于与整个原子发生碰撞，在应用康普顿公式（16.18）式时，应理解为整个原子的质量，因此散射光波长与入射光的相差极微小. 对于轻物质，原子核库仑场较弱，几乎所有电子都处于弱束缚状态，因此波长变长的散射线相对较强. 对于重物质，原子中大多数内层电子受到核的束缚较紧，因此，波长较长的散射线相对较弱. 这样就对所有实验规律做了圆满的解释.

在康普顿散射中，光子损失一部分能量，这是能量较高的光子通过物质时能量损失的重要方式之一. 当光子的能量较低时，通过物质时能量的损失主要是电离吸收. 但电离吸收随波长减少而急剧下降. 对能量较高的光子，电离吸收的能量损失成为次要的，而康普顿散射的能量损失成为主要的. 这不仅发生在短波的 X 射线上，也发生在更短波长的射线上，因而具有较广泛的意义. 这个效应也一直被认为是光的粒子性的有力证据之一. 还由于在公式推导中引用了动量守恒和能量守恒定律，从而证明了微观粒子相互作用过程也遵循这两条基本定律.

由于发现康普顿效应，并对其做了正确解释，康普顿获得了 1927 年诺贝尔物理学奖.

三、光的波粒二象性

许多实验表明，光具有波动性，但光电效应等许多实验又表明光是粒子（光子）流，具有粒子性，这说明光兼有**波粒二象性**.

光不仅有波长、频率等波动特性，还同时具有能量、质量和动量等一般粒子共有的特性. 由相对论质能关系式：

$$E=mc^2$$

得光子的质量为

$$m=\frac{E}{c^2}=\frac{h\nu}{c^2}=\frac{h}{c\lambda} \tag{16.19}$$

光子的动量为

$$p=mc=\frac{h\nu}{c}=\frac{h}{\lambda} \tag{16.20}$$

光子具有动量已在光压实验中得到证实，而普朗克常量将描述光的波动特性的频率和波长与描述其粒子特性的能量和动量紧密地联系了起来.

［例 16.1］ 波长 $\lambda=0.02$ nm 的 X 射线与自由电子碰撞，若从与入射线成 90°角的方向散射. 求：

(1) 散射线的波长；

(2) 反冲电子的动能；

(3) 反冲电子的动量.

［解］ (1) 将散射角 $\theta=90°$代入(16.18)式，可求出波长改变量

$$\lambda'-\lambda=\Delta\lambda=\frac{2h}{m_0c}\sin^2\frac{\theta}{2}$$

$$=\frac{2\times6.63\times10^{-34}}{9.1\times10^{-31}\times3\times10^{8}}\times\left(\frac{\sqrt{2}}{2}\right)^2\ \text{m}$$

$$=0.002\ 4\ \text{nm}$$

所以散射线波长 $\lambda'=\lambda+\Delta\lambda=0.022$ nm

(2) 反冲电子动能等于入射光子与散射光子能量之差，即

$$E_k=h\nu-h\nu'=\frac{hc}{\lambda}-\frac{hc}{\lambda'}=\frac{hc\Delta\lambda}{\lambda\lambda'}$$

$$=\frac{6.63\times10^{-34}\times3\times10^{8}\times0.002\ 4\times10^{-9}}{0.02\times10^{-9}\times0.022\times10^{-9}}\ \text{J}$$

$$=1.08\times10^{-15}\ \text{J}=6.8\times10^{3}\ \text{eV}$$

(3) 反冲电子动量 $\boldsymbol{p}_e$ 与入射线方向 $\boldsymbol{e}_0$ 的夹角为 θ，散射线方向 $\boldsymbol{e}$，如图 16.11 所示，则根据动量守恒有

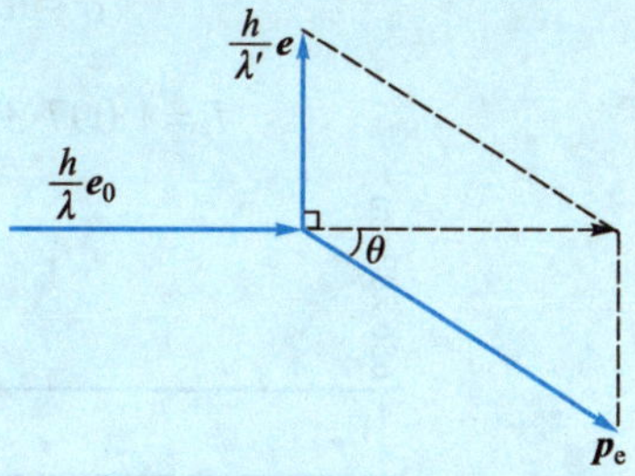

图 16.11

$$p_e=h\left(\frac{1}{\lambda^2}+\frac{1}{\lambda'^2}\right)^{1/2}=\frac{h}{\lambda\lambda'}(\lambda^2+\lambda'^2)^{1/2}$$

$$=\frac{6.63\times10^{-34}}{0.02\times10^{-9}\times0.022\times10^{-9}}\times[(0.02\times10^{-9})^2+(0.022\times10^{-9})^2]^{1/2}\ \text{J}\cdot\text{s}\cdot\text{m}^{-1}$$

$$=4.5\times10^{-23}\ \text{kg}\cdot\text{m}\cdot\text{s}^{-1}$$

$$\theta=\arctan\frac{\lambda}{\lambda'}=\arctan\frac{0.02}{0.022}=42°18'$$

复习思考题

16.4 爱因斯坦光量子理论的基本内容是什么？爱因斯坦是如何解释光电效应问题的？

16.5 康普顿效应如何用光量子理论解释？

16.6 如何理解光的波粒二象性？

§ 16.3 氢原子光谱 玻尔的氢原子理论

一、氢原子的光谱及其实验规律

最原始的光谱分析始于牛顿(17 世纪),但直到 19 世纪中叶,人们把它应用于生产后才得到迅速发展. 例如本生与基尔霍夫等人开始利用不同元素所特有的特征谱线来做微量元素的成分分析. 元素铷(Rb)与铯(Cs)就是通过光谱分析发现的.

由于光谱分析积累了相当丰富的资料,不少人对它进行了整理和分析. 1885 年,巴耳末发现,氢原子可见光谱线的波数 $\sigma\left(\sigma=\frac{1}{\lambda}=\frac{\nu}{c},\lambda \text{ 为波长}\right)$ 具有下列规律[见图 16.12 氢原子光谱(巴耳末线系)]:

$$\sigma=R\left(\frac{1}{2^2}-\frac{1}{n^2}\right)\quad(n=3,4,5,\cdots)\tag{16.21}$$

$$R=1.097\ 373\ 153\times10^7\ \text{m}^{-1}\quad(\text{里德伯常量})$$

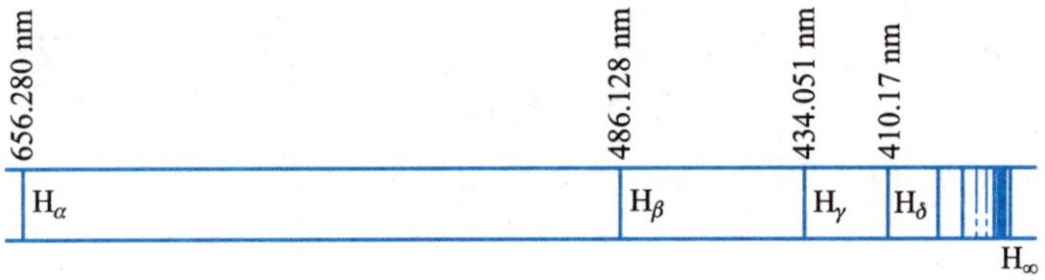

图 16.12

巴耳末公式与观测结果惊人的符合,引起了光谱学家的注意. 紧跟着就有不少人对光谱线波长(数)的规律进行了大量分析,例如里德伯对碱金属的光谱进行过仔细分析,发现它们可以分为主线系(p)、锐线系(s)及漫线系(d)等几个线系. 每一线系的各条谱线的波数,都有与(16.21)式类似的规律. 里兹提出的组合原则对此做了更普遍的概括. 按此原则,每一种原子都有它特有的一系列光谱项 $T(n)$,而原子发出的光谱线的波数 σ,总可以表示成两个光谱项之差:

$$\sigma_{mn}=T(m)-T(n)\tag{16.22}$$

其中 m、n 是某些正整数. 这一组合原则使光谱成波长(数)的计算与分析大为简化.

这样,人们自然会提出以下一系列问题:原子的线状光谱产生的机制是什么? 这些谱线的波长(数)为什么有这样简单的规律? 光谱线的本质又是什么? ……正是这种原子光谱规律性的研究,为原子理论的建立提供了条件.

二、原子的稳定性

1895 年,伦琴发现了 X 射线,1896 年,贝克勒耳从铀盐发现了天然放射性(后来弄清楚,这些天然放射线由 α、β 及 γ 三种射线组成). 1898 年,居里夫妇发现了放射性元素钋和镭.

电子与放射线的发现揭示出：原子不再是物质组成的永恒不变的最小单位，它们具有复杂的结构，并可互相转化. 原子既然可以放出带负电的 β 粒子来，而原子又是中性的，那么原子是怎样由带负电的部分（电子）与带正电的部分结合起来的？这样，原子的内部结构及其运动的问题就提到日程上来了.

汤姆孙（1904）曾经提出如下模型：正电荷均匀分布在原子中（原子大小 10^{-8} cm）. 而卢瑟福用 α 粒子打击原子，研究碰撞后散射出去的 α 粒子的角分布，并与模型计算值比较，发现汤姆孙模型无法解释大角度散射. 他提出：原子中正电部分集中在很小区域中（$<10^{-12}$ cm），原子质量主要集中在正电部分，形成“原子核”，而电子则围绕着它运动（与太阳系很相似），这就是今天众所周知的“原子有核模型”.

按照原子的有核模型，电子绕核做圆周运动，而根据经典电动力学，绕核运动的电子将辐射与其圆周运动频率相同的电磁波，从而原子系统的能量将随之逐渐减少. 按计算，如果电子在半径为 r 的圆周上绕核运动，则氢原子的能量为 $E=-\frac{e^2}{8\pi\varepsilon_0 r}$，显然，随能量的减少，电子轨道半径将不断减小；与此同时，电子圆周运动频率（同时辐射频率）将连续增大，因此原子光谱应是连续带状光谱，但事实上原子光谱是分立的线状光谱，并且原子因不断辐射电磁波，其能量随之不断减少，核外电子终将“掉到”原子核中去. 这样，原子也就“崩溃”了. 但现实世界表明，原子是稳定地存在着. 显然原子的线状光谱和原子的稳定性与经典物理发生了尖锐的矛盾.

三、玻尔的氢原子理论

正逢原子的“有核模型”被提出，而经典物理学与原子的稳定性发生尖锐矛盾的时刻，玻尔提出了他的原子的量子论. 这个理论虽然今天已经为量子力学代替，但在历史上曾经有过重大的推动作用. 而且，这个理论的某些核心思想至今仍然是正确的，并在量子力学中被保留下来. 玻尔在他的量子论中提出的两个极为重要的概念，可以认为是对大量实验事实的概括，它们是：

文档：玻尔简介

（1）**定态假设**　原子只能处在一系列具有不连续能量的稳定状态，简称定态，相应于定态，核外电子在一系列不连续的稳定圆轨道上运动，但并不辐射电磁波.

（2）**跃迁假设**　当原子从一个能量为 E_m 的定态跃迁到另一个能量为 E_n 的定态时，会发射或吸收一个频率为 ν_{mn} 的光子，有

$$\nu_{mn}=\frac{|E_m-E_n|}{h} \tag{16.23}$$

上式称**辐射频率公式**.

（3）**轨道角动量量子化假设**　电子在稳定圆轨道上运动时，其轨道角动量 $L=mvr$ 必须等于 $h/2\pi$ 的整数倍，即

$$L=mvr=n\frac{h}{2\pi}=n\hbar \quad (n=1,2,3,\cdots) \tag{16.24}$$

玻尔认为,电子在半径为 r 的轨道上以速率 v 绕核做圆周运动时,向心力就是库仑力,因而有

$$m\frac{v^2}{r}=\frac{1}{4\pi\varepsilon_0}\frac{e^2}{r^2} \tag{16.25}$$

由(16.24)式和(16.25)式消去 v,即可得原子处于第 n 个定态时电子轨道半径为

$$r_n=n^2\left(\frac{\varepsilon_0 h^2}{\pi me^2}\right)=n^2 r_1 \quad (n=1,2,3,\cdots) \tag{16.26}$$

式中 r_1 是氢原子中电子的最小轨道半径,称为玻尔半径,其值为

$$r_1=\frac{4\pi\varepsilon_0 h^2}{4\pi^2 me^2}=0.529\times10^{-10}\ \text{m} \tag{16.27}$$

上式表明,由于角动量不能连续变化,电子轨道半径也不能连续变化. $n=1$ 的定态称为基态,$n=2,3,4,\cdots$各态称为激发态,氢原子处于各定态时电子轨道如图 16.13 所示.

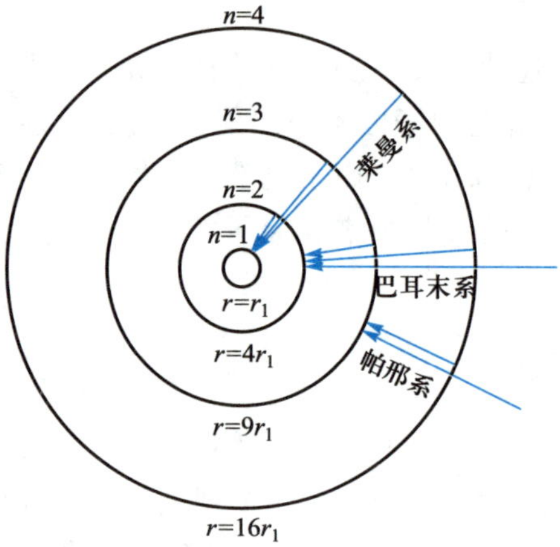

图 16.13

氢原子能量应等于电子的动能和势能之和,并应用(16.25)式,有

$$E=\frac{1}{2}mv^2-\frac{1}{4\pi\varepsilon_0}\frac{e^2}{r}=-\frac{1}{8\pi\varepsilon_0}\frac{e^2}{r}$$

处于量子数为 n 的定态时,能量为

$$E_n=-\frac{2\pi^2 me^4}{(4\pi\varepsilon_0)^2 n^2 h^2} \quad (n=1,2,3,\cdots) \tag{16.28}$$

由此可见,由于电子轨道角动量不能连续变化,氢原子的能量只能取一系列不连续的值,这称为**能量量子化**,这种量子化的能量值称为**能级**. 令 $n=1$,即可得氢原子基态能级的能量为

$$E_1=-\frac{2\pi^2 me^4}{(4\pi\varepsilon_0)^2 h^2}=-13.6\ \text{eV} \tag{16.29}$$

基态能级能量最低,原子最稳定. 随量子数 n 增大,能量 E_n 也增大,能量间隔减小. 当 $n\to\infty$ 时,$r_n\to\infty$,$E_n\to 0$,能级趋于连续,原子趋于电离,$|E_1|$就是氢原子的电离能. $E>0$ 时,原子处于电离状态,能量可连续变化,氢原子的能级图如图 16.14 所示.

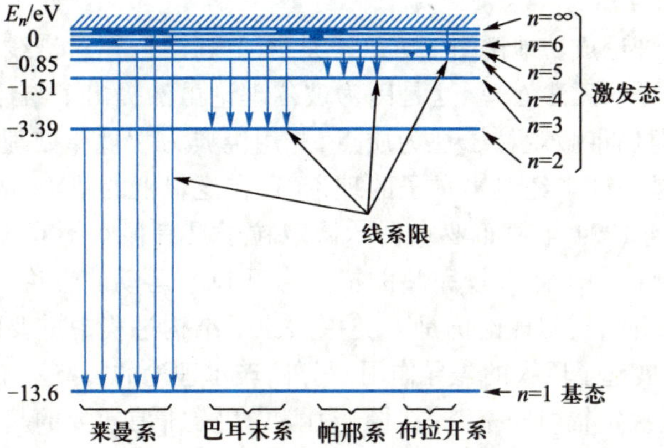

图 16.14

下面由玻尔的氢原子理论来解释氢原子光谱的规律. 由玻尔第二个假设,当原子从较高能级 E_i 跃迁到较低能级 E_j 便辐射单色光,单色光的频率

$$\nu=\frac{E_i-E_j}{h}=\frac{me^4}{8\varepsilon_0^2h^3}\left(\frac{1}{n_j^2}-\frac{1}{n_i^2}\right)$$

由 $\lambda=\dfrac{c}{\nu}$,则

$$\sigma=\frac{1}{\lambda}=\frac{me^4}{8\varepsilon_0^2h^3c}\left(\frac{1}{n_j^2}-\frac{1}{n_i^2}\right) \tag{16.30}$$

令

$$R=\frac{me^4}{8\varepsilon_0^2h^3c} \tag{16.31}$$

代入 m、e、ε_0、h、c 的值,得到 $R=1.097\times10^7\ \mathrm{m}^{-1}$,(16.30)式和(16.31)式与经验公式完全相符. (16.31)式还给出了里德伯常量的意义. 当氢原子从不同的较高能级跃迁到同一较低能级时得到氢原子的光谱系,如莱曼系是氢原子从 $n=2,3,4,\cdots$的能级跃迁到 $n=1$ 的能级时产生的;巴耳末系是氢原子从 $n=3,4,5,\cdots$的能级跃迁到 $n=2$ 的能级产生的……可见,玻尔的氢原子理论很好地解释了氢原子光谱的规律性.

必须了解,在图 16.13 上画出的那些电子轨道是可能的轨道,在图 16.14 上表示的一些能级是可能的能级,在任何时刻,一个原子中实现的只是一个轨道的电子运动. 电子从某一轨道跳到另一轨道称为跃迁,也可以说原子从前一状态跃迁到后一状态. 在进行实验时,实际观察的是大量原子,各种轨道的电子运动可以在不同的原子中分别实现,相应的各种能级在不同的原子上同时存在. 各种轨道间,也就是对应的各种能级间的跃迁也可以在不同的原子中发生. 况且观察总是持续一段时间,因此各种能级间的跃迁都可以观察到. 这就是说,各种光谱线看起来是同时出现的.

四、玻尔理论的局限性

玻尔氢原子理论成功地说明了氢原子光谱的规律性,但对谱线强度、宽度以及多电子原子的光谱却无法处理. 这是因为玻尔理论虽然提出了与经典理论不相容的量子化特征,但仍将微观粒子视为质点,并用经典力学规律处理电子轨道问题. 因此,玻尔理论是一种半经典半量子的理论,存在逻辑上的缺陷,从而导致理论本身的局限性. 直到 1924 年德布罗意揭示微观粒子具有根本不同于宏观质点的性质——波粒二象性,一个体系较完整的描述微观粒子运动的理论——量子力学才建立起来. 尽管如此,玻尔理论仍是人类探索原子结构过程中重要的里程碑,对现代量子力学的发展起了巨大的先导作用. 另外,玻尔理论的一些基本概念,如"定态能级""能级跃迁决定辐射频率"等在量子力学中仍是非常重要的基本概念.

复习思考题

16.7 玻尔如何把光量子理论运用到原子结构问题上的?

16.8 玻尔理论的局限性是什么?

§ 16.4 微粒的波粒二象性

一、德布罗意关系

文档:德布罗意简介

玻尔理论所遇到的困难说明探索微观粒子运动规律的迫切性. 为了达到这个目的,1924 年德布罗意在光有波粒二象性的启示下,提出微观粒子也具有波粒二象性的假设. 他认为 19 世纪在对光的研究上,重视了光的波动性而忽略了光的微粒性. 但在对实体的研究上,则可能发生了相反的情况,即过分重视实体的粒子性而忽略了实体的波动性. 因此,他提出了微观粒子也具有波动性的假说. 德布罗意把粒子和波通过下面的关系联系起来,粒子的能量 E 和动量 p 与波的频率 ν 和波长 λ 之间的关系,正像光子和光波的关系一样,有

$$E=h\nu \tag{16.32}$$

$$p=\frac{h}{\lambda} \tag{16.33}$$

这公式称为**德布罗意公式**,或**德布罗意关系**. 能量为 E、动量为 p 的微观粒子,对应波的频率为 ν、波长为 λ 的波,称为**德布罗意波**或**物质波**.

按照德布罗意假设,自由粒子以速度 v 做匀速运动时,E 和 p 一定,粒子对应的物质波是平面单色波,其波长为

$$\lambda=\frac{h}{mv} \tag{16.34}$$

(16.34)式称为德布罗意波长公式. 式中 m 为粒子的运动质量,由狭义相对论可知 $m=\dfrac{m_0}{\sqrt{1-\dfrac{v^2}{c^2}}}$,则

$$\lambda=\frac{h}{m_0v}\sqrt{1-\frac{v^2}{c^2}} \tag{16.35}$$

设自由粒子的动能为 E,粒子的速度远小于光速,则 $E=\dfrac{p^2}{2m}$,由(16.35)式可知德布罗意波长为

$$\lambda=\frac{h}{p}=\frac{h}{\sqrt{2mE}}$$

例如电子被电势差 U 加速,则 $E=eU$,e 是电子电荷的大小,将 h、m、e 的数值代入后,可得

$$\lambda=\frac{h}{\sqrt{2meU}}\approx\frac{1.225}{\sqrt{U/\mathrm{V}}}\ \mathrm{nm}$$

由此可知,用电势差 150 V 加速的电子,其德布罗意波长为 $\lambda=\dfrac{1.225\ \mathrm{nm}}{\sqrt{150\ \mathrm{V/V}}}\approx0.1\ \mathrm{nm}$,而当 $U=10\ 000$ V 时,$\lambda=0.012\ 2$ nm,所以德布罗意波长在数量级上相当于(或略小于)晶体中原子间距,它比宏观线度要小得多,这就是为什么电子的波动性长期未被发现的原因.

二、电子衍射实验对德布罗意关系的证实

德布罗意假说的正确性,在 1927 年为戴维孙和革末所做的电子衍射所证实,戴维孙和革末把电子束正入射到镍单晶片上,观察散射电子束的强度和散射角之间的关系. 所用的实验装置如图 16.15 所示.

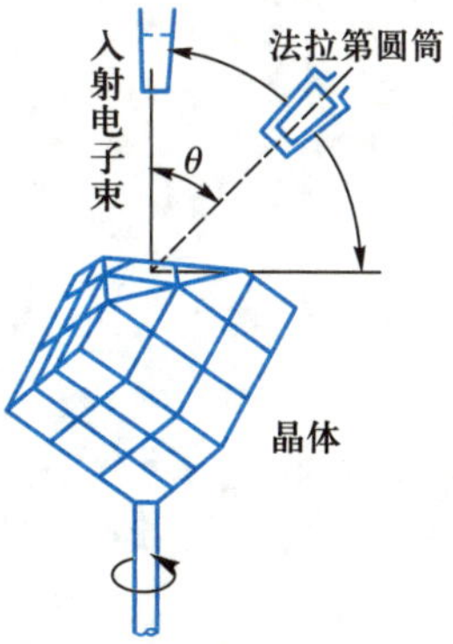

图 16.15

电子束由电子枪发出,在晶体表面上被散射;散射电子束由法拉第圆筒收集,法拉第圆筒可以转动以调节筒与入射电子束之夹角,其电流由电流计读出. 戴维孙和革末发现,散射电子束的强度随散射角 θ 而改变,当 θ 取某些确定值时,强度有最大值. 这现象与 X 射线的衍射现象相同,充分说明电子具有波动性. 根据衍射理论,衍射最大值由公式 $n\lambda=d\sin\theta$ 确定,n 是衍射最大值的级数,λ 是衍射射线的波长,d 是晶体平面栅常量. 戴维孙和革末用这公式计算电子的德布罗意波长,得到与(16.33)式一致的结果.

电子束在穿过细晶末或薄金属片后，也像X射线一样产生衍射现象（图16.16），这种实验也证明了(16.33)式的正确性.

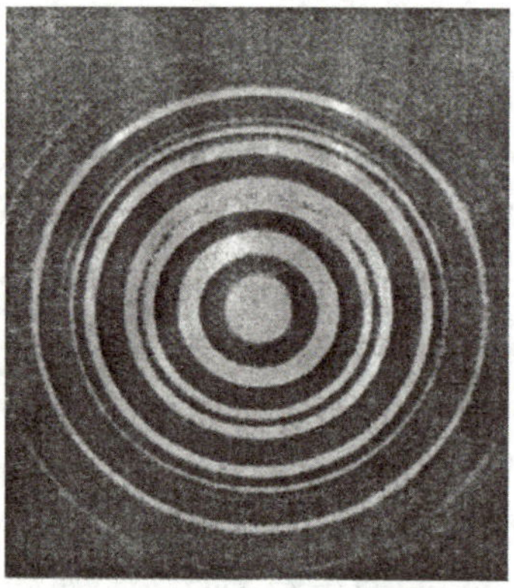
图 16.16

此外，也观察到原子、分子和中子等微观粒子的衍射现象，实验数据的分析都肯定衍射波波长和粒子动量间存在着德布罗意关系. 这就说明，一切微观粒子都具有波粒二象性，德布罗意公式是描述微观粒子的基本公式. 在现代技术中，电子衍射和中子衍射等已有了广泛的应用. 电子显微镜便是一例，由于电子的波长可以很短，电子显微镜的分辨率可以达到0.1 nm. 而中子衍射已成为研究固体和液体结构的重要手段.

复习思考题

16.9 为什么说德布罗意关系描述了实物粒子的波粒二象性？

16.10 戴维孙-革末实验如何证实了德布罗意关系的正确性？

§16.5 不确定关系

在经典力学中，质点在任何时刻都有完全确定的位置、动量、能量、角动量等. 与此不同，微观粒子具有明显的波动性，以致它的某些成对物理量不可能同时具有确定的量值. 例如位置坐标和动量、角动量等，其中一个量确定越准确，另一个量的不确定度就越大. 我们以电子的单缝衍射实验结果来说明这个问题.

如图16.17所示，当电子束垂直入射到缝宽为 a 的单缝上时，就会发生衍射现象，在屏上产生衍射花样.

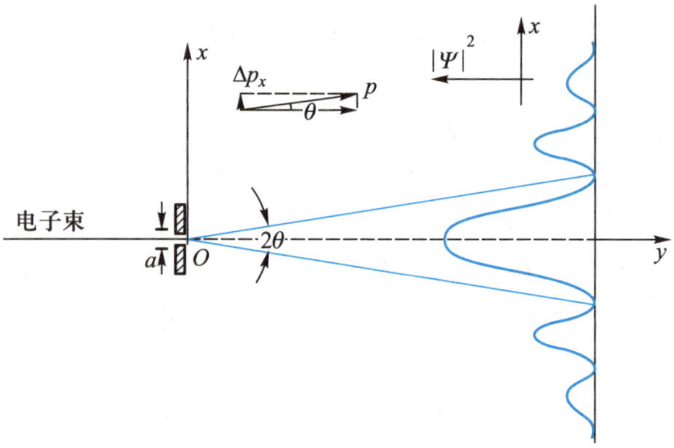

图 16.17

当一个电子通过狭缝的瞬时，我们很难确定是从缝内哪一点通过的，无法准确地回答它的坐标是多少. 然而，该电子确实是通过了狭缝. 因此，可以认为电子在 Ox 轴上坐标的不确定范围 Δx 为狭缝宽度 a.

由于电子具有波动性，它们穿过单缝时会产生衍射，电子的速度方向会有改变，电子的动量也就有了变化. 如果只考虑中央明纹，即两边第一级暗纹间的明纹，则电子衍射后位于图 16.17 中的 2θ 角之内，设电子的动量值为 p，经衍射后平行于 x 轴的动量分量的不确定值为 Δp_x，取决于角 θ，即

$$\Delta p_x = p\sin\theta$$

将和第一暗纹的关系式 $\sin\theta = \dfrac{\lambda}{a}$，及德布罗意关系式 $p = \dfrac{h}{\lambda}$ 代入，可得

$$\Delta p_x = \frac{h}{\lambda}\,\frac{\lambda}{a} = \frac{h}{a}$$

将 $\Delta x = a$ 代入，则得

$$\Delta x \Delta p_x = h$$

考虑到还有一些电子落在中央明纹以外区域的情况，应有

$$\Delta x \Delta p_x \geqslant h \tag{16.36}$$

经过量子力学的严格推导，上式应为

$$\Delta x \Delta p_x \geqslant \frac{\hbar}{2} \tag{16.37}$$

这就是海森伯于 1927 年提出的**位置和动量的不确定关系**（曾称为测不准关系式）. 它不仅适用于电子，也适用于其他微观粒子.

文档：海森伯简介

不确定关系(16.37)式表明，微观粒子的位置坐标和同一方向的动量不可能同时具有确定值. 减少 Δx，将使 Δp_x 增大，即位置确定越准确，动量确定就越不准确，反之亦然，这和实验结果是一致的. 如做单缝衍射实验时，缝越窄，电子在底片上分布的范围就越宽. 也就是说，对于具有波粒二象性的微观粒子，不可能用某一时刻的位置和动量描述其运动状态，轨道的概念已失去意义，经典力学的规律也不再适用.

不确定关系 $\Delta x \Delta p_x \geqslant \dfrac{\hbar}{2}$，并非仪器对粒子的干扰，也不是测量仪器的精度所带来的“误差”，而是微观粒子的波动属性所导致的必然，是物理学中的一个重要的基本规律，在微观世界的各个领域中有很广泛的应用. 由于通常都是用于数量级估算，有时也写成 $\Delta x \Delta p_x \geqslant \hbar$ 等形式.

不确定关系不仅存在于坐标和动量之间，也存在于能量和时间之间，如果微观粒子处于某一状态的时间为 Δt，则其能量必有一个不确定量 ΔE，由量子力学可推出二者之间关系为

$$\Delta E \Delta t \geqslant \frac{\hbar}{2} \tag{16.38}$$

(16.38)式称为**能量和时间的不确定关系**. 利用该关系式可以解释原子在各激发态

的平均寿命 Δt 和它在该激发态的能级宽度 ΔE 之间的关系. 原子在激发态的典型的平均寿命 $\Delta t=10^{-8}$ s. 由能量和时间的不确定度关系可知,原子激发态的能级的能量值一定有一不确定量 $\Delta E\geqslant\dfrac{\hbar}{2\Delta t}\approx10^{-8}$ eV,这就是激发态的能级宽度. 这与原子由激发态跃迁到基态的光谱线有一定宽度的实验事实是相符的. 显然,除基态外,原子的激发态平均寿命越长,能级宽度就越小,反之亦然.

[**例 16.2**] 有一枪弹质量为 50 g,测得它和一个电子的速率相同,都是 300 m/s,测速率的不确定度为 0.01%,问测枪弹和电子的位置坐标时,不确定量各为多少?

[**解**] 根据海森伯不确定关系

$$\Delta x\Delta p_x\geqslant\frac{\hbar}{2}$$

对于电子:

$$\begin{aligned}\Delta p_x&=m\Delta v_x=9.11\times10^{-31}\ \text{kg}\times300\ \text{m}\cdot\text{s}^{-1}\times0.01\%\\&=2.73\times10^{-32}\ \text{kg}\cdot\text{m}\cdot\text{s}^{-1}\end{aligned}$$

$$\Delta x\geqslant\frac{\hbar}{2\Delta p_x}=\frac{1.055\times10^{-34}}{2\times2.73\times10^{-32}}\ \text{m}=1.93\ \text{mm}$$

这一数值对电子来说已是相当大了.

对于子弹:

$$\begin{aligned}\Delta p_x&=m\Delta v_x=0.05\ \text{kg}\times300\ \text{m}\cdot\text{s}^{-1}\times0.01\%\\&=1.5\times10^{-3}\ \text{kg}\cdot\text{m}\cdot\text{s}^{-1}\end{aligned}$$

$$\Delta x\geqslant\frac{\hbar}{2\Delta p_x}=\frac{1.055\times10^{-34}}{2\times1.5\times10^{-3}}\ \text{m}=3.52\times10^{-29}\ \text{mm}$$

这一数值对子弹来说是微不足道的. 可见不确定关系对宏观物体的测量实际是没有影响的. 它对微观量的测量的影响还将在后几节讨论.

[**例 16.3**] 试求原子中电子速度的不确定量,取原子的线度约 10^{-10} m.

[**解**] 原子中电子的位置不确定,$\Delta r=10^{-10}$ m,由不确定关系得

$$\begin{aligned}\Delta v_x&\geqslant\frac{\hbar}{2m\Delta r}=\frac{1.055\times10^{-34}}{2\times9.11\times10^{-31}\times10^{-10}}\ \text{m}\cdot\text{s}^{-1}\\&=5.8\times10^{5}\ \text{m}\cdot\text{s}^{-1}\end{aligned}$$

由玻尔理论可估算出氢原子中电子的轨道运动速度约为 10^6 m·s^{-1},可见速度的不确定量与速度大小的数量级基本相同. 因此,原子中电子在任一时刻没有完全确定的位置和速度,也没有确定的轨道,不能看成经典粒子,不能用经典力学方法处理,电子的波动性十分显著,电子的运动必须用电子在各处的概率分布来描述.

［例 16.4］ 实验所测定的原子核线度的数量级为 10^{-14} m，应用不确定度关系估算电子如被束缚在原子核中时的动能. 从而判断原子由质子和电子组成是否可能.

［解］ 若假设原子核由质子和电子组成，电子在原子粒子中位置的不确定量为 $\Delta r=10^{-14}$ m，由不确定关系得

$$\Delta p \geqslant \frac{\hbar}{2\Delta r}=\frac{1.055\times10^{-34}}{2\times10^{-14}}\ \mathrm{kg\cdot m\cdot s^{-1}}$$

$$=0.53\times10^{-20}\ \mathrm{kg\cdot m\cdot s^{-1}}$$

由于动量的数值不可能小于它的不确定量，故电子的动量为

$$p\geqslant 0.53\times10^{-20}\ \mathrm{kg\cdot m\cdot s^{-1}}$$

考虑到电子在此动量下有极大的速度，应遵守相对论的能量动量规律：

$$E^2=p^2c^2+m_0^2c^4$$

故它的能量最大值约为

$$E=\sqrt{p^2c^2+m_0^2c^4}=1.65\times10^{-12}\ \mathrm{J}$$

电子在原子核中的动能最大值约为

$$E_{\mathrm{k}}=E-m_0c^2\approx1.65\times10^{-12}\ \mathrm{J}=10\ \mathrm{MeV}$$

理论证明，电子具有这样大的动能足以把原子核击碎. 所以，把电子禁锢在原子核内是不可能的，这就否定了原子核是由质子和电子组成的假设.

复习思考题

16.11 简述不确定关系.

16.12 如果加速电压 $U\geqslant10^6$ eV，还可以用公式 $\lambda=\dfrac{1.225}{\sqrt{U/\mathrm{V}}}$ nm 来计算电子的德布罗意波长吗？为什么？

§ 16.6 波函数 薛定谔方程

微观粒子具有波粒二象性，不能视为经典粒子，不能用同一时刻的位置和动量来描述. 因为微观粒子具有波动性，1925 年奥地利物理学家薛定谔首先提出用**物质波的波函数描述微观粒子的运动状态**，就如同用电磁波的波函数描述光子运动一样.

文档：薛定谔简介

一、波函数

由波动理论知道，频率为 ν，波长为 λ，沿 x 方向传播的平面波可用下面的波函数（平面波的波动方程）表示：

$$y(x,t)=A\cos\left[2\pi\left(\frac{x}{\lambda}-\nu t\right)\right]$$

将上式改写成复数形式而只取实数部分，即

$$y(x,t)=A\mathrm{e}^{-\mathrm{i}2\pi\left(\nu t-\frac{x}{\lambda}\right)}$$

设微观粒子是不受外力作用的自由粒子，沿 x 轴的正向运动，其能量 E 和动量 $\boldsymbol{p}$ 都是常量，由德布罗意关系式可知，其物质波的频率 ν 和波长 λ 也不随时间变化，所以自由粒子的物质波是一列单色平面波. 因此，在量子力学中，类似地将自由粒子的物质波的波函数表示为

$$\Psi(x,t)=\Psi_0\mathrm{e}^{-\mathrm{i}2\pi\left(\nu t-\frac{x}{\lambda}\right)}=\Psi_0\mathrm{e}^{-\frac{\mathrm{i}}{\hbar}(Et-px)} \tag{16.39}$$

(16.39)式是描述自由粒子运动状态的物理量. 式中 Ψ_0 是个待定常量，$\Psi_0\mathrm{e}^{\frac{\mathrm{i}}{\hbar}px}$ 相当于 x 处波函数的复振幅，而 $\mathrm{e}^{-\frac{\mathrm{i}}{\hbar}Et}$ 则反映波函数随时间变化.

如果微观粒子在各种外力场中运动，其能量 E 和动量 $\boldsymbol{p}$ 就不是常量，对应的物质波也不是平面波了. 但在外力场中运动的微观粒子服从薛定谔方程，它们的波函数就是下面要讲到的薛定谔方程的解.

二、薛定谔方程

1926 年薛定谔提出了物质波的波函数 $\Psi(\boldsymbol{r},t)$ 所遵循的方程，称为**薛定谔方程**. 它是量子力学的基本方程，它和其他物理基本方程（例如牛顿力学方程）一样，是不能从更基本的原理推导出来，然而将这个方程应用于分子、原子等微观体系得到的大量结果和实验结果相符，这就说明了它的正确性.

质量为 m 的粒子在外力场中运动时，其势能 V 一般是空间 $\boldsymbol{r}$ 和时间 t 的函数 $V=V(\boldsymbol{r},t)$，**薛定谔方程**为

$$-\frac{\hbar^2}{2m}\left(\frac{\partial^2}{\partial x^2}+\frac{\partial^2}{\partial y^2}+\frac{\partial^2}{\partial z^2}\right)+V(r,t)\Psi(r,t)=\mathrm{i}\hbar\frac{\partial\Psi(r,t)}{\partial t} \tag{16.40}$$

当粒子在稳定力场中运动，粒子的势能不随时间变化，粒子的能量 $E=\frac{p^2}{2m}+V(r)$（动能与势能之和）是一个不随时间变化的常量，我们称粒子处于定态，粒子的定态波函数可写成坐标函数 $\Psi(\boldsymbol{r})$ 与时间函数 $\mathrm{e}^{-\frac{\mathrm{i}}{\hbar}Et}$ 两部分的乘积，为

$$\Psi(\boldsymbol{r},t)=\Psi(\boldsymbol{r})\mathrm{e}^{-\frac{\mathrm{i}}{\hbar}Et} \tag{16.41}$$

将(16.41)式代入薛定谔方程，可得 $\Psi(\boldsymbol{r})$ 所满足的方程：

$$\left(\frac{\partial^2}{\partial x^2}+\frac{\partial^2}{\partial y^2}+\frac{\partial^2}{\partial z^2}\right)\Psi(r)+\frac{2m}{\hbar^2}(E-V)\Psi(r)=0 \tag{16.42}$$

方程(16.42)式称为**定态薛定谔方程**，也称为**不含时的薛定谔方程**. 求得方程(16.42)式的解 $\Psi(\boldsymbol{r})$，就可按(16.41)式得到定态波函数.

当粒子只沿 x 轴运动，则(16.42)式简化为

$$\frac{\mathrm{d}^2\Psi(x)}{\mathrm{d}x^2}+\frac{2m}{\hbar^2}(E-V)\Psi(x)=0 \tag{16.43}$$

方程(16.43)式称为一维定态薛定谔方程.

三、波函数的统计解释

究竟怎样理解波函数和所描写的粒子之间的关系呢?

我们从讨论光的强度(光强)入手. 因为光具有波粒二象性,按照波动观点,在空间某处的光强和该处光振动振幅的平方成正比,按照粒子观点,光强与来到该处单位体积的光子数成正比. 这表明,光强大的地方,光子数量相对多,即光子在该处出现的概率大,反之,光强小的地方,光子数量相对小,即光子在该处出现的概率小,光强为零的地方,光子在该处出现概率为零,光强最大的地方,光子在该处出现的概率最大. 为了把光子的粒子性和波动性统一起来,我们必须承认,来到空间某处单位体积的光子数与该处光振动振幅的平方成正比.

把上面的结论推广到微观粒子. 1926 年,德国物理学家玻恩提出了波函数的统计解释. 玻恩指出:实物粒子的物质波是一种概率波;t 时刻粒子在空间 $\boldsymbol{r}$ 处附近体积元 $\mathrm{d}V$ 中出现的概率 $\mathrm{d}W$ 与该处波函数绝对值的平方成正比,即

$$\mathrm{d}W=|\Psi(\boldsymbol{r},t)|^2\mathrm{d}V=\Psi(\boldsymbol{r},t)\Psi^*(\boldsymbol{r},t)\mathrm{d}V \tag{16.44}$$

显然

$$|\Psi(\boldsymbol{r},t)|^2=\Psi(\boldsymbol{r},t)\Psi^*(\boldsymbol{r},t)=\frac{\mathrm{d}W}{\mathrm{d}t}$$

$|\Psi(\boldsymbol{r},t)|^2$ 表示 t 时刻粒子在空间 $\boldsymbol{r}$ 处附近单位体积内的概率,也称概率密度. 这就是波函数的统计意义.

波函数还必须满足一定条件:由于粒子在一定时刻空间某处出现的概率应该是唯一和有限的,且空间各点概率分布应该是连续变化的,因此波函数必须满足单值、有限、连续这三个标准条件. 否则,波函数就没有物理意义,它就不代表物理实在. 还因为粒子在整个空间出现的概率为 1,所以有

$$\int|\Psi(\boldsymbol{r},t)|^2\mathrm{d}V=1 \tag{16.45}$$

上式叫作归一化条件,满足归一化条件的函数称为归一化函数.

复习思考题

16.13 波函数的物理意义是什么?它必须满足哪些条件?

16.14 设自由粒子能量为 E,动量为 $\boldsymbol{p}$,沿 x 轴正向运动,请写出自由粒子物质波的波函数.

16.15 如何理解微观粒子的波粒二象性?

§ 16.7 一维定态问题

现在,我们用定态薛定谔方程来处理一些一维问题,量子体系的许多特征都可以在这些比较简单的问题中体现出来.

一、一维无限深势阱 离散谱

如前所述,通常把在无限远处为零的波函数所描写的状态,称为束缚态. 一般而言,束缚态所属的能级是离散的,构成离散谱. 为了分析处于束缚态的粒子的共同特点,我们先从一个最简单的理想化模型入手. 例如,金属中的自由电子,原子核中的质子和中子等,它们的运动都被限制在一个很小的空间范围,作为近似和简化,我们抽象出一维无限深势阱的模型,在这类问题中,粒子的势能函数为

$$U(x)=\begin{cases}0\,(0<x<a)\\ \infty\,(x\leqslant 0,x\geqslant a)\end{cases} \tag{16.46}$$

其曲线形如深井,故称**一维无限深势阱**,如图 16.18 所示.

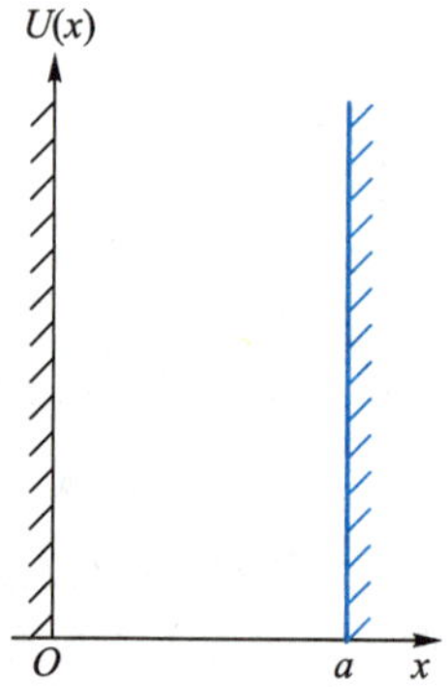

图 16.18

因为在 x 不同的区间,$U(x)$不同,我们分"势阱内"和"势阱外"两类区域来讨论.

在势阱内,即当 $0<x<a$ 时,定态薛定谔方程为

$$\frac{\mathrm{d}^2}{\mathrm{d}x^2}\Psi(x)+\frac{2mE}{\hbar^2}\Psi(x)=0 \tag{16.47}$$

令

$$k=\frac{\sqrt{2mE}}{\hbar} \tag{16.48}$$

则方程(16.47)式的解可表示为

$$\Psi(x)=A\sin(kx+\delta) \tag{16.49}$$

其中 A 和 δ 是待定常量.

因为势阱的壁无限高,从物理上考虑,粒子不可能穿透无限高的势阱壁. 按照波函数的统计诠释,要求在势阱壁上及势阱外波函数为零. 因此,(16.49)式所给出的势阱内粒子的波函数,必须满足如下的边界条件:

$$\Psi(0)=0,\Psi(a)=0 \tag{16.50}$$

按照边界条件 $\Psi(0)=0$,要求待定常量 $\delta=0$;按照边界条件 $\Psi(a)=0$,要求 $\sin ka=0$,即

$$ka=n\pi\quad(n=1,2,3,\cdots) \tag{16.51}$$

我们舍去了 $n=0$ 的情况,因为若 $n=0$,必有 $\Psi(x)=0$,没有物理意义.

由(16.48)式可得 $E=\frac{\hbar^2k^2}{2m}$,将(16.51)式中所确定的 k 值代入,立即得到

$$E=E_n=\frac{\hbar^2\pi^2n^2}{2ma^2}\quad(n=1,2,3,\cdots) \tag{16.52}$$

这说明，只有当能量取(16.52)式所给出的那些离散值 E_n 时，相应的波函数 $\Psi_n(x)$ 才能满足边界条件，从而才是物理上可接受的. E_n 称为能量本征值，$\Psi_n(x)$ 称为**能量本征函数**. n 称为**量子数**. 由此可见，当粒子被束缚在势阱中时，体系的能量是量子化的，即所构成的能谱是**离散**的. 而且，粒子的最低能量 $E_1 \neq 0$，即粒子具有**零点能**，这也是与经典概念下的粒子完全不同的.

由(16.49)式，取 $\delta=0, k=\dfrac{n\pi}{a}$ 即得与能量本征值 E_n 相应的能量本征函数为

$$\Psi_n(x) = A\sin(n\pi x/a) \quad (0<x<a) \tag{16.53}$$

利用归一化条件

$$\int_0^a |\Psi_n(x)|^2 ax = 1 \tag{16.54}$$

可以求出 $|A| = \sqrt{\dfrac{2}{a}}$. 不妨取 A 为实常量，则归一化波函数可以表示为

$$\Psi_n(x) = \sqrt{\frac{2}{a}}\sin\left(\frac{n\pi x}{a}\right) \quad (0<x<a)$$

$$\Psi_n(x) = 0 \quad (0 \leqslant x, x \geqslant a) \tag{16.55}$$

与能级 $n=1,2,3,4,\cdots$ 相对应的波函数 Ψ_n 以及概率密度 $|\Psi_n|^2$，分别表示于图 16.19(a)和(b)中，由图可见，除端点 $x=0$ 和 $x=a$ 之外，基态($n=1$，能量最低态)波函数无节点(指 $\Psi(x)=0$ 的点)，第一激发态($n=2$)有一个节点在 $x=\dfrac{a}{2}$ 处，第 k 激发态($k=n-1$)有 k 个节点. 若把这些波函数看成直线上的驻波，则很容易理解这一结果. 节点越多，说明波长越短，频率越高，能量也就越高. 显然，这种驻波是不能形成粒子流的.

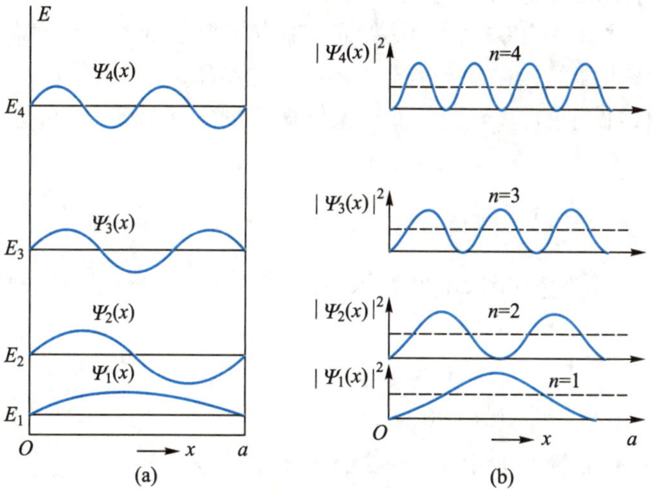

图 16.19

*二、线性谐振子

在量子力学中,谐振子是一个十分重要的物理模型. 许多受到微小扰动的体系,如分子和晶体格点上的原子等,都可以近似看成是谐振子系统. 在普朗克的黑体辐射理论中,把发射电磁波的物质看成是谐振子的集合,在量子场论中,将场量子化时也常常采用谐振子模型.

如果在一维空间中运动的粒子势能为

$$V(x)=\frac{1}{2}m\omega^2x^2 \quad (-\infty<x<+\infty)$$

其中 ω(角频率)为常量,则这样的体系为一维线性谐振子. 其定态薛定谔方程为

$$\left(-\frac{\hbar^2}{2m}\frac{\mathrm{d}^2}{\mathrm{d}x^2}+\frac{1}{2}m\omega^2x^2\right)\Psi(x)=E\Psi(x) \tag{16.56}$$

求解此方程(因数学计算较复杂,求解过程从略)可得一维谐振子能级公式:

$$E_n=\left(n+\frac{1}{2}\right)\hbar\omega \quad (n=0,1,2,\cdots) \tag{16.57}$$

由谐振子能级公式(16.57)式可以看出,线性谐振子的能量只能取离散值即能量是量子化的,其能级是均匀分布的,两相邻能级的间隔 $E_{n+1}-E_n=\hbar\omega$,即间隔均为 $\hbar\omega$,而线性谐振子的基态能量(零点能)为 $E_0=\frac{1}{2}\hbar\omega$. 零点能的存在有重要意义. 有关光波晶体散射的实验,证明了零点能的存在:当温度趋于绝对零度(0 K)时,散射光的强度趋于某一个不为零的极限值. 这说明,即使在绝对零度,原子仍有零点振动. 此外,正常沸点只有几开的液体^{4}He 和液体^{3}He,都具有显著的零点能效应. 例如,在常压下,尽管温度降低到绝对零度附近,液体氦也不会凝结成固体.

谐振子零点能的存在是与不确定关系相一致的. 因为如果振子能量为零,振子必定是静止的,动量也为零,这意味着同时确定了振子的坐标和动量,违背了不确定关系. 所以零点能的存在是不确定关系的必然结果.

如果求出谐振子的波函数,就能讨论谐振子的空间概率分布,这一内容本书不做讨论.

*三、方势垒的穿透 隧道效应

如果有一维方势垒如图 16.20 所示,有一能量为 E 的粒子沿 x 轴正方向射向方势垒:

$$U(x)=\begin{cases}U_0(0<x\leqslant a)\\0(x<0,x>a)\end{cases}$$

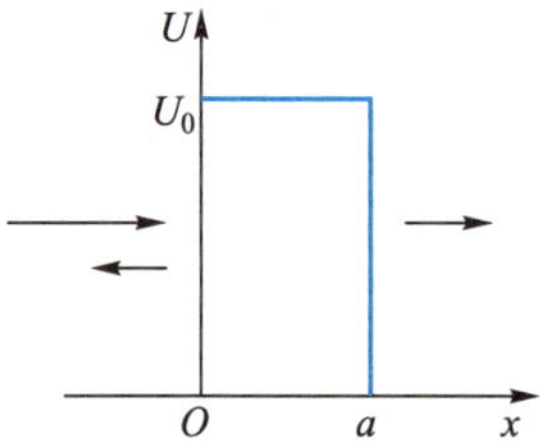

图 16.20

在经典力学,只有能量 E 大于 U_0 的粒子才能越过势垒运动到势垒的右边去;能量 E 小于 U_0 的粒子运动到势垒左边缘 $x=0$ 处就会被反射回去,不能穿过势垒. 但从量子力学的观点来看,考虑到粒子的波动性,这个问题与波碰到

一层厚度为 a 的介质的问题相似，其结果是有一部分波透过，一部分波被反射. 因此，按照波函数的统计诠释，无论粒子能量 E 是大于 U_0 还是小于 U_0，都有一定的概率穿透势垒，也有一定的概率被反射. **粒子能穿透比动能更高的势垒的现象，称为隧道效应**，这在经典概念中是无法理解的，也是微观粒子具有波动性的表现. 如放射原子核的 α 衰变过程就是一种量子隧道效应，^{238}U 衰变所放射出的 α 粒子，其能量为 4.2 MeV，而势垒高度却高于 8.8 MeV. 图 16.21 给出了势垒穿透的波动图像.

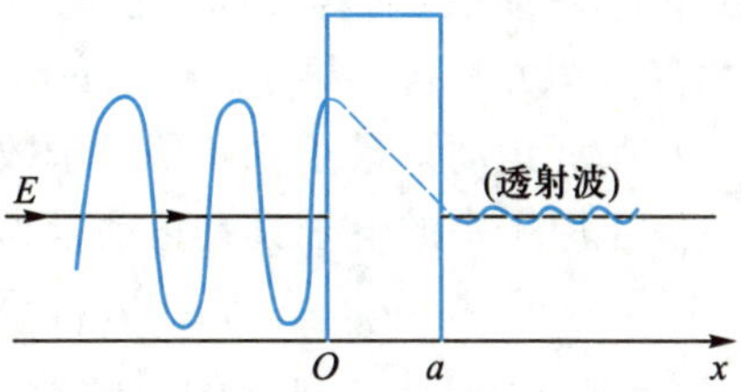

图 16.21

1981 年，宾尼希和罗雷尔等人利用电子的隧道效应，研制成功了扫描隧穿显微镜(STM)，它可以精确地观测材料的表面结构，成为研究表面科学、材料科学、生命科学等领域的重要工具.

复习思考题

16.16 如图 16.18 所示的一维无限深势阱中运动的粒子，其定态能量 E_n = ________，定态波函数 $\Psi_n(x)$ = ________，当粒子处于 $n=5$ 的量子态时，概率密度极大值处的 x 坐标为________，概率密度极小处的 x 坐标为________.

§ 16.8 氢原子的量子力学描述 电子自旋

一、氢原子的量子力学描述

氢原子是最简单的原子，它由一个质子和一个电子组成，由于质子的质量远大于电子的质量，质子可以认为是固定不动的，电子在原子核的电场中运动. 设电子的质量为 m，电荷量为 $-e$，它与核之间距离为 r，如果取核为原点，则电子的势能为

$$U(r)=-\frac{1}{4\pi\varepsilon_0}\frac{e^2}{r^2}$$

所以定态薛定谔方程可以写为

$$\left(\frac{\partial^2}{\partial x^2}+\frac{\partial^2}{\partial y^2}+\frac{\partial^2}{\partial z^2}\right)\Psi+\frac{2m}{\hbar^2}\left(E+\frac{1}{4\pi\varepsilon_0}\frac{e^2}{r^2}\right)\Psi=0$$

因为问题是三维的，而势能又是 r 的函数，所以求解该微分方程非常繁杂，本节不讲求解过程，只介绍此方程所得的重要结果.

(1) 能量量子化和主量子数

当氢原子总能量 $E<0$ 时(电子束缚在原子内)，求解薛定谔方程，得原子总能量为

$$E_n=-\frac{me^4}{8\varepsilon_0{}^2h^2}\frac{1}{n^2}\quad(n=1,2,3,\cdots)\tag{16.58}$$

式中 n 只能取正整数,称为**主量子数**,这表明氢原子能量是量子化的,这一结果是由薛定谔方程自然导出,未做任何人为假设,且与玻尔理论一致.

(2) 角动量量子化和角量子数

氢原子中的电子具有角动量为

$$L=\sqrt{l(l+1)}\,\hbar\quad(l=0,1,2,\cdots,n-1)\tag{16.59}$$

(16.59)式中 l 为小于 n 的正整数,称为**角量子数**,可见,电子绕核运动角动量也是量子化的. 玻尔理论电子角动量量子化条件是人为加的,其最小值 $L=\hbar$,不能为零,而量子力学得出电子角动量量子化是由薛定谔方程自然导出的,角动量最小值可以为零,且角量子数 l 要受主量子数 n 的限制. 例如,当 $n=3$,$l=0,1,2$,即 L 可为 0,$\sqrt{2}\hbar$ 和$\sqrt{6}\hbar$ 而不能取其他值. 实验也证明量子力学的结论是正确的.

(3) 空间量子化和磁量子数

电子的角动量是矢量,(16.59)式只给出了角动量的值是量子化的,而该矢量的方向在空间是否可连续变化呢? 求解氢原子薛定谔方程进一步得到第三个量子化公式,这就是电子绕核运动的角动量 $\boldsymbol{L}$ 在外磁场 $\boldsymbol{B}$ 方向的投影 L_z 为

$$L_z=m_l\hbar\quad(m_l=0,\pm1,\pm2,\cdots,\pm l)\tag{16.60}$$

(16.60)式中 m_l 的绝对值至多等于 l 的整数,称为**磁量子数**. 对于确定的角量子数 l,m_l 的值有 $(2l+1)$ 个,即 $\boldsymbol{L}$ 在外磁场 $\boldsymbol{B}$ 方向的投影 L_z 可以有 $(2l+1)$ 不连续的值,$\boldsymbol{L}$ 在空间的取向也是量子化的,称为**空间量子化**. 图 16.22 分别给出了 $l=1$ 和 $l=2$ 时 $\boldsymbol{L}$ 相对于外磁场 $\boldsymbol{B}$ 的空间可能取向.

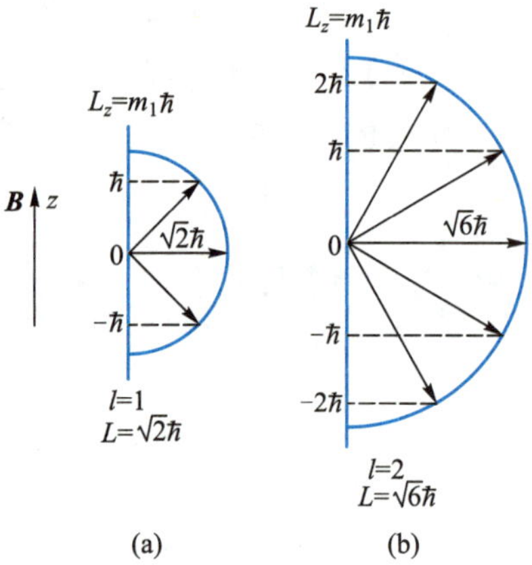

图 16.22

二、电子自旋

原子中的电子除在原子核外运动外,它还有自旋. 电子自旋是电子本身的基本属性,并为大量的实验事实所证实,下面介绍的是 1922 年施特恩和格拉赫所做的实验. 实验装置如图 16.23(a)所示,K 加热使银蒸发产生银原子束,经过狭缝 S_1、S_2 准直,若没有外磁场,在照相底板 P 上只出现一条正对狭缝的线状痕迹,表明银原子束没有受力作用,银原子按惯性运动. 当外加不均匀磁场后,如图 16.23(b)所示,银原子束偏离直线运动,且在照相底板 P 上沉积出两条线状痕迹,如图 16.23(c). 这说明银原子必定具有磁矩,通过不均磁场时,银原子受到磁场力而偏离直线运动,且由银原子射线经过不均匀磁场后由一束分为两束,说明这个磁矩相对外磁场只有两个可能的取向. 实验中银原子的价电子处于 S 态($l=0$),它没有轨道角动量,轨

道磁矩为零. 为了解释该实验结果,1925 年乌伦贝克和古兹密特提出了自旋的假设:原子所具有的磁矩是电子固有磁矩,即电子自旋磁矩,电子自旋也有自旋角动量 S,与轨道角动量一样,也是量子化的.

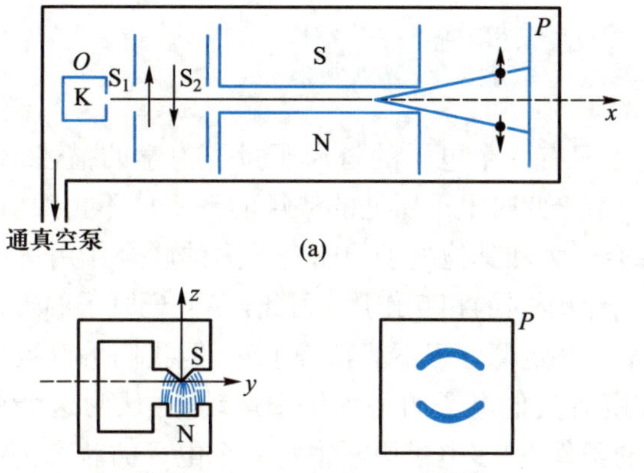

(a)

(b) (c)

图 16.23

$$S=\sqrt{s(s+1)}\,\hbar \tag{16.61}$$

式中 s 称为自旋量子数,它只有一个值 $s=\dfrac{1}{2}$,所以自旋角动量的大小只能是 $S=\dfrac{\sqrt{3}}{2}\hbar$.

电子自旋角动量在外磁场方向(设为 z 轴)的分量 S_z 也是量子化的,即

$$S_z=m_s\hbar \tag{16.62}$$

式中 m_s 称为**自旋磁量子数**,只能取$\pm\dfrac{1}{2}$,即 $m_s=\pm\dfrac{1}{2}$. 因而 $S_z=\pm\dfrac{1}{2}\hbar$. 由电子自旋就能圆满解释施特恩-格拉赫实验. 在 1928 年狄拉克由电子的相对论波动方程,从理论上得出了电子有自旋运动和磁矩的结论.

由光谱线的精细结构也得出电子具有自旋的结论. 应用分辨率较高的分光镜或摄谱仪可以观察到钠原子光谱中 2 p→1 s 的谱线不是一条而是由两条靠得很近的谱线组成的. 在其他原子光谱中也可以发现这种谱线中一些更细的线组成的现象. 这种结构称为光谱线的精细结构. 只有考虑了电子的自旋,光谱线的精细结构才能得到解释.

理论和实验表明,一切微观粒子都具有各自的自旋,自旋是个非常重要的概念.

总之,由以上讨论可知氢原子中电子运动状态由四个量子数来描述,其中 n、l、m_l 三个量子数决定了电子轨道运动状态. 另一个量子数 m_s 描述了电子自旋. 四个量子数完整地描述了原子核外电子的运动状态.

复习思考题

16.17 确定氢原子中电子运动状态需要哪几个量子数,取值范围如何?

16.18 由塞曼效应说明空间磁量子化.

16.19 由施特恩-格拉赫实验说明电子自旋.

§ 16.9 原子的电子壳层结构

我们已经讨论了只有一个电子的氢原子量子力学的描述,对原子核外有两个以上的多电子原子,由于此时电子所处的势场的形式已不再像氢原子那样简单,每个电子都在核的库仑引力和其他电子的库仑斥力的联合作用下运动. 此外,还需考虑电子角动量的若干种较弱的相互作用. 因此,多电子原子的理论较单电子原子的理论复杂得多,系统的薛定谔方程不能精确求解,但我们可以近似地认为每一个电子都是在原子核和所有其他电子的平均场中运动,并认为这个平均场是一个有心力场. 在这样近似的条件下,多电子原子中每一个电子的状态仍可由下列四个量子数来确定:

(1) **主量子数** n:$n=1,2,3,\cdots$. 主量子数 n 可以大体上决定原子中电子的能量.

(2) **角量子数** l:$l=0,1,2,3,\cdots,n-1$. 角量子数 l 可以决定轨道角动量. 一般来说,处于同一主量子数 n 而不同角量子数 l 的状态的电子,其能量稍有不同.

(3) **磁量子数** m:$m=0,\pm1,\cdots,\pm l$. 磁量子数 m 可以决定轨道角动量在外磁场方向上的分量.

(4) **自旋磁量子数** m_s:$m_s=\pm\dfrac{\hbar}{2}$. 自旋磁量子数 m_s 可以决定电子自旋角动量在外磁场方向上的分量.

在多电子原子中,电子的分布是分层次的,这种电子的分布层次称为电子壳层. 主量子数 n 相同的电子属于同一壳层,$n=1,2,3,\cdots$的壳层分别称为 K,L,M,…壳层. 在每一个壳层里角量子数 l 相同的电子组成支壳层,$l=0,1,2,\cdots$的支壳层分别称为 s,p,d,f,…支壳层. 由于原子中的电子处在一系列特定的运动状态,所以在每一壳层上就只能容纳一定数量的电子. 电子的分布由下面两个原理来确定:

(1) **泡利不相容原理**:在一个原子中不可能有两个或两个以上的电子具有完全相同的状态. 也就是说,任何两个电子,不可能有完全相同的一组量子数(n,l,m,m_s).

(2) **能量最小原理**:当一原子系统处于正常状态时,原子中的电子趋向占有能量最低的能级.

多电子原子中,电子的能量与量子数 n 和 l 有关. 一条经验规律是:对于原子的外层电子,能级高低可以用($n+0.7l$)的值的大小来比较,其值越大,能级越高. 原子中的能级由大到小的排列次序是:1s2p3s3p4s3d…. 不过,由于电子的能量还随其他电子的占据情况而变化,因此不存在一个普遍适用的能级顺序,具体问题还需要具体分析. 例如,支壳层完全填满时元素的原子是特别稳定的,因此满壳层的惰性气体元素是极不活泼的,而如 Cu 的电子组态是 $4s^1 3d^{10}$ 而不是 $4s^2 3d^9$,Pd 的电子组态

是 $4d^{10}$ 而不是 $5s^2 4d^8$ 等.

一般来说,当 n 给定时,l 的可能值为 $0,1,2,3,\cdots,n-1$,共有 n 个值,当 l 给定时,m 的取值为 $0,1,\cdots,\pm l$,共有 $(2l+1)$ 个可能值;当 n,l,m 都给定时,m_s 取 $\pm\frac{1}{2}$ 两个可能值,因此由泡利不相容原理可知,能级 n 上允许容纳的电子数最多为

$$N=\sum_{l=0}^{n-1} 2(2l+1)=2n^2$$

由此可见,每一壳层最多可容纳 $2n^2$ 个电子,每一支壳层最多能容纳 $2(2l+1)$ 个电子. 表 16.1 列出了多电子原子中各个壳层所能容纳的电子数.

表 16.1 多电子原子中各壳层容纳电子数

	0 s	1 p	2 d	3 f	4 g	5 h	6 i	$2n^2$
1K	2							2
2L	2	6						8
3M	2	6	10					18
4N	2	6	10	14				32
5D	2	6	10	14	18			50
6P	2	6	10	14	18	22		72
7Q	2	6	10	14	18	22	26	98

按量子力学得出的多电子原子的电子壳层结构和排列次序,已在各元素的物理性质和化学性质的周期性中得到完全的证实. 当电子向一个新的壳层填充时,就是一个新的周期开始. 19 世纪所发现的元素周期表,可以从核外电子的壳层分布给予彻底阐明.

复习思考题

16.20 描述原子中电子定态需要哪几个量子数?它们各代表什么意义?取值范围如何?

16.21 简述泡利不相容原理和能量最小原理.

§ 16.10 固体能带结构

固体是物质结构的一种重要形态. 固体物理学研究的是固体的性质、固体的微观结构、固体内部的各种运动,以及微观结构和内部运动同固体的宏观性质的关系,它的研究对科学技术的发展有重要作用. 固体能带是描述固体中原子外层电子运动的一种图像,利用这种图像可以说明固体的性质. 本节简要地介绍一些固体能

带的基本知识.

一、固体的能带

这里所指的固体是晶体. 晶体在结构上的特点是原子(离子或分子)呈空间周期性的排列,形成空间点阵,晶体由于这种内在的周期性在宏观上表现出一些物理特性(如导电性、导热性等)的各向异性和对称性.

为简单计,现研究只有一个价电子的原子,这样的原子可看成由一个电子和一个正离子组成,如钠原子($Z=11$)即可看成是一个价电子在 Na^+离子的电场中运动,电子的势能 E_p 是它与离子间距离 r 的函数,如图 16.24(a)所示,若价电子的能量为 E,用一水平线表示,按经典理论,价电子只能在图示的 a 和 b 之间运动. 若有两个靠得很近(相距为 d)的钠原子,则每个价电子将同时受到两个 Na^+离子电场的作用,这时,电子的势能曲线为如图 16.24(b)中的实线所示,它是由图 16.24(a)所示的两组曲线(在图 16.24(b)中为虚线)叠加而成的,根据量子理论,对于能量为 E,在 ab 区域内的电子有一定概率穿透势垒 bc 进入 cd 区域. 对由大量 Na^+离子以 d 为周期规则地排列成一行(可设想为一维晶格)的情形,则在此电场中运动的电子的势能曲线如图 16.24(c)所示. 由图看出,如果忽略边缘效应,其势能曲线与晶格呈现出相同的周期性. 当然,实际的晶体是三维晶格,这时电子的势能曲线应具有三维周期. 在图 16.24(c)所示的一维晶格中,例如一个能量 E_1 较低,在 ab 区域内的电子,尽管有一定的概率穿透势垒而进入别的区域,例如进入 cd 中去,但由于 E_1 很

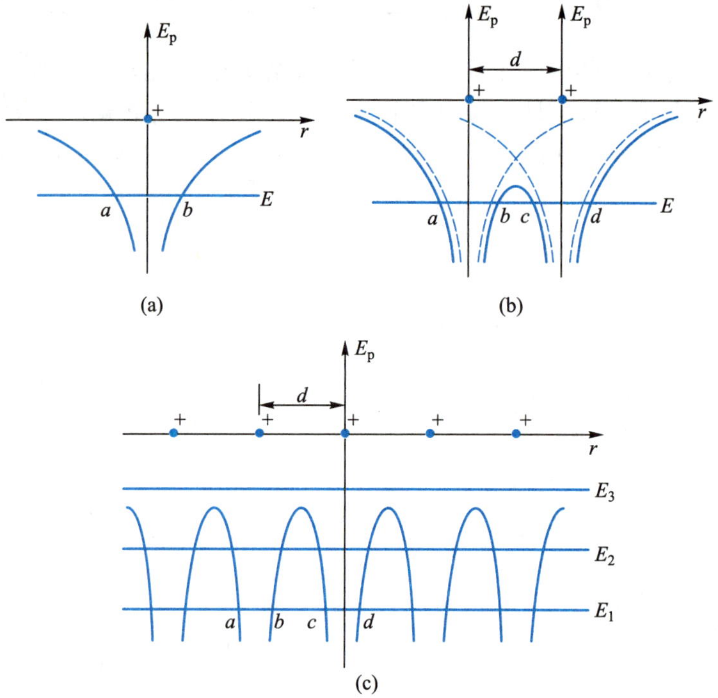

图 16.24

小，这种穿透实际上是不存在的，这就是原子的内层电子被紧紧地束缚在各自的离子周围的情形；对于具有较高能量 E_2 的电子，由于势垒宽度小，电子穿过势垒的概率大，因而有可能在晶格中运动而不被特定离子所束缚；对于具有更高能量 E_3 的电子，由于它的能量超过了势垒的高度，完全可以在晶体内自由运动而不受特定离子的束缚，这就是原子的外层价电子的情形. 这样，在晶体内出现了一批属于整个晶体离子所共有的自由电子. 这种由于晶体中原子的周期排列而使价电子不再为单个原子所有的现象，称为电子的共有化.

格点上原子的电子，在周期电场中运动时，相邻原子的处于各能级原子电子的电子云有不同程度的重叠，使得每个原子的能级将分裂为与原子数目相同个数的能级. 如果两个原子互不相关处于基态 1 s 的氢原子，当它们形成一个基态氢分子时，具有如图 16.25(a)所示的 E_a 和 E_b 两个能级. 图中 d 表示基态氢分子中，两个氢原子中心的距离.

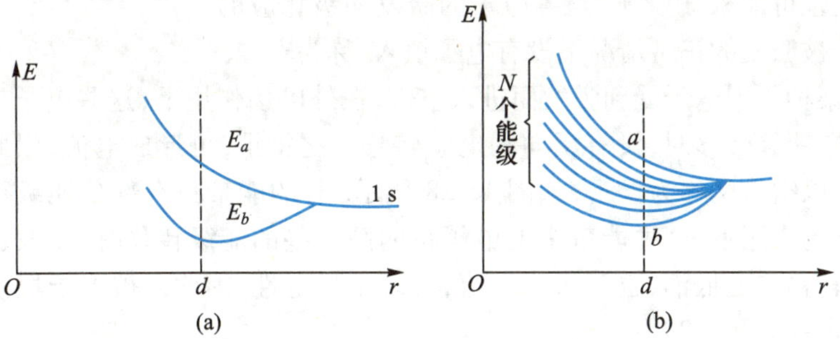

图 16.25

当 N 个相同原子组成晶体时，晶体里每个原子的每一能级都分裂成 N 个能级. 分裂后新能级间的间距及位置决定于晶格间距 r，如图 16.25(b)所示，当离子间距为 d 时，分裂后的能级全部在 ab 之间. 组成晶体的原子数 N 越多，分裂后的能级数也越多，能级越密集，一个能级分裂后这密集的能量范围 ΔE 叫作**能带**. 晶体中的原子数 N 是一个很大的数目，如按晶格常量 $d=10^{-10}$ m 计算，1 cm^3 晶体中的格点数 $N=10^{23}\sim10^{24}$，通常能带宽度 ΔE 为几个电子伏，所以在能带内，能级间的能量差非常小，一般小于 10^{-23} eV，因而能带中电子的能量可以认为是连续变化的.

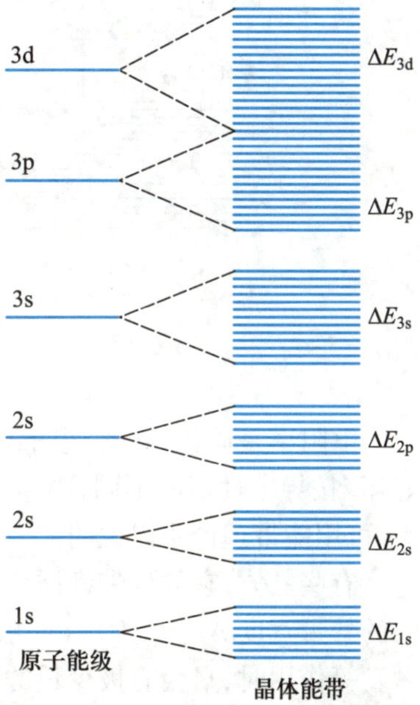

图 16.26

由于能带是由原子能级分裂而形成的，因此可以用原子能级的符号 s，p，d，…来表示能带，原子能级和晶体能带的对应关系如图 16.26 所示. 两个相邻能带之间，可能有一个能量间隔，在这个能量间隔中，不存在电子的稳定能态，这个能量间隔称为**禁带**. 两个相邻的能带也可能相互重叠，这时禁带消失.

由上所述,能带中的能级个数决定于组成晶体的原子数 N,每个能带中能容纳的电子数可以根据泡利不相容原理确定. 由 N 个原子组成的晶体,对应于 l 一定的能带中,最多可容纳的电子数为 $2(2l+1)N$ 个.

能带形成后,电子的填充方法与原子的情形相似,仍然服从能量最小原理和泡利不相容原理. 正常情况下,总是优先填能量较低的能级. 如果一个能带中的各能级都被电子填满,这样的能带称为满带. 不论有无外电场作用,当满带中任一电子由它原来占有的能级间这一能带向其他任一能级转移时,因受泡利不相容原理的限制,必有电子沿相反方向的转移与之相抵消,这时总体上不产生定向电流,所以满带中的电子没有导电作用,如图 16.27 所示. 由价电子能级分裂而形成的能带亦称价带,通常情况下价带为能量最高的能带,价带可能被填满,成为满带,也可能未被填满. 与各原子的激发能级相应的能带,在未被激发的正常情况下没有电子填入,称为空带.

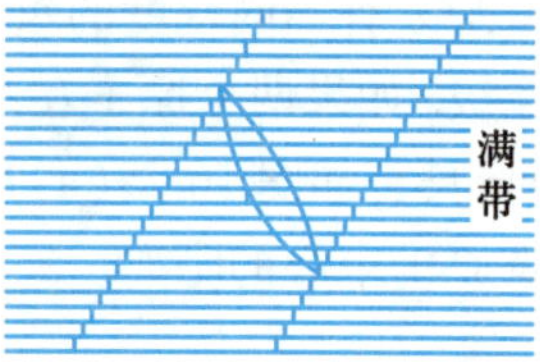

图 16.27

由于某种原因电子受到激发而进入空带,在外电场作用下,这些电子在空带中向较高的空能级转移时,没有反向的电子转移与之抵消,可形成电流,因此表现出导电性,所以空带又称为导带,如图 16.28 所示. 有的能带只有部分能级被电子占据,在外电场作用下,这种能带中的电子将向高一些的能级转移时,一般也没有反向的电子转移与之抵消,也可形成电流,表现出导电性,因此未被电子填满的能带也称为导带,如图 16.29 所示.

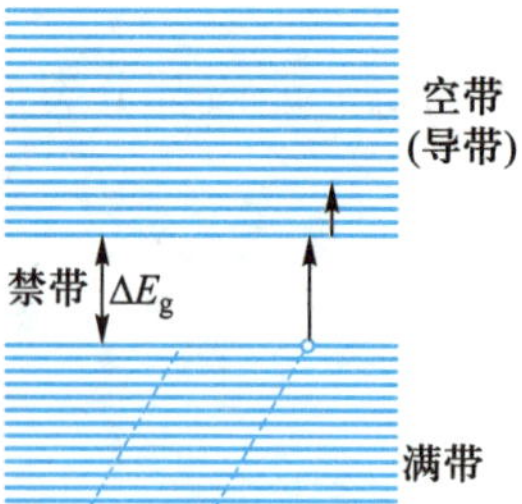

图 16.28

图 16.29

二、绝缘体 导体 半导体

电阻率是固体的一个很重要的电学性质. 电阻率的高低表征固体导电性能的好坏. 按导电性能的不同,固体可分为绝缘体、导体和半导体三大类. 固体的这一分类,可用能带理论予以说明.

有些晶体,它的价带都被价电子所填满,形成满带. 此满带与它上面最近空带间的禁带宽度 ΔE_g 较大. 在一般外电场的作用下,或者当晶体受到诸如热激发、光激发等作用时,只会有极少量的电子从满带跃迁到空带上去,从而使这类晶体具有极微弱的导电性,这个极微弱的导电性在一般情况下可以略去不计,表现出电阻率很大. 这类晶体称为绝缘体,绝缘体的能带结构如图 16.30 所示. 大多数离子晶体和分子晶体都是绝缘体. 但是,如果外电场很强,致使填满的价带中大量电子跃过禁带而到达空带,这时绝缘体就变成了导体,这种现象为"击穿". 总之,绝缘体物质的最上面价带被电子填满,且与邻近空带之间的禁带宽度为几个电子伏.

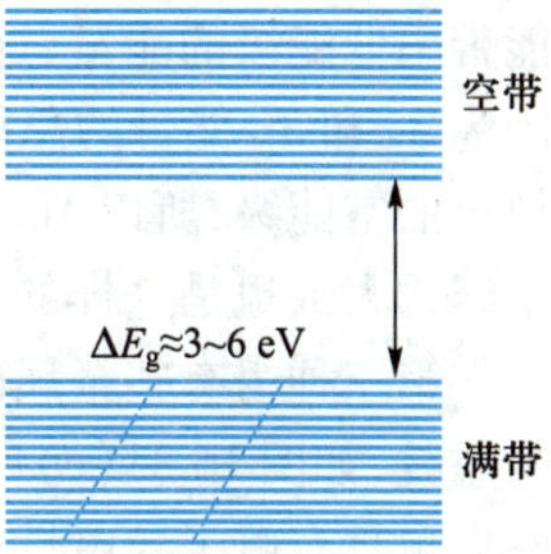

图 16.30

各种金属都是导体,它们的能带结构大致有三种形式.

第一种为价带中只填入部分电子,在外电场作用下,电子很容易在该能带中从低能级跃迁到较高能级,从而形成了电流,这类导体具有电子导电性,如图 16.31(a)所示.

有些金属,价带虽已被电子填满,但此满带与另一相邻的空带相连或部分重叠,实际上也形成一个未满的能带,如图 16.31(b)所示. 例如镁(Mg, $Z=12$),镁原子的电子分布为 $1s^2 2s^2 2p^6 3s^2$,因此所有原子支壳层都是填满的,但是它的 3s 能带和第一激发能带 3p 重叠,如图 16.31(b)所示,致使 3s 能带中高能级的电子具有 3p

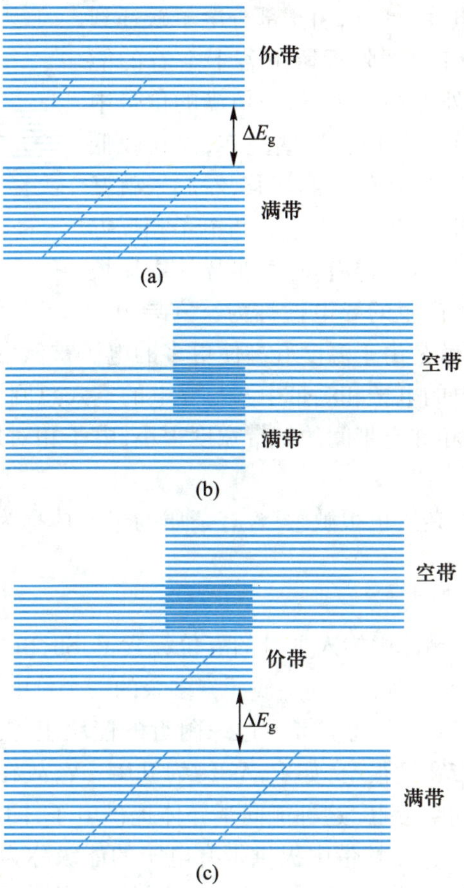

图 16.31

能带中低能级的能量，这样根据能量最小原理，3s 的部分电子占有某些 3p 的能级. 因为 3s 和 3p 能带的总能级数为 $2N+6N=8N$，而现在只有 $2N$ 个电子，还有 $6N$ 个可填充的空能级，所以 Mg 是良导体，除 Mg 之外，还有一些二价金属，如 Be、Zn 等的能带结构大致也是这样的. 它们都具有电子导电性. 这是第二种能带结构.

第三种为有些金属的价带本来就未被电子填满，而这个价带又与它相邻的空带重叠，如图 16.31(c)所示. 如金属 Na，K，Cu，Al，Ag，…的能带结构大致是这样的，它们也具有电子导电性.

总之，一个好的导体，它最上面的能带或是未被电子填满，或是虽被填满，但这填满的能带都与空带相重叠.

导电性介于导体与绝缘体之间的一大类物质称为半导体. 例如锗和硅. 半导体的能带结构与绝缘体的能带结构很相似，只是被填满的价带与它相邻的空带之间的禁带宽度 ΔE_g 与绝缘体比起来要小得多，约 0.1～1.5 eV，对于这样小的禁带宽度，用不大的能量激发就可把满带中的电子激发到空带中去，如图 16.32 所示. 这些进入空带的电子，在外电场作用下，就可向空带中段高能级跃迁而形成电流，即半导体具有电子导电性. 此外，由于部分电子跃迁到空带而在被填满的价带顶部附近留下若干空着的能级，通常称为空穴. 在外电场作用下，原填满的价带中的电子就会受到电场作用而填补这些空穴，而在较低能级上又留下新的空穴，空穴的不断转移，看起来就好像是带正电的粒子在外电场作用下沿着与电子相反方向转移，空穴的转移对导电同样有贡献，半导体中原填满的价带中存在空穴而产生的导电性称为空穴导电性. 半导体的电导率随温度升高而迅速增加，其原因就是由于温度升高使更多的电子被激发而跃迁到空带中去，从而使空带中参与导电的电子和满带中参与导电的空穴急剧增加所致. 总之，半导体，填满电子的价带与相邻空带间的禁带宽度很小，电子相对地易于从满带激发到空带中去.

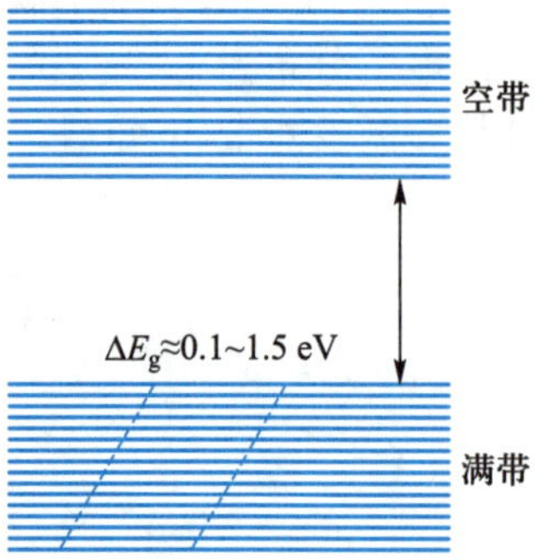

图 16.32

半导体的导电性对杂质也很敏感，含有杂质的半导体称为**掺杂半导体**，主要有以下两种：

(1) n 型半导体

在四价元素 Si，Ge 晶体中掺入少量的五价元素 P，Sb，Bi 或 As 等杂质，构成与 Si 或 Ge 相同的电子结构. 因五价的杂质元素多余的一个价电子不允许被容纳在原来的价带中，而处在禁带中靠近空带下边缘附近的能级上，此能级称为**杂质能级**. 该能级与空带间的禁带宽度很窄，如 P，As 约为 0.04 eV，故在热激发下，就有大量电子由杂质能级跃迁到空带上. 这种能向半导体提供电子，同时使自身成为正离子的杂质，称为**施主杂质**. 它在禁带中提供带有电子的能级称为**施主能级**. 加外电场后，电子依次跃迁到更高能级，显示出导电性. 控制掺杂的数量，即可控制其导电性. 由于这种半导体的载流子主要是杂质能级激发到空带上的电子，所以称为**电子型**

半导体,也叫 n 型半导体,其能带结构如图 16.33 所示.

(2) p 型半导体

在四价的 Si 或 Ge 形成的本征半导体中掺入少量的三价元素 Al,B,Ga 或 In 等杂质,构成与 Si,Ge 相同的电子结构. 因三价杂质缺少一个电子,所以相当于这些杂质原子的存在而出现空穴. 相应这种空穴的杂质能级出现在禁带中靠价带附近. 价带与杂质能级间的能量差很小,一般在 0.01 eV 以下,所以常温下就可使价带中的电子跃迁到杂质能级上,在价带中相应地形成一定数量的空穴. 这种能够接受电子而自身成为负离子的杂质叫**受主杂质**. 在禁带中相应的能级叫**受主能级**. 这种半导体主要是靠空穴导电,所以称为**空穴型半导体**,也叫 **p 型半导体**,其能带结构如图 16.34 所示.

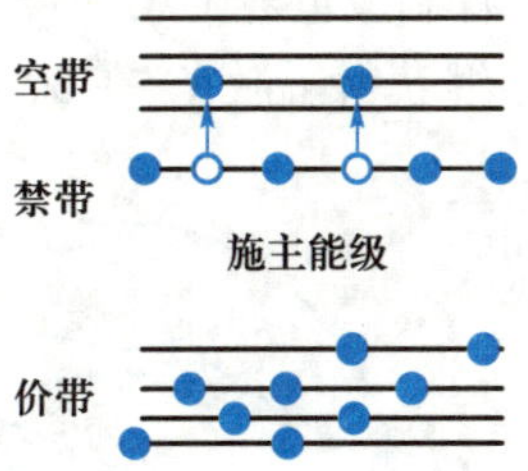

图 16.33

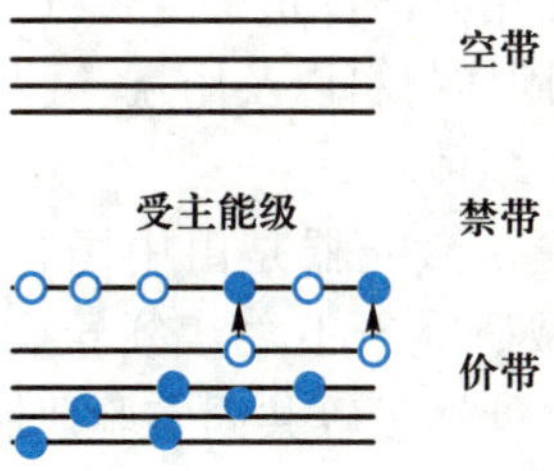

图 16.34

由于半导体具有特殊的能带结构,因而具有许多独特的性质,它们在科研、工作及日常生活中有广泛的应用.

§ 16.11 激光

1960 年,在光学发展历史上发生了不平常的事件:激光器——一种具有极高亮度和极好单色性的新型光源诞生了. 激光器的发明开创了一个光学新时代,发展了一门高新技术. 激光的出现不仅引起了现代光学技术的巨大变革而且促进了物理学和其他科学技术的发展. 激光之所以有这么大的影响,是与它具有的特殊性能分不开的,本节扼要介绍激光产生的机理和它的特性.

一、激光器简史

20 世纪 50 年代初,在美国哥伦比亚大学工作的汤斯从事研究产生毫米波长和亚毫米波长电磁辐射的方法,但工作进展缓慢. 后来他意识到需要走出传统的框子,另外开辟制造相干电磁波辐射振荡器的路子. 他设想用原子、分子做电磁波的振荡器,用这样的振荡器,将可以产生微波,甚至可见光波段的相干辐射. 一个原子、分子振荡器产生的电磁波辐射强度固然很弱,但如果大量这种振荡器能够统一行动,即以相同的相位发射相同波长的电磁波,就能"众志成城",获得强大的单色相干电磁辐射波,使各个分子振荡器"统一行动".

汤斯按照这个思想，在1954年成功地制出了氨分子振荡器，产生出波长为1.25 cm的相干电磁辐射. 这种振荡器命名为微波激射器. 微波激射器的成功，激起了许多物理学家开拓更短波长相干辐射的热情. 在美国贝尔实验室工作的肖洛和汤斯联手合作研究，把研究成果写成了论文，激光器发展的起点可以认为是从肖洛和汤斯在《物理学评论》杂志上发表文章《红外和光学激射器》的日子算起，因为在那篇文章中，他们首先给出把微波激射器推广到光学波段的具体设想.

在20世纪50年代末，提出制造激光器的方案有好几种，汤斯和肖洛提出用碱金属蒸气来做激光器的工作物质，用金属气体放电灯做泵浦源. 贝尔实验室的贾万提出用氦氖混合气体做激光器的工作物质，采用气体放电让氦氖原子激发到高能级. 休斯实验室的梅曼，采用红宝石晶体做激光器的工作物质，用氙灯做泵浦源. 结果是梅曼的工作方案首先获得成功，在1960年5月制成世界上第一台激光器. 此后不久，用其他固体材料以及用氖、氦混合气体也相继获得了激光，在60年代末，制成的激光器有十多种.

我国第一台激光器是由中国科学院长春光学精密机械研究所王之江领导设计并和邓锡铭、汤星里、杜继禄等共同实验研制成的. 他们用的工作物质也是红宝石晶体，长度是3 cm，直径是0.5 cm，含铬离子浓度约0.04%. 在结构上，我国这台激光器和梅曼那台器件有些不同，比如使用的氙灯是直管式的，而不是螺旋式的. 我国科学家认为，从泵浦光能量的利用率来说，用直管式氙灯工艺比螺旋式氙灯简单. 图16.35所示是我国第一台激光器的外形图. 整台激光器的外形是一只小球红宝石棒和氙灯并排放在球心附近.

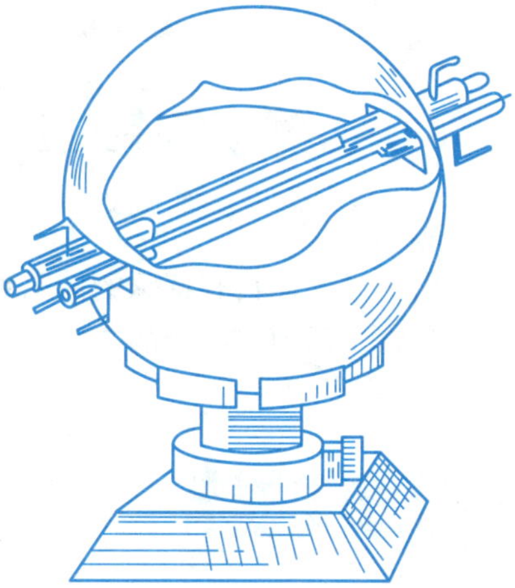
图 16.35

二、自发辐射 受激辐射和受激吸收

粒子发射光和吸收光的过程总是和粒子能级间的跃迁相联系着的. 光与粒子系统的相互作用一般说来有三种基本过程，即自发辐射、受激辐射和受激吸收. 为简单起见，只考虑粒子的两个能级 E_2 和 E_1（$E_2>E_1$），并设在时刻 t，处于这两能级上的粒子数分别为 N_2 和 N_1，粒子从能级 E_2 跃迁到能级 E_1 和从能级 E_1 跃迁到 E_2，都应满足频率条件：$\nu=\dfrac{E_2-E_1}{h}$.

处于高能级的粒子一般是不稳定的，它将通过辐射或无辐射跃迁回到低能级. 处于高能级的粒子，在没有外界影响的情况下，有一定概率自发地向低能级跃迁并发出一个光子，如图16.36所示，这种过程称为自发辐射. 自发辐射是一种随机

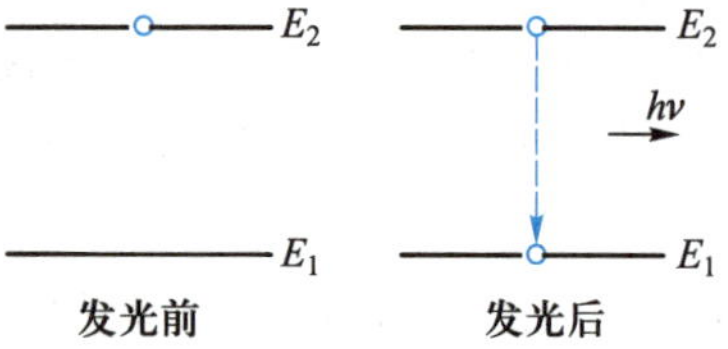

图 16.36

辐射过程. 因而,自发辐射的特点是发生辐射的各粒子互不相关,它们所发出的光波波列的频率、相位、偏振态、传播方向之间都没有联系,所以自发辐射的光波是非相干的.

由于在激发态的粒子,总是要通过各种途径返回较低能级的,所以粒子在激发态只能停留有限时间. 粒子在某激发态停留时间的平均值称为该激发态的平均寿命,大约为 10^{-8} s 数量级. 也有一些激发能级,其平均寿命很长,可达 10^{-3} s 或更长,这样的激发态称为亚稳态. 亚稳态在形成激光过程中有重要的意义.

处于高能级 E_2 的粒子,在频率为 $\nu=\dfrac{E_2-E_1}{h}$,光强为 I 的入射光照射激励下,跃迁到低能级 E_1 上去,同时发射一个与入射光子完全相同的光子,如图 16.37(a)所示,这种过程称为受激辐射. 必须指出,受激辐射与自发辐射不同,它不是自发进行的,只有在频率为 ν 的外来光子激励下才会发生. 受激辐射的特点是:受激辐射发出的光波与入射光波具有完全相同的特性,即频率、相位、偏振方向及传播方向都相同,受激辐射的光是相干光. 此外,一个外来的入射光子,由于受激辐射变成两个全同的光子,这两个又变成四个……产生连锁反应. 由此看出,受激辐射使入射光强得到放大. 受激辐射光放大过程如图 16.37(b)所示.

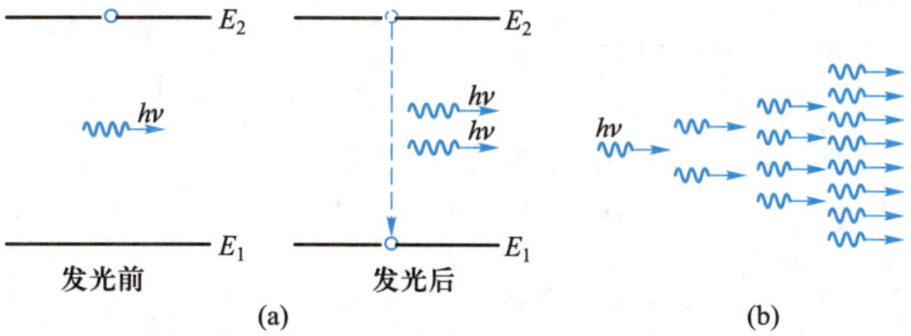

图 16.37

处于低能级 E_1 的粒子,在频率为 $\nu=\dfrac{E_2-E_1}{h}$,光强为 I 的入射光照射下,吸收一个光子而跃迁到高能级 E_2,这种过程称为受激吸收,如图 16.38 所示.

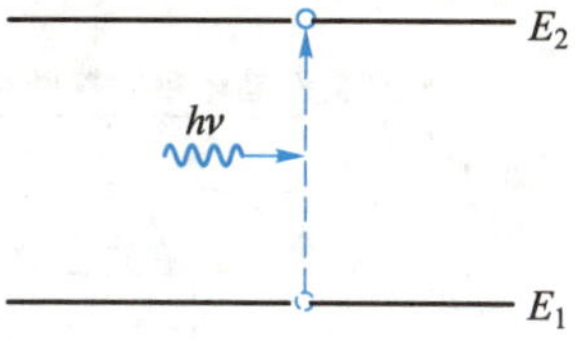

图 16.38

值得注意的是,受激辐射和受激吸收过程都与入射单色光的光强有关,而自发辐射过程与外来辐射无关.

必须指出,对一个包含大量粒子的系统,这三种过程总是同时存在,且紧密联系着的.

三、粒子数反转和激光增益

设有一束单色光强 I 很强的光沿 z 方向入射到介质,由于入射光很强,自发辐射可以忽略,因此入射光通过介质时,光强的改变量 ΔI 决定于受激辐射与受激吸收两者之差,它们分别与能级 E_2 上的粒子数 N_2 及能级 E_1 上的粒子数 N_1 成正比,故有

$$\Delta I \propto (N_2 - N_1) I \tag{16.63}$$

(16.63)式表明，只有高能级 E_2 上的粒子数 N_2 大于低能级 E_1 上的粒子数 N_1 时，光通过介质后才能得到放大. 在通常情况下，即介质处于热平衡状态时，各能级上的粒子数是服从玻耳兹曼分布的，即两能级 E_2、E_1 上粒子数之比为

$$\frac{N_2}{N_1} = \mathrm{e}^{-(E_2 - E_1)/kT} \tag{16.64}$$

可见在热平衡状态下，高能级上的粒子数总是小于低能级上的粒子数，即 $N_2 < N_1$. 粒子数的这种分布称为正常分布. 按(16.63)式，$N_2 < N_1$，就意味着吸收大于辐射，光通过介质后将减弱，这就是正常的光吸收现象. 反之，若介质在外界能源激励下，破坏了热平衡，则有可能使 $N_2 > N_1$，这种状态称为**粒子数反转态**. 在这种状态下，有 $\Delta I > 0$，即光通过介质后得到放大，这种情况称为**光增益**. 显然，使介质中粒子数反转是实现光增益必须具备的条件.

宏观上通常用增益系数描述增益介质对光的放大能力. 如图 16.39(a)所示，在增益介质中坐标为 z 处，光强为 $I(z)$，经过距离 $\mathrm{d}z$ 后，$I(z)$ 的增量为 $\mathrm{d}I(z)$，则有

$$\mathrm{d}I(z) = GI(z)\,\mathrm{d}z$$

或

$$I(z) = I_0 \mathrm{e}^{GZ} \tag{16.65}$$

式中 I_0 为 $z=0$ 处的 $I(z)$ 值，G 称为光增益系数. (16.65)式表明 $I(z)$ 随 z 按指数增大，如图 16.39(b)所示.

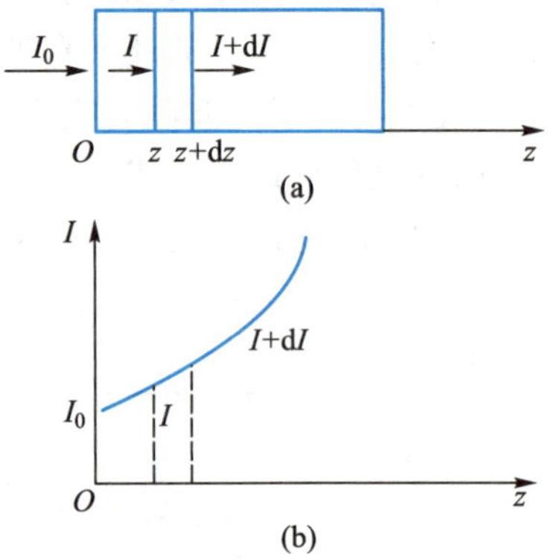

图 16.39

四、激光器的基本构成和振荡条件

一般激光器包括三个基本部分：激光工作物质、激励能源和谐振腔. 图 16.40(a)所示为红宝石激光器的基本结构，图 16.40(b)所示为氦氖激光器的基本结构.

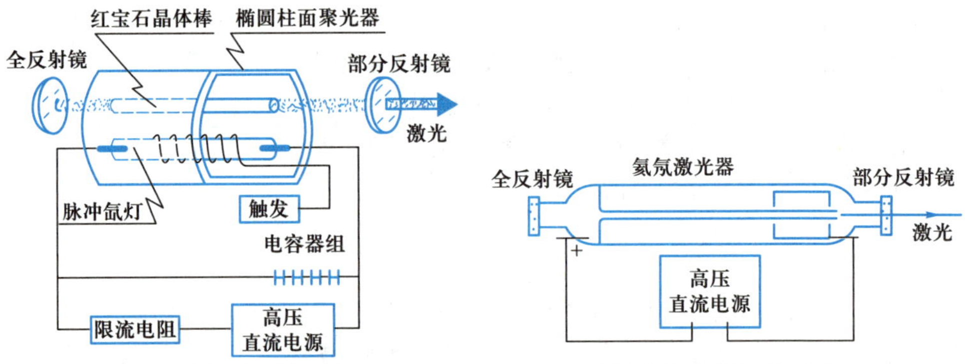

(a) 红宝石激光器的基本结构　　(b) 氦氖激光器的基本结构

图 16.40

激光工作物质是激光器中借以发射激光的物质. 激光工作物质必须是激活介质,即在外界能源激励下,在该介质中能形成粒子数反转. 红宝石激光器的工作物质为含铬离子的红宝石;常见的氩离子激光器是利用激光管中气体放电过程,使氩原子电离成氩离子并激发以实现粒子数反转而产生激光的.

作为激光工作物质,目前有固体、液体、气体三类达数百种之多,特别要提及的是以染料为工作物质的激光器,它具有输出波长可调的特点,在科学研究中有着广泛应用.

激励能源将工作物质中处于基态的粒子激发到所需要的激发态,以获得粒子数反转. 红宝石激光器采用光激发方式,通常用脉冲氙灯和点燃氙灯作为光源. 为提高光能利用效率,通常将氙灯管和红宝石棒分别置于椭圆柱面聚光器的两条焦线上,如图 16.41 所示. 氦氖激光器通常采用直流气体放电进行激励.

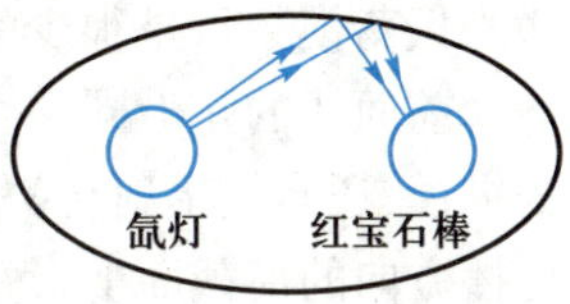

图 16.41

谐振腔是由放在工作物质两端的反射镜构成的光学系统,其中一块的反射率为 1,称为全反射镜;另一块的反射率小于 1,称为部分反射镜,激光将从部分反射镜这一端输出. 一般要求把这两块反射镜调整到严格相互平行,并且垂直于增益介质的轴线. 这样的两块反射镜就组成了谐振腔. 组成谐振腔的两块反射镜可以是两块平面反射镜,也可以是两块球面反射镜,还可以是一块平面反射镜和一块球面反射镜等.

通常组成谐振腔的两反射镜片的表面都镀有多层介质膜,以提高镜面的反射率.

激光器要满足所谓振荡条件才有激光输出,即只有当受激辐射跃迁产生的光功率超过在谐振腔内损失掉的量(包括谐振腔两块反射镜的透射损失,工作物质的光学吸收和光学散射损失等),或者说,光辐射的增益超过它的损耗因子,腔内的受激辐射光强度才会越来越强,最后形成激光振荡.

总之,要激光器能产生激光输出,不仅要求工作物质内有足够大的粒子数反转密度和激励能量(称为泵浦能量,最低的要求量分别称为阈值粒子数反转密度和阈值泵浦能量),还要求满足增益损耗的振荡条件.

五、模和激光振荡模

模是激光理论中的一个基本概念. 从光的波动观点看,模是指电磁波动的一种类型,实际上也就是形成激光振荡后存在于谐振腔中各种不同频率的驻波;从光的粒子观点看,模是代表了可以相互区分的光子态. 在各向同性的空间内,单位体积的模数目为

$$N=\frac{8\pi\nu^2\Delta\nu}{c^3} \tag{16.66}$$

式中 ν 是光辐射频率,在光频区,ν 约为 10^{14} Hz,$\Delta\nu$ 约为 10^{10} Hz,由(16.66)式得出在 1 cm^3 体积内的模数目为 10^8,在激光器所用的开放式谐振腔内,模的数目大大减

少，而满足激光振荡条件的模数目就更少了，满足激光振荡条件的稳态电磁的分布称为激光振荡模，在腔长为 l 的谐振腔内，两个模的频率间隔 $\Delta\nu$ 约为 $c/2l$. 能达到激光振荡条件的模，它的辐射频率必须在光学增益带宽（即产生振荡的频率范围）内. 假定谐振腔内的腔长为 10 cm，两个模之间的频率间隔 $\Delta\nu$ 约为 1.5×10^9 Hz，氦氖激光器的增益宽度 $\Delta\nu_G$ 约为 1.5×10^8 Hz，这意味着，实际上能够同时达到激光振荡条件的只有一个模. 红宝石的增益宽度 $\Delta\nu_G$ 约为 2×10^{11} Hz. 如果采用相同长度的谐振腔，在增益宽度内可以容纳 13 个模，在谱线均匀致宽的情况下，会发生振荡模竞争的现象，这 13 个模最终只有少数几个能同时发生振荡. 总的来说，激光器的激光振荡模数目是很少的.

前面谈的是沿同一个传播方向，按光频率区分光子态得到的结果，这样的模称为纵模，还有按辐射传播区分光子态，这就是横模. 从波动观点来看，在垂直于光束传播方向的模截面上，每一种稳定存在的电磁场分布形式称为一种横模式，用符号 TEM_{mn} 表示，下标 m,n 代表模的阶数. $m=n=0$ 的模称为基模，其余的称高阶模，图 16.42 是几种横模的光电场分布形式和光强空间分布花样，横模阶数高的模，其光强空间分布范围大，在谐振腔内来回传播过程中逃逸出谐振腔的量大. 所以，虽然可存在的横模有许多个，但能满足激光振荡条件的只有少数几个.

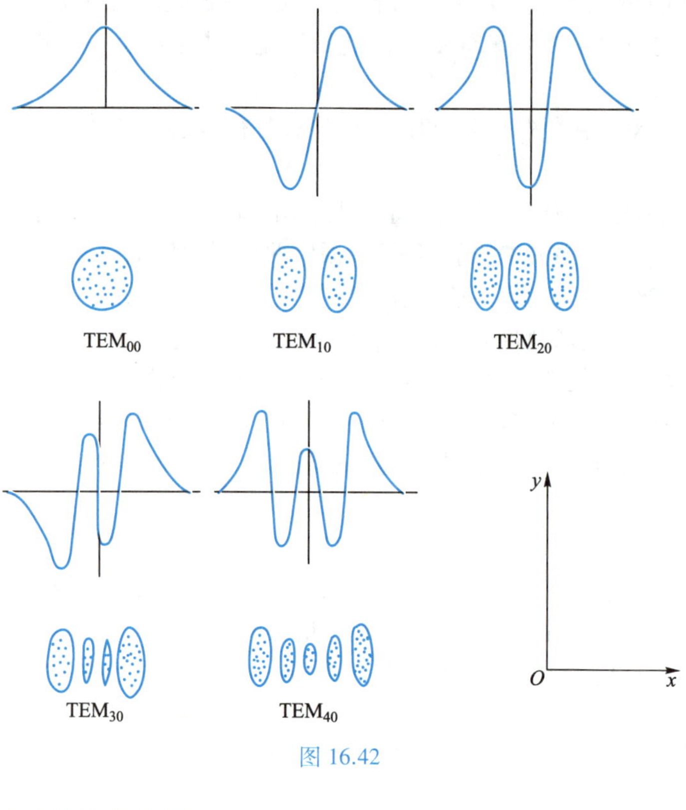

图 16.42

六、激光的特性及应用

普通光源的发光机理，都是基于自发辐射过程. 就发光的空间分布特性而言，自发辐射在空间所有方向上是随机分布的，这意味着普通光源发光一般无定向性；就发光的频谱特性而言，普通光源发光是大量粒子在能级之间同时产生自发辐射跃迁的过程，因此所发光的单色性很差.

激光器的工作是基于特定能级间粒子数反转体系的受激辐射过程，这就决定了它所发出的激光具有一系列与普通光源发出的光并不相同的特点，其中最重要的有四点：高定向性、高单色性、高亮度和高相干性.

高定向性：由激光器发射的激光是以定向光束的方式几乎是不发散地沿空间极小的立体角范围向前传播. 激光的高定向性，主要是由受激辐射放大机理和谐振腔的方向选择作用所决定的.

高单色性：由激光器发射的激光辐射能量，通常只集中在十分窄的频率范围内，因此具有很高的单色性. 这首先是由于工作物质的粒子数反转只在确定的能级间发生，因此相应的激光发射也只能在确定的光谱线范围内产生. 其次是即使在上述光谱线范围内也不是全部频率都能产生激光振荡，由于谐振腔的选纵模作用，使得真正能产生振荡的激光频率范围进一步受到更大程度的压缩.

高亮度：光源亮度是表征光源定向发光能力强弱的一个重要参量. 光源亮度的定义是：单位面积的光源表面，在单位时间内向垂直于表面方向的单位立体角内发射的能量，即

$$B=\frac{\Delta E}{\Delta S\Delta\Omega\Delta t} \tag{16.67}$$

式中 ΔE 为光源发射的能量，ΔS 是光源的面积，Δt 是发射 ΔE 所用的时间，$\Delta\Omega$ 为光束的立体角. 普通光源的亮度相当低，如太阳光源，其表面亮度约为 $B=10^3\ \mathrm{W\cdot cm^{-2}\cdot sr^{-1}}$数量级，而目前大功率激光器的输出亮度是它的 10^{14}倍！

高相干性：普通光源是通过自发辐射发光，光源上各点发射的光无固定的相位关系，所以不是相干光. 而激光器发射的激光是受激辐射发光的，光源上各点发射的光相位恒定，因此是相干性良好的相干光.

由于激光具有高方向性、高单色性、高亮度、高相干性以及可调谐等特点，使得激光在科学技术及许多生产部门得到广泛应用.

激光的高亮度和高定向性的特点，在工业上已成功地用于多种特殊的非接触加工，如打孔、焊接、切割等；在大型装备制造和建筑业中也已成功地用于准直和定向等方面；在军事上激光雷达和激光武器的研制也取得不少进展.

激光用于通信、传真，近年来发展十分迅速，在光通信方面，我国已广泛的采用光缆传输电信号. 激光通信的优点在于传送信息容量大、通信距离远、保密性高以及抗干扰性强.

激光的高单色性和高相干性特点，在计量科学中已成功地用于精密测量微小长度、角度等，与用普通光源干涉测长相比，精度可成千上万倍地提高；在计量标准方面，利用激光单色性和频率稳定性极高的特点，还可建立以激光为基础的长度、时间和频率的国际新标准.

激光全息技术目前已发展成为专门学科，在科研及生产技术的许多部门都获

得了广泛的应用.

此外,激光还在化学、医学、生物、农学等各学科有着广泛的应用,这里就不一一列举了.

习题

16.1 选择题

(1) 已知某单色光射到一个金属表面产生光电效应,若此金属的逸出电势差是 U_0(使电子从金属逸出需做功 eU_0),则此单色光的波长 λ 必须满足 [ ]

(A) $\lambda \leqslant hc/eU_0$; (B) $\lambda \geqslant hc/eU_0$;

(C) $\lambda \leqslant eU_0/hc$; (D) $\lambda \geqslant eU_0/hc$.

(2) 光电效应和康普顿效应都包含有电子与光子的相互作用过程. 对此,在以下几种理解中,正确的是 [ ]

(A) 两种效应中电子与光子两者组成的系统都服从动量守恒定律和能量守恒定律;

(B) 两种效应都相当于电子与光子的弹性碰撞过程;

(C) 两种效应都属于电子吸收光子的过程;

(D) 光电效应是吸收光子的过程,而康普顿效应则相当于光子和电子的弹性碰撞过程.

(3) 要使处于基态的氢原子受激发后能发射莱曼系的最长波长的谱线,至少应向基态氢原子提供的能量是 [ ]

(A) 1.5 eV; (B) 3.4 eV; (C) 10.2 eV; (D) 13.6 eV.

(4) 根据玻尔氢原子理论,巴耳末线系中谱线最小波长与最大波长之比为 [ ]

(A) 5/9; (B) 4/9; (C) 7/9; (D) 2/9.

(5) 若外来单色光把氢原子激发至第三激发态,则当氢原子跃迁到低能态时,可发出的可见光线的条数是 [ ]

(A) 1; (B) 2; (C) 3; (D) 6.

(6) 不确定关系式 $\Delta x \Delta p_x \geqslant \hbar$ 表示在 x 方向上 [ ]

(A) 粒子位置不能确定;

(B) 粒子动量不能确定;

(C) 粒子位置和动量都不能确定;

(D) 粒子位置和动量不能同时确定.

(7) 已知粒子在一维无限深方势阱中运动,其波函数为

$$\Psi(x)=\frac{1}{\sqrt{a}}\cos\frac{3\pi x}{2a}\quad(-a \leqslant x \leqslant a)$$

那么粒子在 $x=5a/6$ 处出现的概率密度为 [ ]

(A) $\frac{1}{2a}$;　(B) $\frac{1}{a}$;　(C) $\frac{1}{\sqrt{2a}}$;　(D) $\frac{1}{\sqrt{a}}$.

(8) 氢原子中处于 3d 量子态的电子,描述其量子态的四个量子数(n,l,m_l,m_s)可能取的值为 [　　]

(A) $\left(3,1,1,-\frac{1}{2}\right)$;　(B) $\left(1,0,1,-\frac{1}{2}\right)$;

(C) $\left(2,1,2,\frac{1}{2}\right)$;　(D) $\left(3,2,0,\frac{1}{2}\right)$.

16.2 填空题

(1) 已知某金属的逸出功为 A,用频率为 ν_1 的光照射金属能产生光电效应,则该金属的红限频率 ν_0=________;$\nu_1>\nu_0$,且遏止电势差 $|U_a|$=________.

(2) 康普顿散射中,当出射光子与入射光子方向成夹角 θ=________时光子的频率减少得最多;当 θ=________时,光子的频率保持不变.

(3) 玻尔的氢原子理论中提出的关于________和________的假设在现代的量子力学理论中的仍然是两个重要的基本概念.

(4) 根据玻尔理论,氢原子中的电子在 $n=4$ 的轨道上运动的动能与在基态的轨道上运动的动能之比为________.

(5) 设描述微观粒子运动的波函数为 $\boldsymbol{\Psi}(\boldsymbol{r},t)$,则 $\boldsymbol{\Psi}\boldsymbol{\Psi}^*$ 表示________;$\boldsymbol{\Psi}(\boldsymbol{r},t)$ 须满足的条件是________;其归一化条件是________.

(6) 多电子原子中,电子的排列遵循________原理和________原理.

16.3 从钼中移出一个电子需要 4.2 eV 的能量. 用波长为 200 nm 的紫外线投射到钼的表面上,求:

(1) 光电子的最大初动能;

(2) 遏止电势差;

(3) 钼的红限波长.

16.4 锂的光电效应红限波长 λ_0=0.50 μm,求:

(1) 锂的电子逸出功;

(2) 用波长 λ=0.33 μm 的紫外线照射时的遏止电势差.

16.5 求下列各种射线光子的能量、动量和质量:

(1) λ=0.70 μm 的红光;

(2) λ=2.5 nm 的 X 射线;

(3) λ=0.124 nm 的 γ 射线.

16.6 图中所示为在一次光电效应实验中得出的曲线.

(1) 求证对不同材料的金属,AB 线的斜率相同;

(2) 由图上数据求出普朗克常量 h.

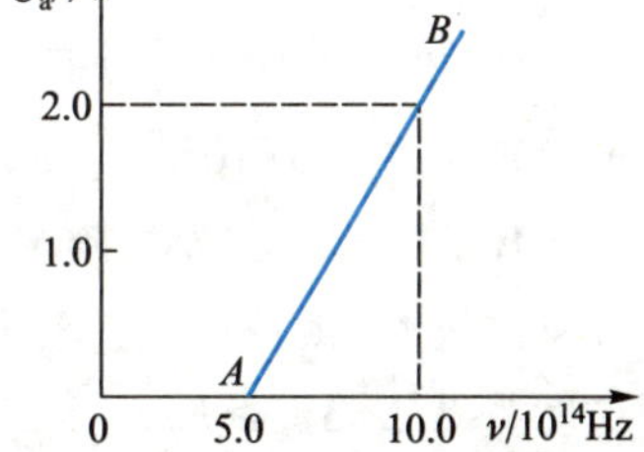

题 16.6 图

16.7 波长 λ=7.08 nm 的 X 射线在石蜡上发生

康普顿散射，求在$\frac{\pi}{2}$和 π 方向上散射 X 射线的波长.

16.8 已知 X 射线的光子能量为 0.60 MeV，在康普顿散射后波长改变了 20%，求反冲电子获得的能量和动量大小.

16.9 光电效应和康普顿效应，都包含电子与光子的相互作用. 问这两个过程有什么不同？

16.10 在气体放电管中，用动能为 12.2 eV 的电子轰击处于基态的氢原子，试求氢原子被激发后所能发射的光谱线波长.

16.11 氢原子光谱的巴耳末系中，有一光谱线的波长为 434 nm，试求：

(1) 与这一谱线相应的光子能量为多少电子伏特？

(2) 该谱线是氢原子由能级 E_n 跃迁到能级 E_k 产生的，n 和 k 各为多少？

(3) 最高能级为 E_5 的大量氢原子，最多可以发射几个线系，共几条谱线？

请在氢原子能级图中表示出来，并说明波长最短的是哪一条谱线.

16.12 计算初速很小的电子经过 100 V、1 000 V 电压加速后的德布罗意波长.

16.13 常温下的中子称为热中子. 试计算 $T=300$ K 时，热中子的平均动能，由此估算其德布罗意波长.

16.14 若一个电子的动能等于它的静能，试求该电子的动量、速率和德布罗意波长.

16.15 光子与电子的波长都是 20 nm，它们的动量和总能量各为多少？电子动能为多少？

16.16 做一维运动的电子，其动量不确定量是 $\Delta p_x=10^{-25}\ \mathrm{kg\cdot ms^{-1}}$，能将这个电子约束在内的最小窗口的大概尺寸是多少？

16.17 一个质量为 m 的粒子，约束在长度为 L 的一维线段上，试根据不确定度关系估算这个粒子所能具有的最小能量值.

16.18 (1) 如果一个电子处于某能态的时间为 10^{-8} s，这个能态能量的最小不确定量为多少？

(2) 设电子从该能态跃迁到基态，辐射能量为 3.4 eV 的光子，求这个光子的波长及这个波长的最小不确定量.

16.19 一个电子的速率为 $3\times10^{6}\ \mathrm{m\cdot s^{-1}}$，如果测定速率的不确定度为 1%，同时测定电子位置的不确定度是多少？如果这是原子中的电子，可以认为它在做轨道运动吗？

16.20 同时确定能量为 1 keV 做一维运动的电子的位置与动量时，若位置的不确定量在 1.0×10^{-10} m 内，则动量的不确定量的百分比 $\Delta p/p$ 至少为何值？

16.21 试证：如果确定一个运动的粒子的位置时，其不确定量等于这粒子的德布罗意波长，则同时确定这粒子的速度时，其不确定量将等于这粒子的速度.（不确定度关系 $\Delta x\Delta p_x\geqslant\hbar$）.

16.22 一维无限深势阱中粒子的定态波系数为

$$\Psi_n(x)=\sqrt{\frac{1}{a}}\sin\frac{n\pi x}{a}$$

当(1) 粒子处于基态时;(2) 粒子处于 $n=2$ 的状态时. 试求:粒子在 $x=0$ 到 $x=\frac{a}{3}$ 之间被找到的概率.

16.23 求出能够占据一个 d 支壳层的最多电子数,并写出这些电子可能的量子数.

16.24 在原子的电子壳层结构中,为什么 $n=2$ 的壳层最多只能容纳 8 个电子?

16.25 试描绘:原子中 $l=4$ 的电子轨道角动量 $\boldsymbol{L}$ 在磁场中空间量子化的示意图,写出 $\boldsymbol{L}$ 在磁场方向投影 L_z 的各种可能值.

16.26 普通金属与半导体在导电性质上的主要区别是什么?

16.27 产生激光的必要条件是什么? 激光的三个主要特性是什么?

16.28 激光谐振腔在激光的形成过程中起哪些作用?

第 16 章习题参考答案

科学家介绍

薛 定 谔

薛定谔(Erwin Schrödinger 1887—1961),奥地利理论物理学家,是波动力学的创始人(见右图).

薛定谔

薛定谔 1887 年 8 月 12 日生于维也纳. 1906—1910 年,他在维也纳大学物理系学习. 1910 年获博士学位,毕业后,在维也纳大学第二物理研究所工作. 1913 年与科耳劳施合写了关于大气中镭 A(即 ^{218}Po)含量测定的实验物理论文,为此获得了奥地利帝国科学院的海廷格奖金. 第一次世界大战期间,他服役于一个偏僻的炮兵要塞,利用闲暇研究物理学. 战后他回到第二物理研究所. 1920 年移居耶拿,担任维恩的物理实验室的助手.

1921 年,薛定谔受聘到瑞士苏黎世大学任数学物理学教授,在那里工作了 6 年. 开头几年,他主要研究有关热学的统计理论问题,写出了有关气体和反应动力学、振动、点阵振动(及其对内能的贡献)的热力学以及统计等方面的论文. 他还研究过色觉理论,他对有关红-绿色盲、蓝-黄色盲和频率之间的关系的解释为生理学家们所接受.

1925 年年底到 1926 年年初,薛定谔在爱因斯坦关于单原子理想气体的量子理论和德布罗意的物质波假说的启发下,从经典力学和几何光学间的类比,提出了对应于波动光学的波动力学方程,奠定了波动力学的基础. 他最初试图建立一个相对论性理论,得出了后来称之为克莱因-戈登方程(见场方程)的波动方程,但由于当时还不知道电子有自旋,所以关于氢原子光谱的精细结构的理论与实验数据不符. 以后他又改用非相对论性波动方程——以后人们称之为薛定谔方程——来处理电子，得出了与实验数据相符的结果. 1926 年 1 月至 6 月，他一连发表了四篇论文，题目都是《量子化就是本征值问题》，系统地阐明了波动力学理论.

在此以前，德国物理学家海森伯、玻恩和约旦于 1925 年 7 月至 9 月通过另一途径建立了矩阵力学. 1926 年 3 月，薛定谔发现波动力学和矩阵力学在数学上是等价的，是量子力学的两种形式，可以通过数学变换，从一个理论转到另一个理论.

薛定谔起初试图把波函数 ψ 解释为三维空间中的振动振幅，把 $\psi\psi^*$ 解释为电荷密度，把粒子解释为波包. 但他无法解决"波包扩散"的困难. 最后物理学界普遍接受了玻恩提出的波函数的概率解释.

1927 年，薛定谔接替普朗克，到柏林大学担任理论物理学教授，与普朗克建立了亲密的友谊. 同年在莱比锡出版了他的《波动力学论文集》. 1933 年，薛定谔对于纳粹政权迫害杰出科学家的倒行逆施深为愤慨，同年 11 月初移居英国牛津，在马格达伦学院任访问教授. 就在这一年他与狄拉克共同获得诺贝尔物理学奖.

1936 年冬，薛定谔回到奥地利的格拉茨. 奥地利被纳粹德国吞并后，他陷入了十分不利的处境. 1938 年 9 月，他在友人的协助下，回到英国牛津. 1939 年 10 月转到爱尔兰，在都柏林高级研究所理论物理学研究组中工作了 17 年.

在后期，薛定谔研究有关波动力学的应用及统计诠释，新统计力学的数学特征以及它与通常的统计力学的关系等问题. 他探讨了有关广义相对论的问题，并对波场做相对论性的处理. 此外，他还写出了有关宇宙学问题的一些论著. 与爱因斯坦一样，薛定谔在晚年特别热衷的是把爱因斯坦的引力理论推广为一个统一场论，但也没有取得成功.

薛定谔对哲学有浓厚的兴趣. 早在第一次世界大战时期，他就深入研究过 B.斯宾诺莎、A.叔本华、E.马赫、R.西蒙、R.阿芬那留斯等人的哲学著作. 晚年，他致力于物理学基础和有关哲学问题的研究，写了《科学和人文主义——当代的物理学》(英文版，1951) 等哲学性著作.

1944 年，薛定谔还发表了《生命是什么？——活细胞的物理面貌》一书 (英文版，1948；中译本，1973). 在此书中，薛定谔试图用热力学、量子力学和化学理论来解释生命的本性，引进了非周期性晶体、负熵、遗传密码、量子跃迁式的突变等概念. 这本书使许多青年物理学家开始注意生命科学中提出的问题，引导人们用物理学、化学方法去研究生命的本性，使薛定谔成了今天蓬勃发展的分子生物学的先驱.

1956 年薛定谔回到奥地利，奥地利政府给予他以极大的荣誉，设立了以薛定谔的名字命名的国家奖金，由奥地利科学院授给. 第一次奖金于 1957 年授予薛定谔本人. 1957 年他一度病危. 1961 年 1 月 4 日，他在奥地利的阿尔卑包赫山村病逝.